DONGMAN SHEJI YU ZHIZUO

技工院校动漫设计与制作专业教材

职业院校动漫设计与制作专业教材

三维动画基础

（第二版）

姬申晓　胡翠丽◎主编

中国劳动社会保障出版社

内容简介

本书以 Maya 软件为核心，系统介绍了三维动画的基本概念、制作流程，建模、材质灯光渲染及动画制作技术，内容涵盖多边形与曲面建模、材质赋予、灯光系统应用、Arnold 渲染器使用、关键帧动画制作、路径动画制作及动力学模拟等。本书内容浅显易懂，注重实践操作，通过典型学习任务引导学习过程，配备了丰富的图片，旨在帮助学生掌握三维动画制作的基本概念、流程和实操技能，拓宽行业视野。

本书由姬申晓、胡翠丽任主编。

图书在版编目（CIP）数据

三维动画基础 / 姬申晓，胡翠丽主编. -- 2 版.
北京：中国劳动社会保障出版社，2025. --（技工院校动漫设计与制作专业教材）（职业院校动漫设计与制作专业教材）. -- ISBN 978-7-5167-6937-9

Ⅰ. TP391.414

中国国家版本馆 CIP 数据核字第 2025ZJ7839 号

三维动画基础（第二版）

SANWEI DONGHUA JICHU

中国劳动社会保障出版社出版发行
（北京市惠新东街 1 号　邮政编码：100029）

*

北京市艺辉印刷有限公司印刷装订　　新华书店经销

880 毫米 ×1230 毫米　16 开本　13 印张　316 千字
2025 年 7 月第 2 版　　2025 年 7 月第 1 次印刷
定价：45.00 元

营销中心电话：400-606-6496
出版社网址：https://www.class.com.cn
https://jg.class.com.cn

前言

近年来，随着动画制作技术的持续进步和功能的日益丰富，动漫设计与制作领域已经历了翻天覆地的变革。为了顺应这一变化，满足职业院校动漫设计与制作专业的教学需求，我社组织了一批富有教学经验和实践能力的教师及行业内的专家，经过深入的市场调研和课程方案探讨，对“动漫设计与制作专业教材”进行了改版。

新版教材展现了以下几个亮点：

第一，内容更加浅显易懂。整套教材以学生为中心，在帮助他们掌握动漫制作的基本概念和整体流程的基础上，着重培养学生在动漫绘制、设计、后期制作等各个环节的实操能力，并进一步拓宽他们的行业视野。

第二，更加重视实践操作。多数教材采用了任务驱动的教学模式，以实际工作场景为学习背景。每一个学习任务，无论是绘制、设计，还是后期制作，都旨在让学生通过实践来加深对专业知识和技能的理解与掌握。电子课件及相关配套素材可登录技工教育网（https://jg.class.com.cn），搜索相应书目，在相关资源中下载。

第三，教材内容与时俱进。在此次改版中，我们的编写团队紧密结合动漫设计与制作行业的最新发展动态，对教材中的图片、案例和学习任务等进行了更新，以更好地适应当前学生的学习需求。同时，对于涉及软件操作的部分，编写团队以最新版本的软件为蓝本进行了重新编写，确保教学与行业需求的紧密结合。

第四，图文并茂，更易于理解。我们配备了丰富的图片，以帮助学生和教师更好地理解教学内容。同时，每一个学习任务的完成过程都以图文并茂的方式呈现，按照实际的操作步骤进行详细的讲解，使得学习过程更加清晰、完整和易于掌握。同时，我们还为部分学习任务配备了视频资源，以提供更为丰富多样的学习材料。

在本套教材的编写过程中，我们得到了众多动漫相关专业教师的大力支持，编审人员都付出了巨大的努力。在此，我们表示衷心的感谢！同时，我们也诚挚地邀请广大读者提供宝贵的意见和建议，以便在未来的修订中不断完善。

编者

目录

项目一

三维动画技术与 Maya 软件基础

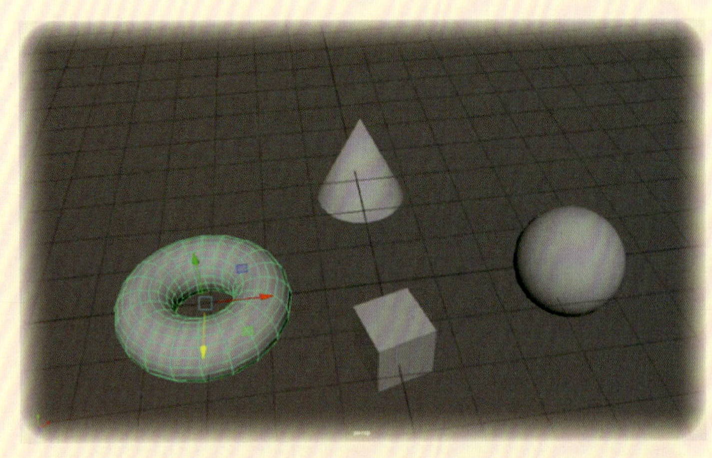

在当今数字化时代，三维动画以其独特的魅力和强大的表现力，成为影视、游戏、广告等多个领域不可或缺的重要元素。它不仅能够创造出令人惊叹的视觉效果，还能将复杂抽象的概念以生动形象的方式呈现出来。而掌握三维动画制作的关键，便是深入了解三维动画的基本概念，三维动画技术、制作流程以及相关软件的运用方法。本项目将从三维动画基础知识展开，同时介绍三维动画制作软件 Maya 的基本操作方法。

任务 1　了解三维动画技术

任务目标：

- ◆ 理解三维动画的基本概念。
- ◆ 熟悉三维动画技术。
- ◆ 了解不同三维动画制作软件的特点。
- ◆ 了解三维动画技术应用领域。
- ◆ 掌握三维动画制作流程。

相关知识

一、三维动画的基本概念

三维动画又称 3D 动画，是利用计算机技术生成的、模拟三维空间中场景和实物的动画。它不受时间、空间、地点、条件、对象的限制，能够运用各种表现形式将复杂、抽象的内容以集中、简化、形象、生动的形式展现出来。三维动画是计算机图形图像技术与艺术设计等学科相结合的产物。

三维动画制作的基本原理是基于人的视觉暂留效应。当以非常快的速度连续播放一系列图像时，由于视觉暂留效应，人眼会将这些图像视为连续运动的画面，这就有了动画效果。

二、三维动画技术

三维动画制作依赖于三维动画技术。三维动画技术包括三维建模技术、动画制作技术、渲染技术，以及与之紧密相关的其他技术。

三维建模是三维动画制作的起点。三维建模技术利用高度专业化的软件工具来构建动画世界中所需的各种物体、角色和场景等的模型。

动画制作技术是赋予三维模型生命和灵魂的关键。动画师根据动画的基本运动规律，如挤压与拉伸、预期动作、跟随动作等的基本运动规律，利用关键帧动画、路径动画、骨骼绑定与权重调整等关键技术，创造自然流畅的动画效果。

渲染是将三维模型和动画转换为观众所能看到的二维图像的过程。渲染技术通过光照与阴影的模拟、摄像机与视角的设置、渲染引擎与算法的选择和优化等，创造出逼真的光影效果，增强动画的立体感和真实感。

此外，三维动画制作还依赖于其他一系列技术支持，如物理模拟技术、粒子系统、后期特效制作技术等。

三、三维动画制作软件

三维动画制作软件是创作三维动画作品不可或缺的工具。目前，常用的三维动画制作软件如下：

1. Autodesk Maya

Autodesk Maya（以下简称 Maya 软件）是顶级的三维动画制作软件，广泛应用于电影、电视、游戏等领域。该软件功能强大且完善，兼具灵活性和易用性，制作效率高，渲染真实感强。它提供了全面的创意功能，包括三维计算机动画、建模、仿真和渲染等，适应影视广告、角色动画、电影特技等制作需求。

2. 3ds Max（3D Studio Max）

3ds Max 是 Autodesk 公司开发的基于 PC 系统的三维动画渲染和制作软件。该软件具有简洁美观的界面和实用强大的功能，适用于建筑、影视、游戏和动画等领域。它提供了建模、动画制作和渲染等一整套解决方案，适合需要高效工作流程和灵活工具组合的用户。

3. Blender

Blender 支持整个 3D 管道，包括建模、绑定、动画制作、模拟、渲染、合成和运动跟踪等。它提供了丰富的功能和工作流程套件且完全免费，适合个人、小型工作室以及对成本有要求的用户。

4. Unreal Engine（UE）

Unreal Engine 可用于创建交互式视频游戏，也可用于动态图形领域。它具备实时渲染功能，让设计师即时看到变化。此外，它还支持虚拟现实（VR）和增强现实（AR），为动态图形设计师创造了制作新的互动和沉浸式动画的机会。它适合需要实时渲染和制作交互式动画功能的用户。

5. ZBrush

ZBrush 是一款专业的数字雕刻软件，主要用于制作高精度的三维模型。它凭借丰富的画笔阵列和智能像素技术，使得数字雕刻过程更加高效和直观，适合需要高精度制作模型的用户。

6. After Effects（AE）

After Effects 是一款图形视频处理软件，主要用于动画后期制作，它能够合成二维和三维动画，并创建出多种特殊效果，为动画设计增添感染力，适合视频编辑师和动画师进行后期特效制作。

四、三维动画技术应用领域

三维动画技术因其独特的视觉效果和广泛应用，为多个领域带来了重大革新。以下是其主要应用领域：

1. 影视与电影特效

利用三维动画技术，可创造震撼的视觉效果，如创建《阿凡达》和《复仇者联盟》中的虚拟世界和角色，丰富电影的叙事方式和表现力。

2. 游戏开发

在游戏产业中，利用三维动画技术可构建逼真的游戏世界，增强游戏的沉浸感和吸引力。

3. 建筑设计与可视化

三维动画技术可用于建筑模型展示、环境模拟和设计方案呈现，从而助力设计师和客户更好地理解和沟通。

4. 广告与市场营销

利用三维动画技术制作的广告，可充分吸引消费者的注意力，传递产品信息；同时，还可将该技术用于产品演示和虚拟现实体验，提升消费者购物体验。

5. 医学与生物科学

利用三维动画技术可制作医学模型、模拟手术过程、展示生物结构等，助力医疗研究。

五、三维动画制作流程

1. 建模

动画师根据前期的造型设计，利用三维建模软件创建需要的角色和场景中的物体的模型。常见的建模方式有多边形建模、曲线 / 曲面建模、细分建模等。

2. 赋予材质与贴图

在模型的基础上进行材质贴图，将 2D 纹理映射到 3D 模型上；或使用贴图来定义材质的颜色、纹理、反射和不透明度等属性，这个过程也包括对角色的皮肤、道具、场景等进行纹理和颜色处理。例如，在外星生物模型上，动画师会为其身体各部分赋予不同的材质，如鳞片状的皮肤、发光的眼睛等。再如，在制作未来城市场景中的高楼大厦时，动画师会使用纹理和着色技术，为建筑表面添加金属质感、玻璃反射效果以及夜晚的霓虹灯光等，使建筑看起来既现代又充满未来感。

3. 绑定

通过创建骨骼结构和控制装置，使角色在运动时具有逼真的效果。

4. 灯光设置

模拟自然界光线以及人工光线，为场景照明，投射阴影，增添氛围。例如，在打造城市动画场景时，动画师会模拟晴天、阴天、路灯、霓虹灯等的光线，同时调整光线的颜色和强度，并投射出逼真的阴影，以营造城市的氛围。

5. 分镜动画制作

根据分镜头剧本与动作设计，在三维动画制作软件中制作出一个个动画片段，同时对角色和物体的运动进行细节的调整和优化。

6. 渲染

将灯光、材质、纹理等效果应用于模型或完成动画制作后，生成最终的图像。这个步骤需要大量的计算资源，因此需要使用专业的渲染引擎来完成。

任务 2　了解 Maya 软件及其基本操作方法

任务目标：

- ◆ 熟悉 Maya 软件界面组成。
- ◆ 掌握设置界面元素显示状态的方法。
- ◆ 掌握 Maya 软件的基本操作方法。

相关知识

一、Maya 软件界面组成

Maya 软件界面主要由菜单栏、菜单集、状态行、工具架、工具箱、工作区、快速布局 / 大纲视图图标、通道盒、层编辑器、动画控制区、命令行、帮助行等关键部分组成。

1. 菜单栏

菜单栏集中了 Maya 软件的所有命令，通过下拉式菜单的形式展开，用户可以在这里找到并执行各种命令。菜单栏是 Maya 软件功能的核心入口，如图 1-2-1 所示。

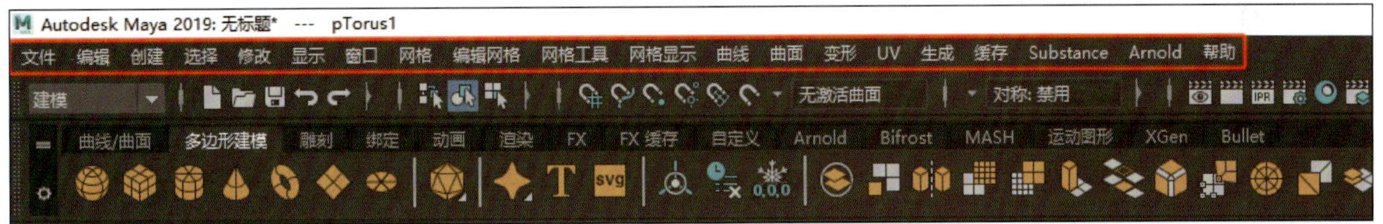

图 1-2-1　菜单栏

2. 菜单集

菜单集将可用菜单分为不同的类别：建模、绑定、动画、FX 和渲染等，如图 1-2-2 所示。Maya 软件菜单栏中的前 7 个菜单始终可用，其余菜单根据所选的菜单集不同而有所变化。

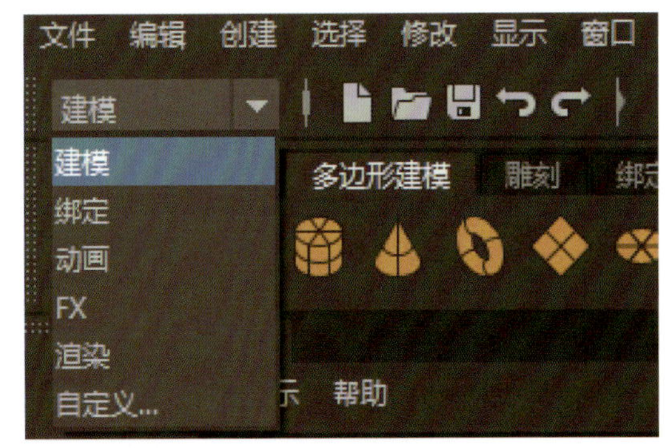

图 1-2-2　菜单集

3. 状态行

状态行包含许多常规命令的图标，以及用于对象选择、捕捉、渲染等命令的图标，单击垂直分隔线可展开和收拢图标组，如图 1-2-3 所示。

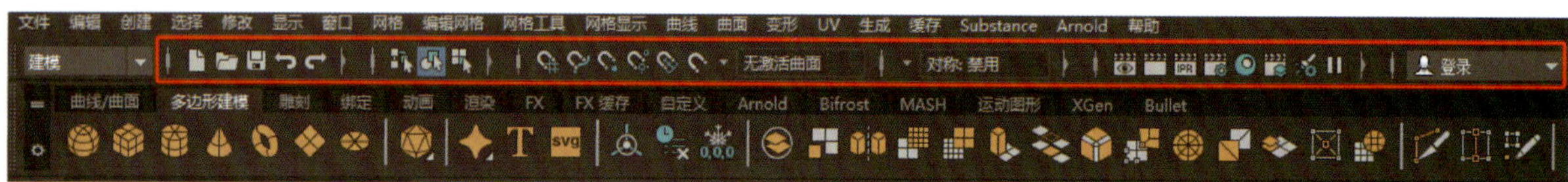

图 1-2-3　状态行

4. 工具架

工具架集成了各个模块下的常用命令，以图标形式展示，方便用户快速调用命令，提高工作效率，如图 1-2-4 所示。

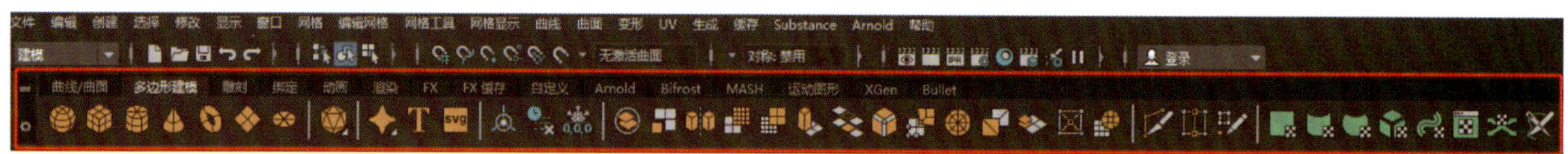

图 1-2-4　工具架

5. 工具箱

工具箱提供了 Maya 软件对象操作的一系列基础工具，以及用于控制对象显示样式的工具，如平移、缩放、旋转等，如图 1-2-5 所示。

6. 工作区

工作区是用户进行三维建模、动画制作等工作的主要区域，也是 Maya 软件界面中最为核心的部分，用户可以在这里直观地看到并编辑自己的作品，如图 1-2-6 所示。

图 1-2-5　工具箱

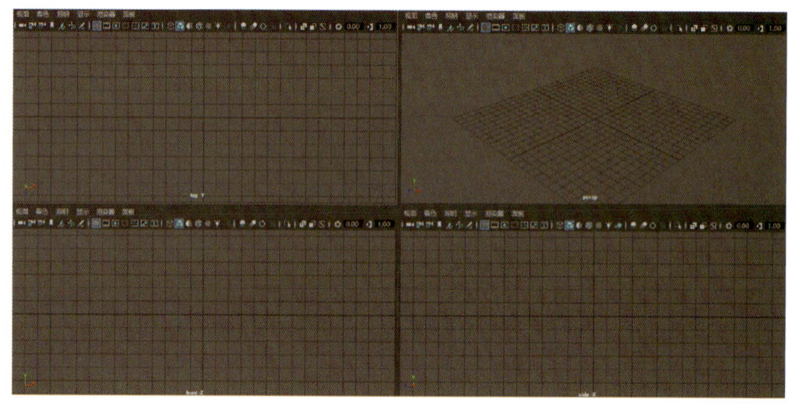

图 1-2-6　工作区

7. 快速布局 / 大纲视图图标

通过单击“工具箱”下面的前三个快速布局图标，可在视图面板布局之间进行切换，而底部图标用于打开大纲视图，如图 1-2-7 所示。

8. 通道盒

通道盒位于工作区的右侧，是编辑对象属性的主要区域。用户可以在这里对选中对象的各种属性进行详细的调整和优化。该部分默认显示变换属性，但也可以更改此处显示的属性，如图 1-2-8 所示。

图 1-2-7　快速布局 / 大纲视图图标

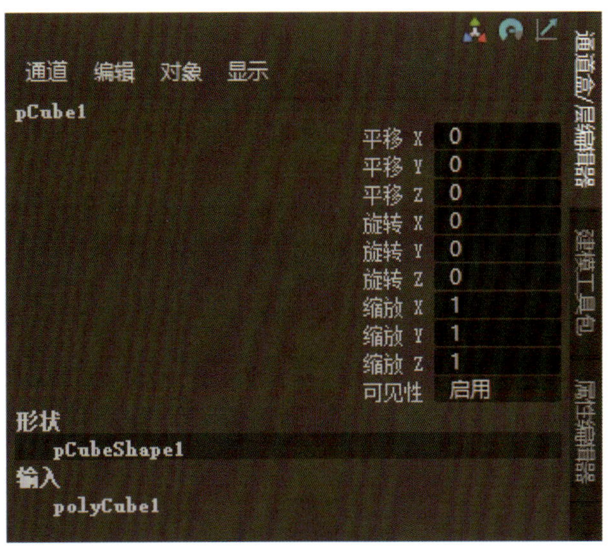

图 1-2-8　通道盒

9. 层编辑器

层编辑器用于将对象进行分层处理，方便用户管理不同类型的层，如模型层、动画层、渲染层等，提高工作的条理性和效率，如图 1-2-9 所示。

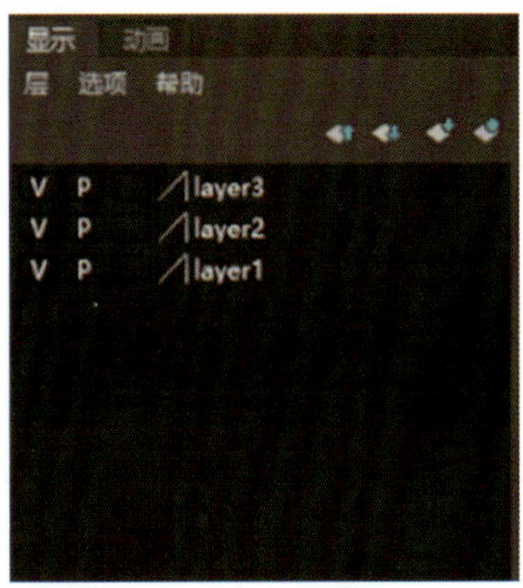

图 1-2-9　层编辑器

10. 动画控制区

该区域包含时间滑块、范围滑块、播放控件、播放选项、动画 / 角色菜单，是用户进行关键帧调节和动画预览操作的主要区域，如图 1-2-10 所示。时间滑块用于控制动画的播放时间，而范围滑块则用于设定动画的渲染范围。

图 1-2-10　动画控制区

11. 命令行

命令行位于界面底部，是执行 Maya 软件的 MEL 命令以及脚本命令的入口，如图 1-2-11 所示。用户可以通过在这里输入命令来执行特定的操作，或者通过输入脚本来实现自动化工作流程。

图 1-2-11　命令行

12. 帮助行

帮助行可实时向用户提供帮助信息，包括快捷键提示、命令解释等，是用户在学习和使用 Maya 软件过程中的得力助手，如图 1-2-12 所示。

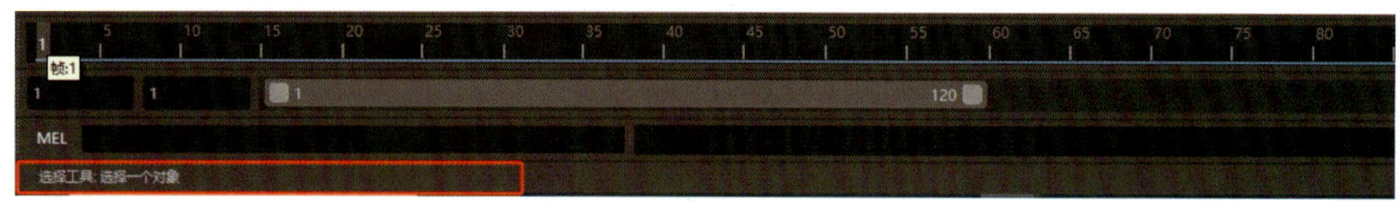

图 1-2-12　帮助行

二、设置界面（UI）元素显示状态的方法

方法一：在菜单栏选择“窗口 >UI 元素”，在菜单中勾选或取消勾选选项前的复选框，即可显示或隐藏对应的 UI 元素，如图 1-2-13 所示。

图 1-2-13　设置 UI 元素显示状态的方法一

方法二：在菜单栏选择“窗口 > 设置 / 首选项 > 首选项”，在打开的“首选项”窗口中的“类别”列表中选择“UI 元素”，然后在右侧“可见 UI 元素”区域，通过勾选或取消勾选 UI 元素前的复选框即可进行 UI 元素显示状态设置，如图 1-2-14 所示。

三、Maya 软件的基本操作方法

1. 视图的旋转、平移和缩放

在 Maya 软件的工作区中，可以对视图进行多种操作，包括旋转（快捷键为“Alt+ 鼠标左键”）、平移（快捷键为“Alt+ 鼠标中键”）和缩放（快捷键为“Alt+ 鼠标右键”）。虽然滚动鼠标中键同样可以缩放视图，但使用快捷键通常更加流畅和高效。

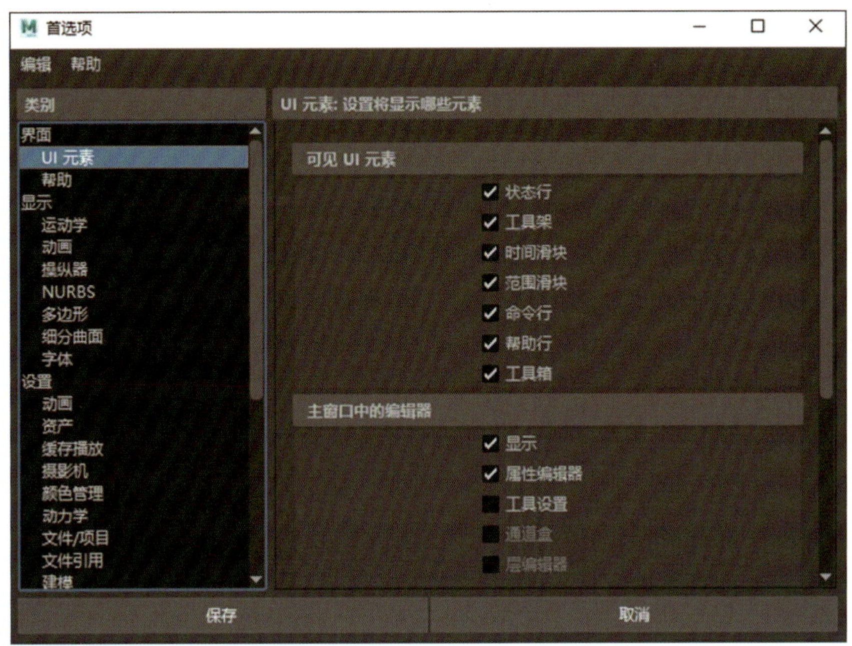

图 1-2-14　设置 UI 元素显示状态的方法二

另外，“工具箱”中的平移工具、旋转工具和缩放工具，是针对对象进行操作的，而不针对视图本身。

2. 对象的坐标显示

在 Maya 软件的工作区中，每个对象上都会有一个位于其中心位置的操纵器，该操纵器包含三个轴向（X 轴、Y 轴和 Z 轴）的手柄。同时，在工作区的左下角有一个全局坐标轴，默认设定方向为 X 轴向前、Y 轴向上、Z 轴向左，这是一种标准的视角设置。

对象的操纵器手柄颜色与全局坐标轴颜色保持一致，遵循常规的颜色编码：红色代表 X 轴，绿色代表 Y 轴，蓝色代表 Z 轴。这三个轴向参数的数值大小精确地表示了对象在工作区中的位置。这些位置信息可以在通道盒中直观查看，如图 1-2-15 所示。

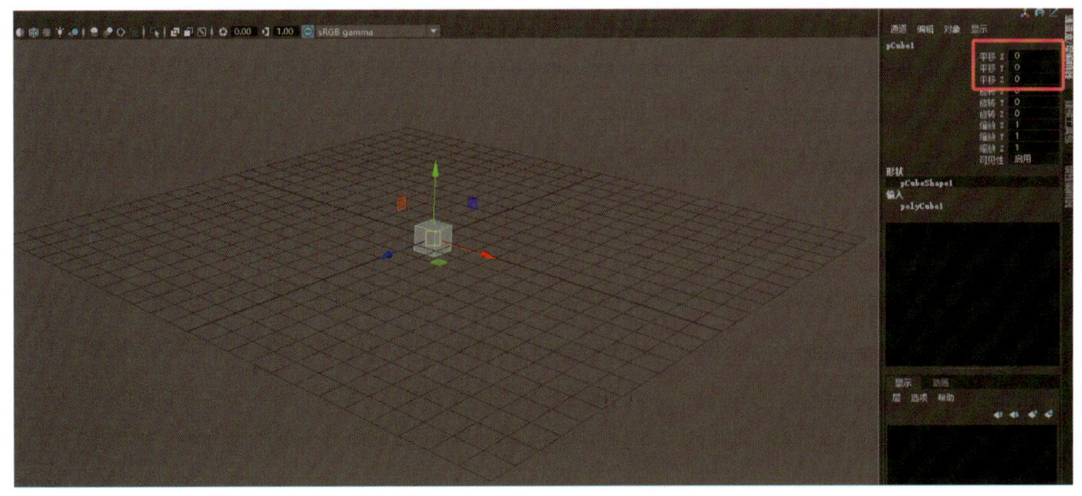

图 1-2-15　对象的位置信息

当“平移 X”“平移 Y”“平移 Z”的值均为 0 时，意味着对象处于其初始位置，即工作区灰色网格（通常称为栅格）的中心位置。这个位置也可以理解为对象的“初始位置”或“原点坐标位置”。

3. 移动属性的调整

在“工具箱”中选择“移动工具”（快捷键为“W”），对象中心位置会出现一个操纵器，如图 1-2-16 所示。此操纵器提供了 7 个手柄，使用时可根据需求进行精确的对象移动。当单击其中一个点时，即可激活对应的移动模式。

若单击图中被○圈住的部分，将激活一个特定轴向的手柄，拖动手柄，可使对象沿此轴向进行直线运动。

若单击图中被□圈住的部分，将激活一个特定平面的手柄，拖动手柄，可使对象在该平面内自由移动。

若单击图中被△圈住的部分，拖动手柄，可使对象在三维空间内任意方向自由移动，实现更为灵活和复杂的运动效果。

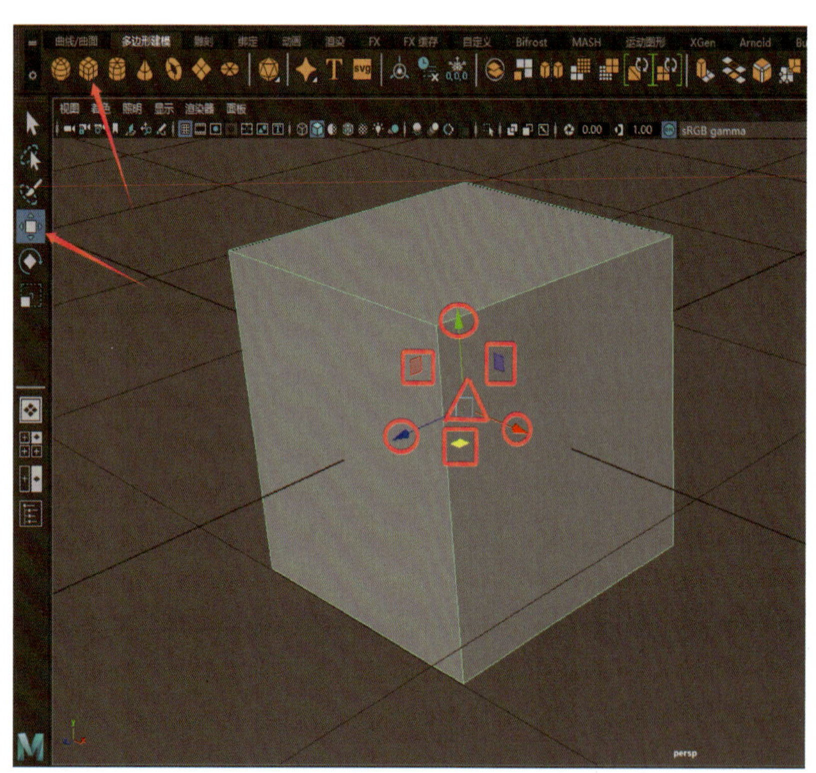

图 1-2-16　移动属性的调整

4. 旋转属性的调整

在“工具箱”中选择“旋转工具”后（快捷键为“E”），对象中心区域会出现几条圆环指示线。遵循相同的操作逻辑，单击其中任意一个特定圆环时，该圆环会以黄色高亮显示，表明已激活对应方向的旋转功能。具体而言，红色、绿色及蓝色圆环分别代表着绕 X 轴、Y 轴和 Z 轴的旋转操作，如图 1-2-17 中被○标记的部分所示。此外，被□标记的部分同样有一个圆环，它专门用于实现沿当

前摄影机视角进行旋转的操作。若想以自由方向旋转对象，只需在被△标记的区域长按鼠标左键并拖动鼠标，即可随心所欲地旋转对象。

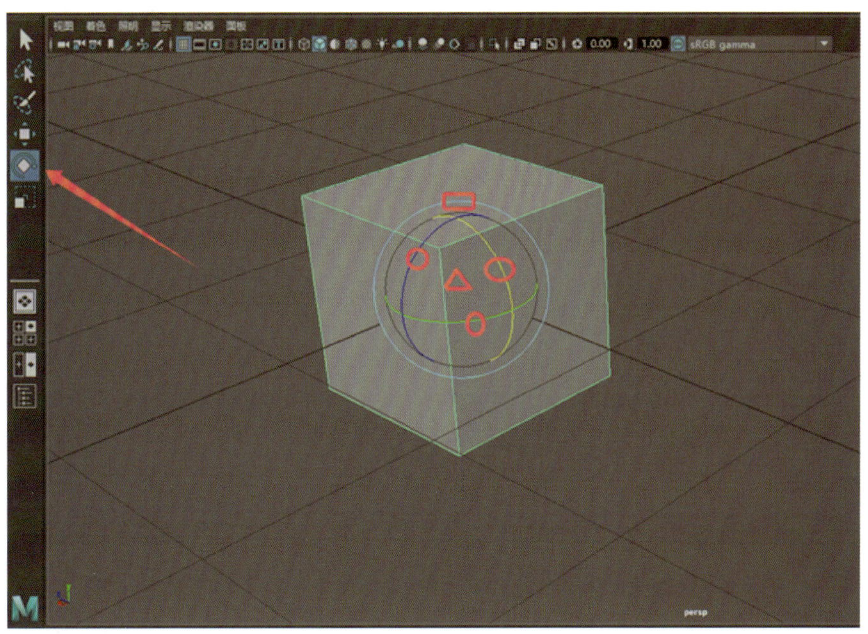

图 1-2-17　旋转属性的调整

5. 缩放属性的调整

在“工具箱”中选择“缩放工具”后（快捷键为“R”），对象中心会出现一个操纵器，如图 1-2-18 所示。该操纵器提供了 7 个手柄，用于调整对象的缩放属性。单击被○圈住的部位，长按鼠标左键并拖动鼠标可以沿固定的轴向缩放对象；单击被□圈住的部位，长按鼠标左键并拖动鼠标可以沿固定的平面缩放对象；单击被△圈住的部位，长按鼠标左键并拖动鼠标可以在三个轴向上同时缩放对象。

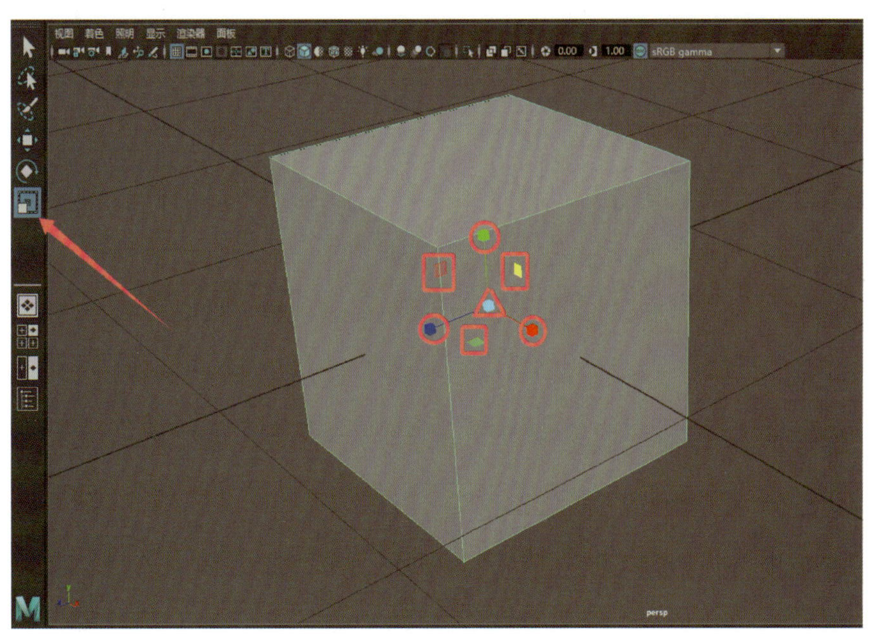

图 1-2-18　缩放属性的调整

对象的移动、旋转、缩放属性变化的同时，通道盒中也会显示对应相关参数数值的变化，如图 1-2-19 所示。

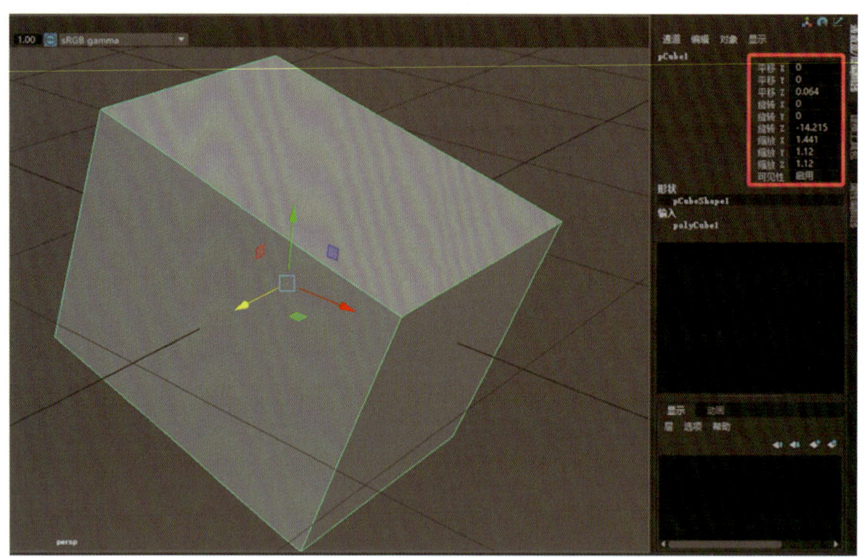

图 1-2-19　通道盒中对象的各属性相关参数数值变化

需要注意的是，对象处于初始位置时，移动和旋转属性相关参数数值为 0，缩放属性相关参数数值为 1。

6. 视图的切换

为了便于对象的精细制作与全方位观察，在动画制作时经常需要进行多角度的视图转换，Maya 软件的视图模式包括透视图和正交视图两种。默认情况下，系统会自动打开透视图。单击视图切换图标，即可轻松切换视图模式，如图 1-2-20 所示。

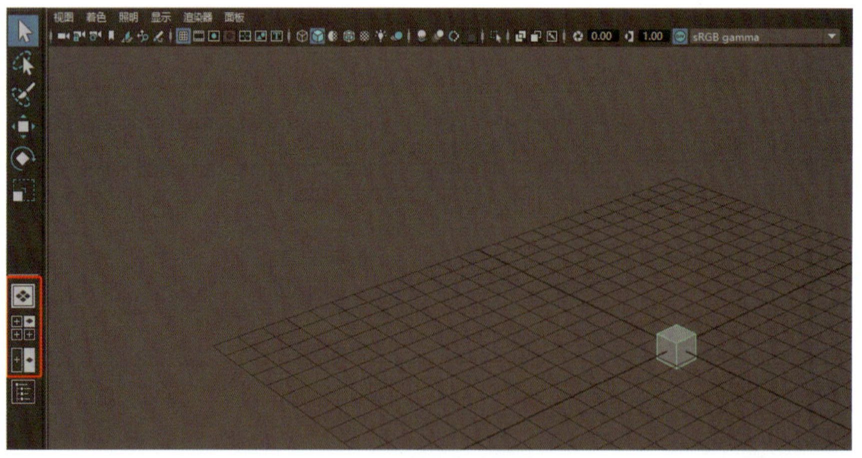

图 1-2-20　视图切换图标

在正交视图中，对象的各个面均以其在三维空间中的实际尺寸呈现，而非依据观察者视角产生的透视效果呈现。这确保了所有线条均维持垂直或水平状态。如图 1-2-21 所示，通过单击视图切换图标，可以轻松地在正交视图与透视图之间进行切换。在每个视图的底部中央位置，系统会清晰地显示

当前视图所对应的视角。

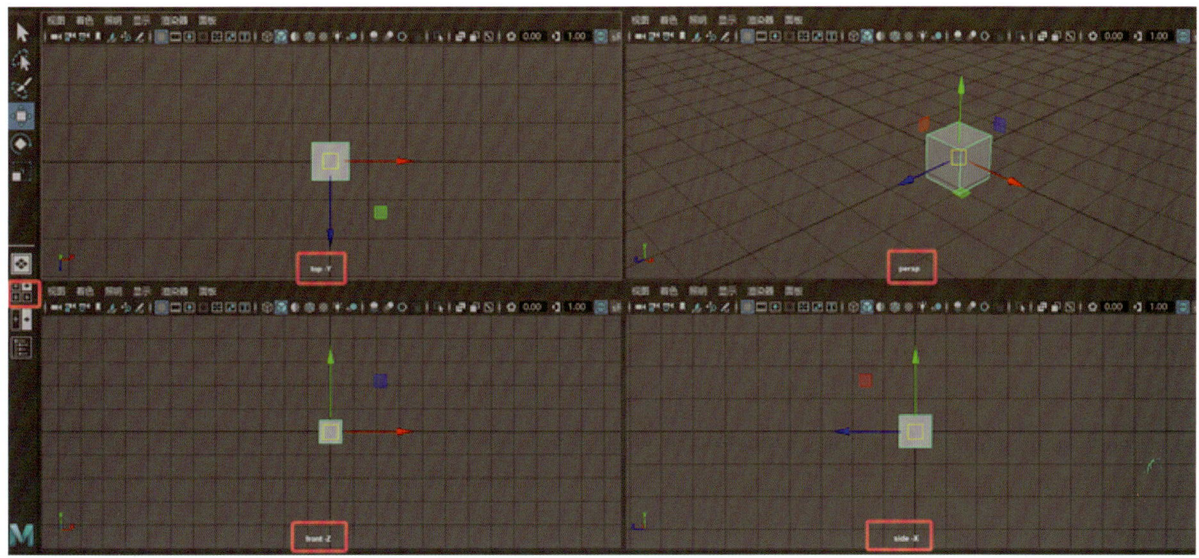

图 1-2-21 三个正交视图和透视图

单击任意一个视图工作区，即可激活该视图。按空格键即可将此视图放大，以便更细致地查看和编辑对象。

在正交视图中，用户仅能对对象进行移动和缩放操作，无法进行旋转。若需进行旋转操作，需切换回透视图。如果再次按下空格键，系统将切换回之前的视图布局模式。

除了直接单击视图切换图标外，还可以在工作区内按空格键的同时单击鼠标左键，唤出视图选择热盒，从而便捷地选择目标视图，如图 1-2-22 所示。打开热盒后，保持鼠标左键按下状态并移动光标至目标选项上，松开鼠标左键即可完成视图的选择与激活。

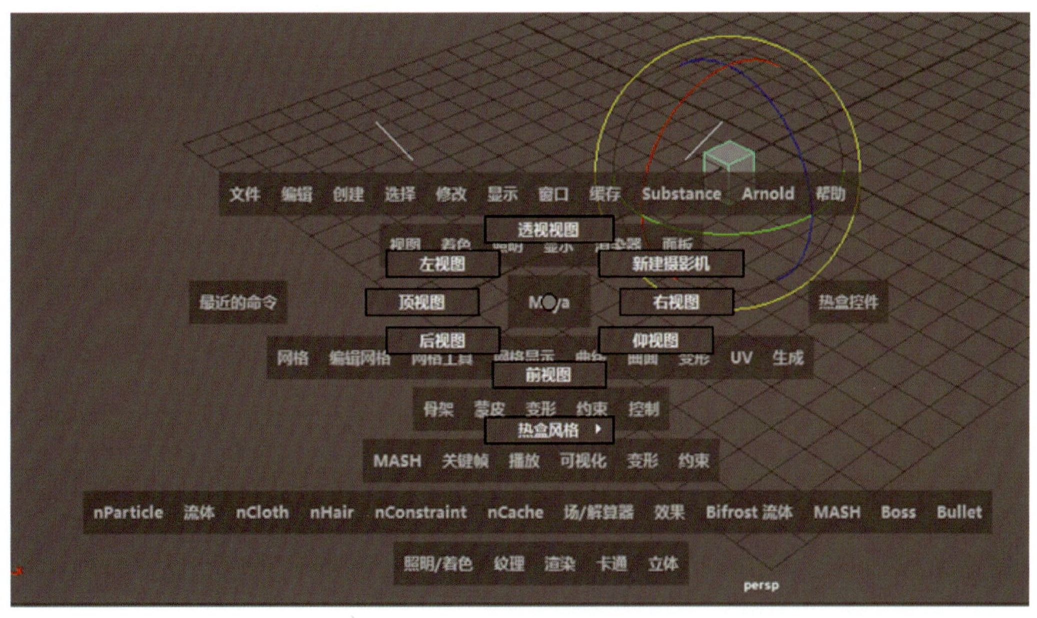

图 1-2-22 通过热盒选择目标视图

7. 大纲视图

在菜单栏中选择“窗口 > 大纲视图”或单击“显示或隐藏大纲视图”图标，即可将大纲视图固定在界面中，其功能类似于目录，所有创建的对象都会以列表形式自动列入此“目录”中，灯光、材质、摄影机等元素也都会被清晰展示，如图 1-2-23 所示。通过大纲视图，可快捷地对项目进行整理、管理、重命名等操作。在处理场景较为复杂的项目时，可依据已命名的文件，轻松地进行相关操作。

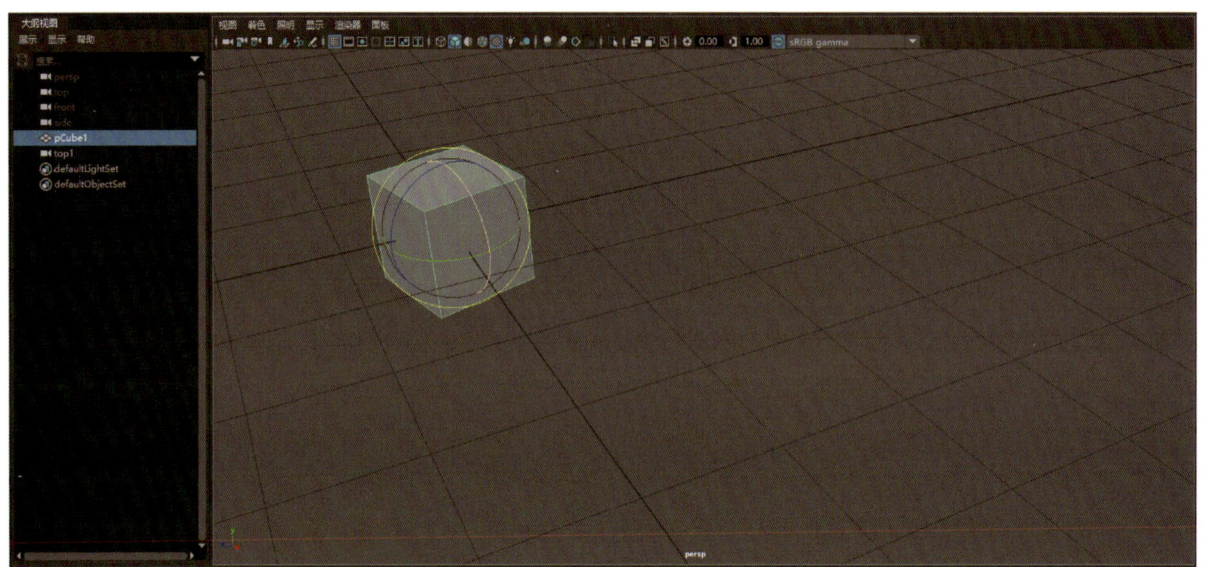

图 1-2-23　大纲视图

8. 对象的聚焦显示和全部显示

场景中包含多个物体时，为便于操作与选择目标对象，可充分利用快捷键进行操作：按“F”键，将使所选对象完整居中地显示出来；按“A”键，可使场景中的所有物体全部显现出来，如图 1-2-24 所示。

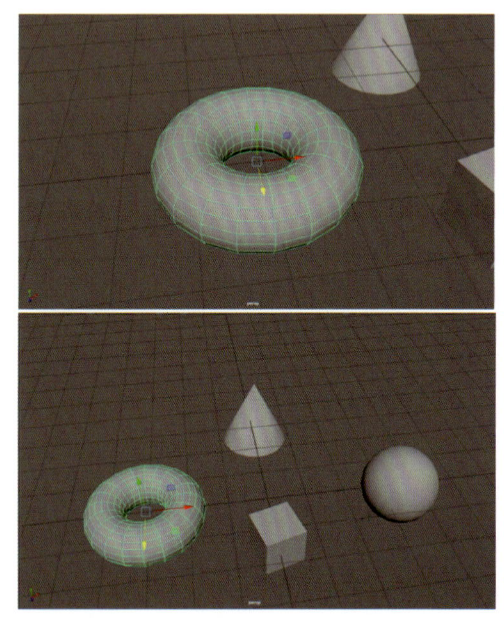

图 1-2-24　对象的聚焦显示和全部显示

9. 其他常用快捷键

在操作过程中，除前文所述的快捷键外，还有以下常用快捷键：

Ctrl+Z：撤销命令。

Alt+B：切换工作区背景。

Ctrl+H：隐藏对象（在大纲视图列表中，隐藏的对象的名称以灰色显示）。

Shift+H：显示对象（在大纲视图列表中，选中已隐藏的对象的名称，按快捷键可使其重新显示）。

Ctrl+M：隐藏 / 显示主菜单。

Ctrl+A：显示对象的属性编辑器。

“+”“-”：控制缩放、移动、旋转操纵器显示大小。

Shift+ 选择对象：连续选择多个对象。

Ctrl+ 选择对象：取消选择对象。

项目二

建模

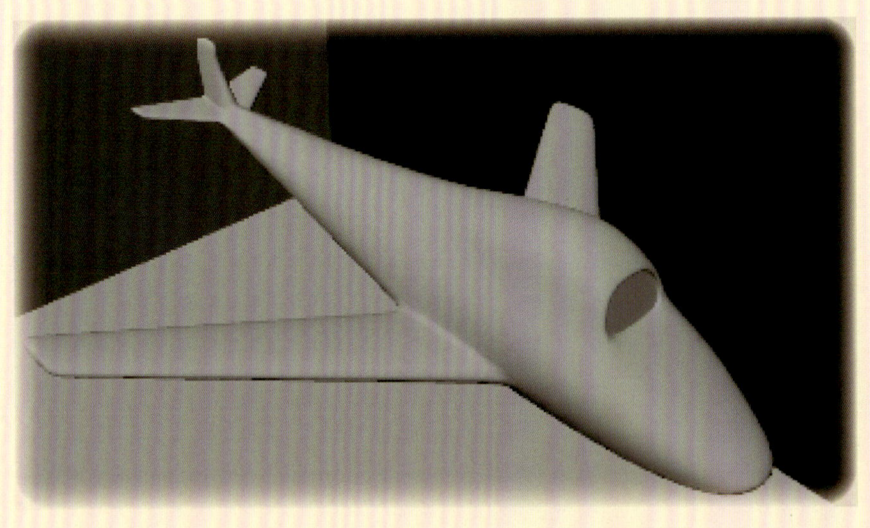

在三维动画制作中，建模是构建虚拟世界的基础，是将创意转化为可视形象的关键步骤。本项目将详细讲解建模的基本方法，通过多个任务，从简单的积木火车模型到复杂的洗手间场景模型，由浅入深地讲解多边形建模和曲面建模的核心技巧。从基本的建模命令到复杂的模型编辑，从单一物体到完整场景，通过实践操作，学生可深入理解建模的精髓，为后续的动画制作奠定坚实基础。

任务 1　积木火车模型制作

任务目标：

- 了解多边形建模的概念以及多边形建模的特点。
- 能够应用多边形建模命令制作积木火车模型。
- 通过制作积木火车模型来掌握 Maya 软件的基本操作方法。

任务引入

应用 Maya 软件中的多边形建模命令创建图 2-1-1 所示积木火车的模型。

图 2-1-1　积木火车

相关知识

一、认识建模模块

Maya 软件中的建模模块是该软件的基础模块之一，它提供了各种建模工具和命令，用于创建三维模型。Maya 软件的建模模块支持多种建模技术，包括多边形建模、曲线建模、NURBS 建模等。使用这些技术，用户可以创建各种复杂的物体和场景，如人物、建筑、道具等。如图 2-1-2 所示，可在 Maya 软件界面的左上方“菜单集”菜单中选择“建模”，即可进入建模模块。

选择“建模”后，菜单栏也随之改变，此时菜单栏由“网格”“编辑网格”等与建模相关的命令组成，如图 2-1-3 所示。如果选择“绑定”，菜单栏就由“骨架”“蒙皮”等与骨骼绑定相关的命令组成，如图 2-1-4 所示。

Maya 软件的建模模块提供了丰富的工具和命令，可帮助用户高效地完成建模任务。这些工具和命令包括：基础命令，如旋转视图、平移视图、缩放视图等，用于控制视图的显示和操作；建模命令，如挤出、倒角、桥接等，用于对模型进行编辑和细化；不同的编辑模式，如对象模式、边模式、面模式等，方便用户根据需要对模型的不同部分进行选择和编辑。

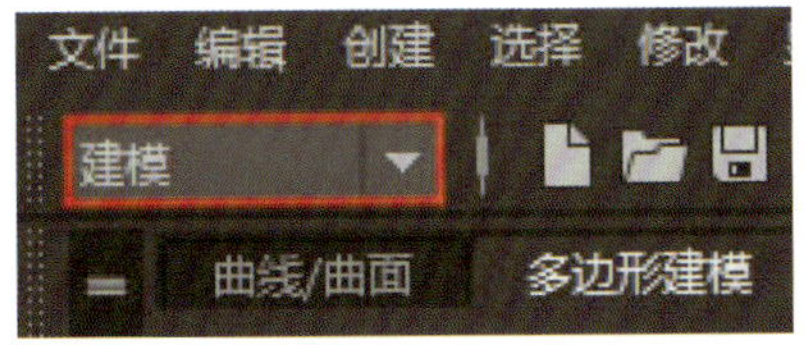

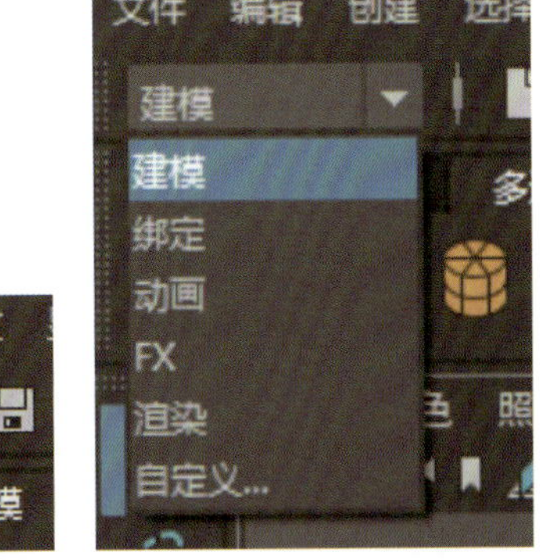

图 2-1-2 “菜单集”菜单

网格 编辑网格 网格工具 网格显示 曲线 曲面 变形

图 2-1-3 与建模相关的命令

骨架 蒙皮 变形 约束 控制

图 2-1-4 与骨骼绑定相关的命令

二、多边形建模

多边形建模是通过编辑由顶点、边和面构成的多边形网格来构建三维模型的一种方法。在建模过程中，用户通过创建、编辑及操作这些多边形的顶点、边和面来精细塑造模型的形态与细节。该方法精确性高，能够生成高精度的几何形状。Maya 软件配备了一系列丰富的编辑命令与操作选项，使得用户可以轻松地对模型形状和细节进行编辑与修改。

如图 2-1-5 所示，在菜单栏选择“创建 > 多边形基本体”，就可以看到所有多边形基本体的创建

图 2-1-5 创建多边形基本体的命令

命令，根据需要单击命令就可以直接创建多边形基本体。另外，每个基本体创建命令后面都带有一个复选框，勾选复选框可以打开这个命令的属性设置窗口，在属性设置窗口中可以对所要创建的多边形基本体的属性进行设置。图 2-1-6 所示是多边形圆柱体的属性设置窗口，在该窗口中可以对圆柱体的“半径”“高度”等参数进行设置。图 2-1-7 所示为创建的多边形圆柱体，放大后可以看出多边形圆柱体的侧面近似为由多个面片组成的多边形网格。

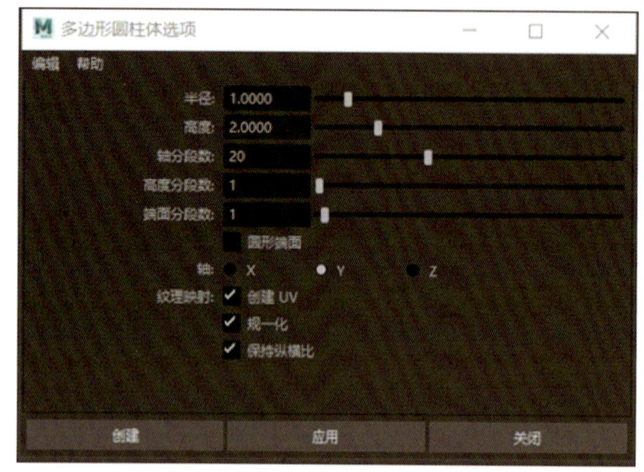

图 2-1-6　多边形圆柱体的属性设置窗口

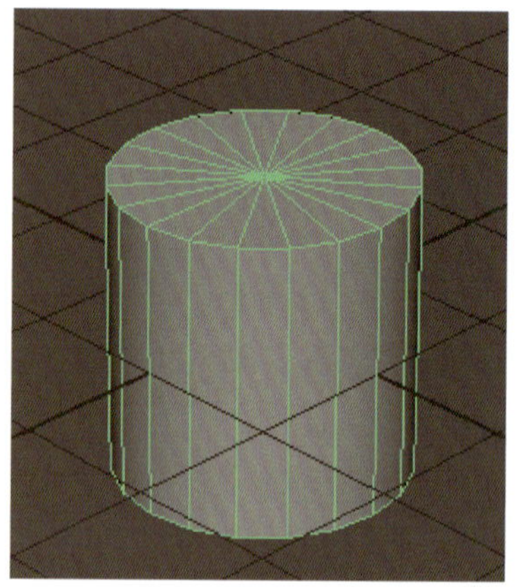

图 2-1-7　多边形圆柱体

创建一个多边形基本体后，在界面右侧的通道盒中可以看到多边形基本体的平移属性、旋转属性在三个方向上的参数数值都为 0，这说明新创建的多边形基本体默认位置在工作区的中心，如图 2-1-8 所示。

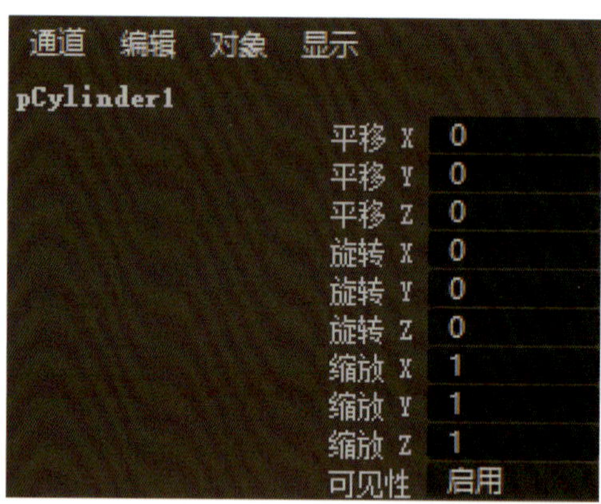

图 2-1-8　多边形基本体的通道盒

1. 多边形建模相关工具和命令

对多边形模型进行创建或编辑时，需使用多边形建模的相关工具和命令。有两种方式可找到这些工具和命令：一是在菜单栏中寻找（见图 2-1-9），这些工具和命令主要集中在“网格”“编辑网格”“网格工具”和“网格显示”这四个主要菜单中。其中，“编辑网格”和“网格工具”两个菜单中包含了最常用的工具和命令。二是在多边形建模工具架中可快速定位这些工具和命令，图 2-1-10 所示是最常用的一些多边形建模工具和命令。如果想在工具架中添加新的工具和命令可以按“Ctrl+Shift+ 命令”快捷键。

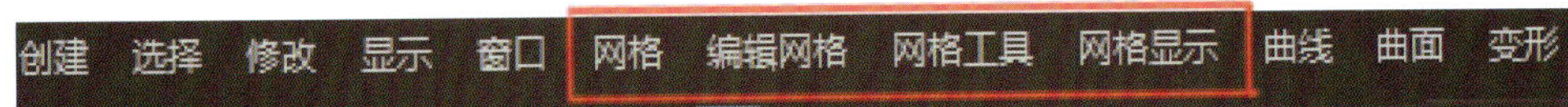

图 2-1-9 多边形建模的菜单栏

图 2-1-10 工具架中的多边形建模工具和命令

2. 点、线、面的编辑方法

在对多边形模型进行细致编辑时，对其点（顶点）、线（边）和面进行精确调整通常是必不可少的步骤。为了进行这些编辑操作，我们需要在多边形模型上右击来打开热盒，如图 2-1-11 所示。

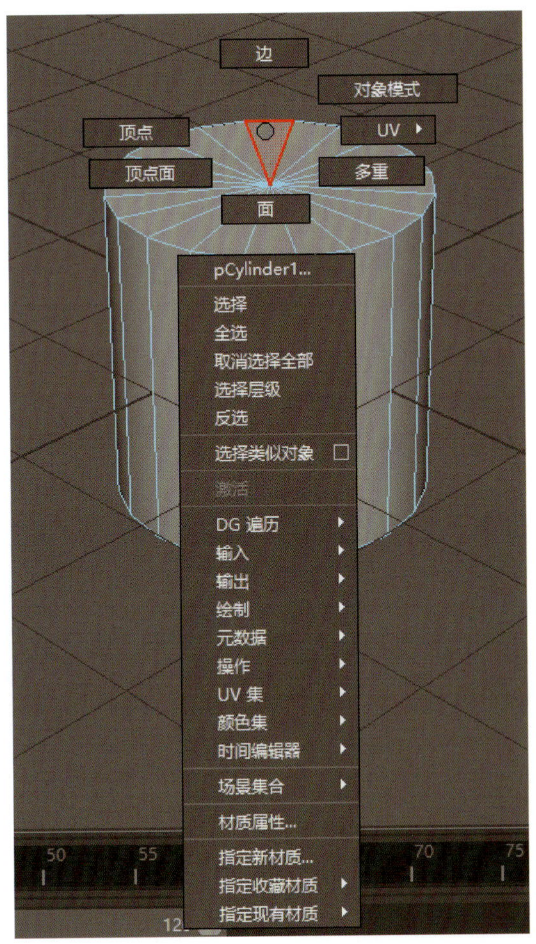

图 2-1-11 热盒

热盒界面设计直观，其上半部分为用户提供了一个便捷的交互区域，允许通过移动鼠标光标来快速选择需要编辑的具体部分。在建模过程中，边（线条）模式、顶点（点）模式、面模式和对象模式是最常被选用的编辑模式，它们各自承载着不同的编辑功能和解决不同的用户需求。

（1）边模式：在该模式下，用户可选中并调整多边形模型的边界线条，这对于塑造模型的轮廓和细节至关重要。

（2）顶点（点）模式：在该模式下，用户能够直接操控多边形模型的各个顶点，通过移动这些点可改变模型的形状和结构。

（3）面模式：在该模式下，用户可以专注于多边形模型的面的编辑，包括调整面的大小、方向以及进行细分等操作，以增强模型的立体感和细节表现。

（4）对象模式：在该模式下，用户可以对多边形模型进行整体调整，如移动、旋转和缩放，以便于在场景中定位和调整模型的整体位置与比例。

通过上述不同模式的灵活切换与结合使用，用户可以对多边形模型进行精细调整，从而根据设计需求创建出理想的三维模型。这一过程不仅考验着用户的空间想象能力，也要求用户熟练掌握多边形模型编辑的各种技巧，以确保最终模型的准确性和美观性。

三、Maya 软件项目的创建和项目设置

Maya 软件的“项目窗口”与“设置项目”命令是组织和管理项目文件的核心工具，它们能够确保所有相关文件都被妥善保存在一个结构清晰、有条不紊的目录体系中，这极大地简化了项目管理和团队协作的流程。

在菜单栏选择“文件 > 项目窗口”，可以打开图 2-1-12 所示的“项目窗口”窗口。在“项目窗口”窗口中，用户可以清晰地浏览到与当前项目相关的所有元素，包括场景文件、图像资源、声音文件等。这意味着，在 Maya 软件项目中使用的所有文件都将被归纳并保存在名为“default”的项目目录下，其默认存储位置位于 C 盘。

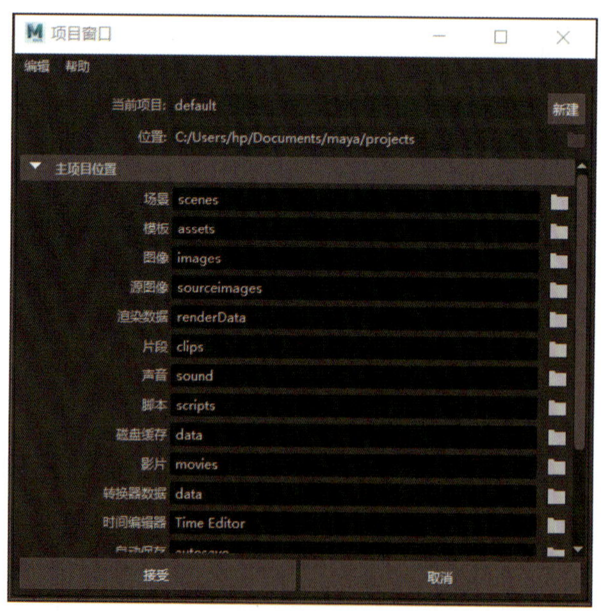

图 2-1-12 “项目窗口”窗口

为了更高效地管理项目文件，用户需要在打开“项目窗口”窗口后，对项目名称（即当前项目）和存储位置进行自定义设置。完成这些设置后，系统会根据用户的设定，生成一个新的项目文件

夹。当用户打开该项目文件夹时，会发现系统已经自动为其建立了一系列相关文件夹和目录结构，如图 2-1-13 所示。这样的设计不仅提升了文件管理的便捷性，还有助于保持项目的条理性和一致性，为项目的顺利进行提供了有力保障。

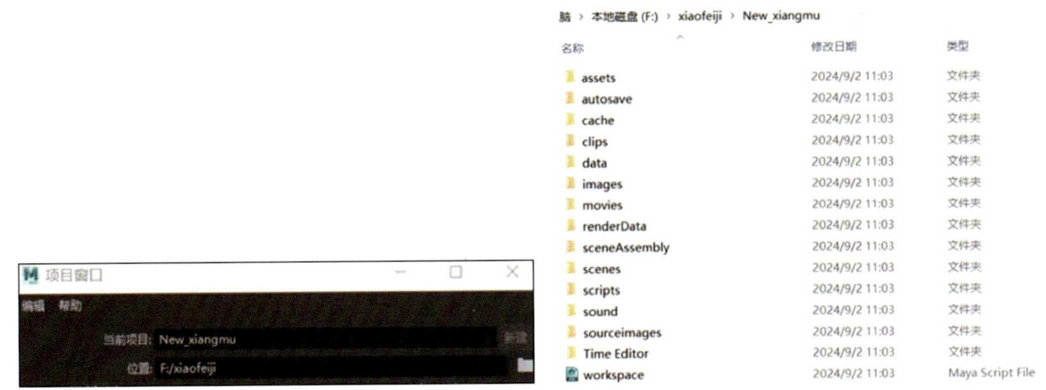

图 2-1-13　新建项目

在菜单栏选择“文件 > 设置项目”，即可打开“设置项目”窗口，在该窗口中可以高效地管理与当前项目相关联的所有文件。在“设置项目”窗口中找到目标文件夹，单击“设置”按钮，即可将该文件夹设定为当前项目的默认存储位置。这意味着，在此之后制作的所有内容（如文档、图像、数据等）都将自动保存在这个指定的文件夹中。

任务实施

1. 创建项目

在菜单栏选择“文件 > 项目窗口”，在“项目窗口”窗口中的“当前项目”填写框内输入“huoche”，然后设置项目存储位置，新建一个项目，如图 2-1-14 所示。这样接下来制作的所有文件就会保存在这个文件夹里。

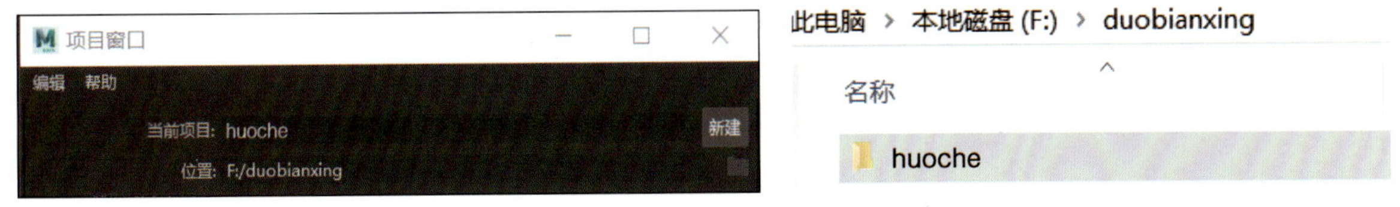

图 2-1-14　创建一个新项目

2. 创建平面

在“菜单集”菜单中选择“建模”，单击“多边形平面”图标或在菜单栏选择“创建 > 多边形基本体 > 平面”，创建平面，在左侧“工具箱”中选中“缩放工具”，调整平面的大小；然后在菜单栏选择“显示 > 栅格”（或单击“栅格”按钮），关掉栅格；按住“Alt”键的同时单击鼠标左键并拖动鼠标，使工作区左下角坐标轴的 X 轴处于向右的状态，如图 2-1-15 所示，在后面的所有操作中要使 X 轴尽量保持这个状态。

图 2-1-15　X 轴

3. 制作火车头

（1）在工具架中单击“多边形立方体”图标，以创建两个多边形立方体，然后用“缩放工具”调整立方体的大小；单击“多边形圆柱体”图标，创建一个多边形圆柱体，在界面右侧通道盒中设置“旋转 X”的值为“90”，将圆柱体旋转 90° 并放倒，然后调整其位置，如图 2-1-16 所示。

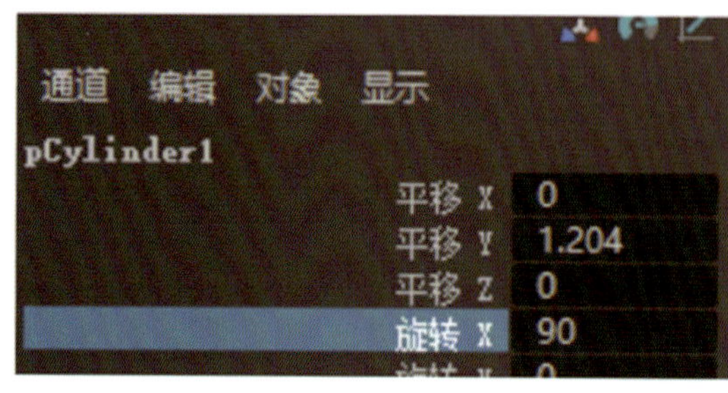

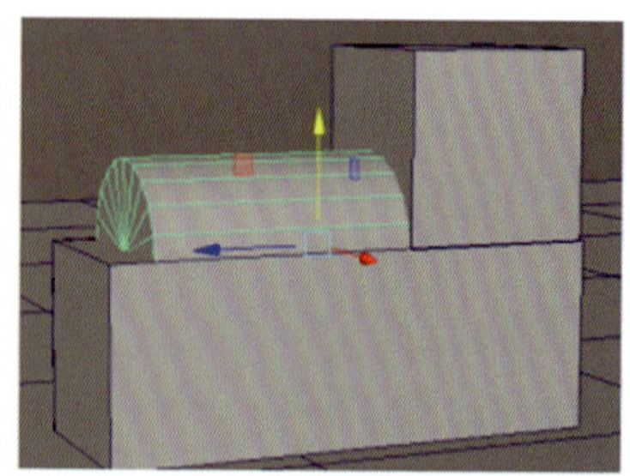

图 2-1-16　旋转圆柱体

（2）在菜单栏选择“创建 > 多边形基本体 > 圆柱体”，并勾选“圆柱体”命令后面的复选框以打开圆柱体属性设置窗口，设置“轴分段数”为“12”，然后单击“创建”按钮；在右侧通道盒中设置圆柱体的“旋转 Z”的值为“90”，然后调整其大小和位置，按“Ctrl+D”快捷键复制圆柱体，调整其大小并将其叠在大圆柱体上。复制这两个圆柱体并调整其位置，如图 2-1-17 所示；火车头的车轮就制作好了。

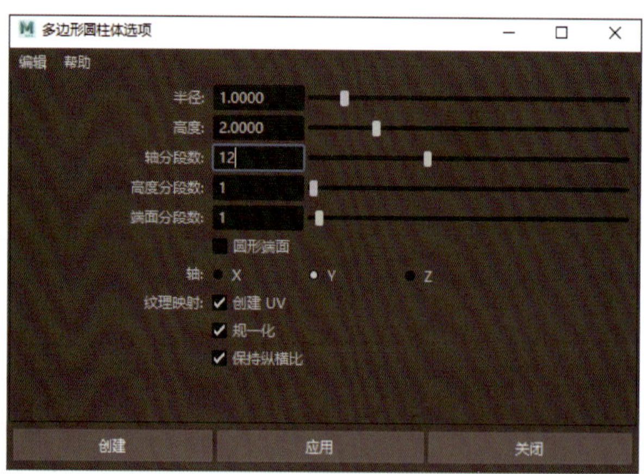

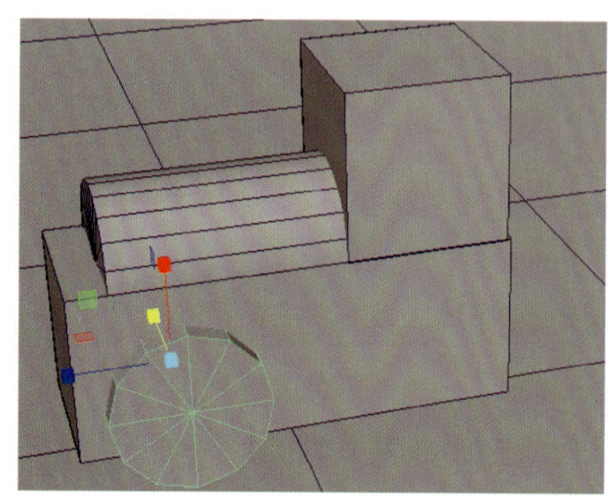
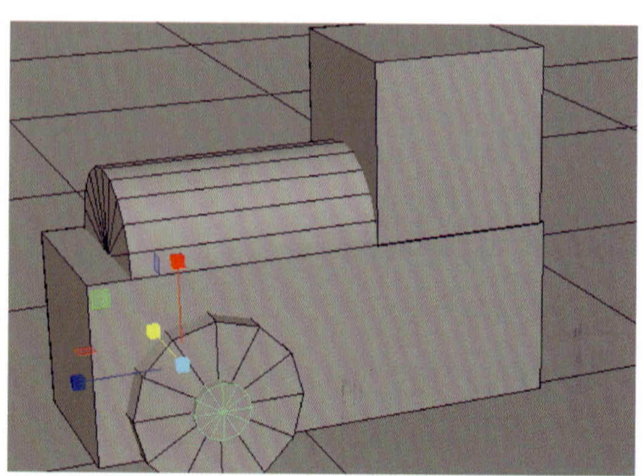

图 2-1-17　车轮的制作过程

（3）车顶形状类似半圆柱体，因此，可以先创建一个轴分段数为 14 的圆柱体，然后设置其“旋转 Z”的值为“90”，切换到顶点模式，框选圆柱体下半部分的顶点，用“缩放工具”将这些点打直（拖动“缩放工具”的 Y 轴），最后整体缩放车顶，放置在小立方体的顶端，如图 2-1-18 所示。

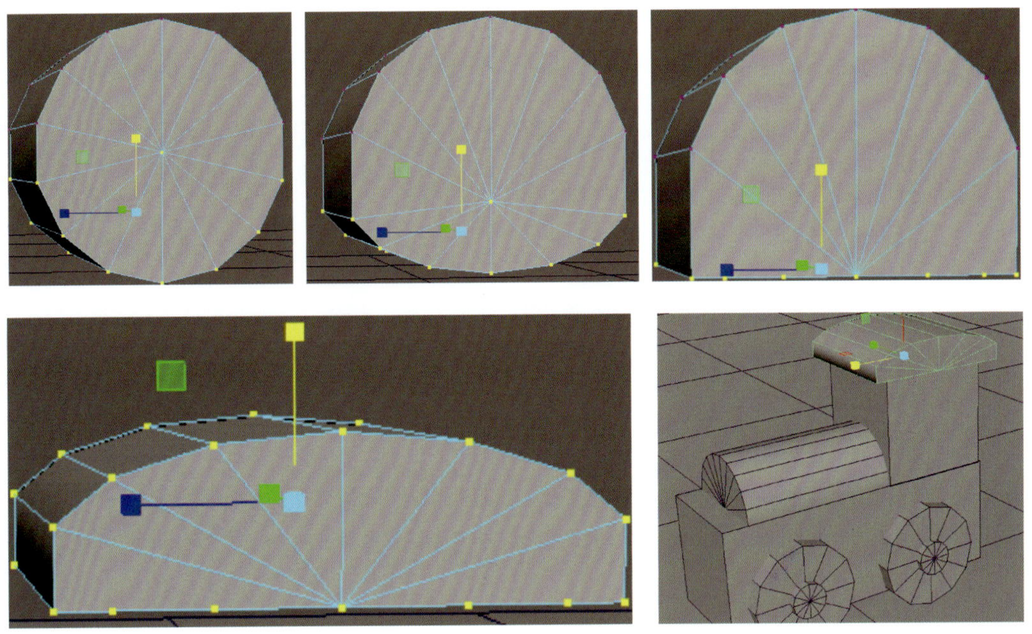

图 2-1-18　制作车顶

（4）创建多个轴分段数为 8 的圆柱体，调整它们的大小、长短和位置，制作火车头上的烟囱（轴分段数相同的圆柱体可通过复制创建），如图 2-1-19 所示。此时火车头就制作完成了。

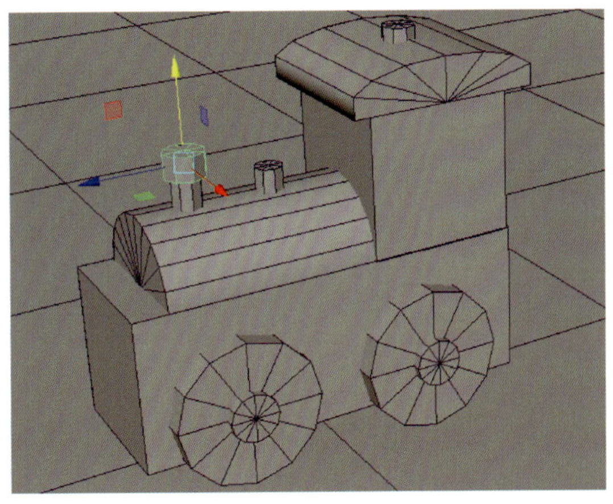

图 2-1-19　制作烟囱

4. 制作火车车厢

火车车厢由多个长方体组成，因此要先创建一个长方体并调整其大小，然后可通过重建或复制来制作其他长方体，最后调整多个长方体的大小和位置，按照车厢的样子将多个长方体摆放好。按“Ctrl+D”快捷键复制车头上面的烟囱和车轮并调整它们的位置，一个车厢就制作完成了。框选这个车厢，按“Ctrl+D”快捷键复制，以制作第二个车厢，最后用细长的长方体将车头和车厢连接起来，积木火车模型就制作完成了，如图 2-1-20 所示。

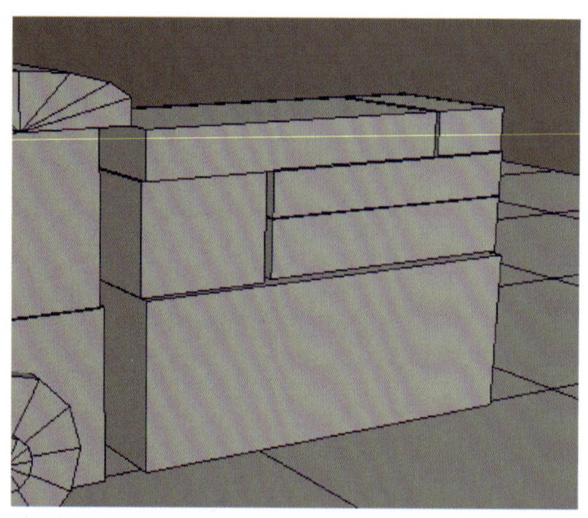

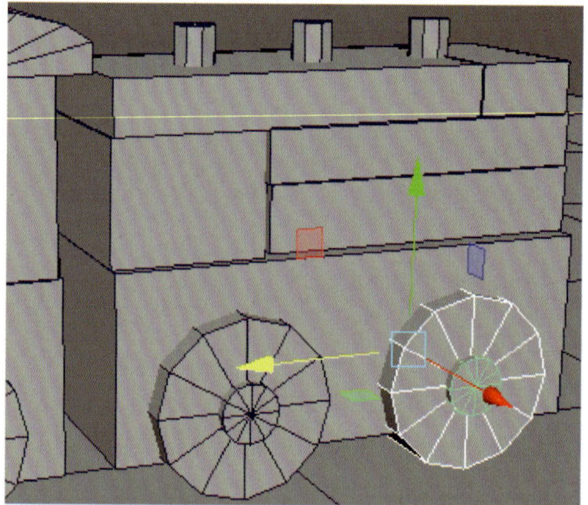

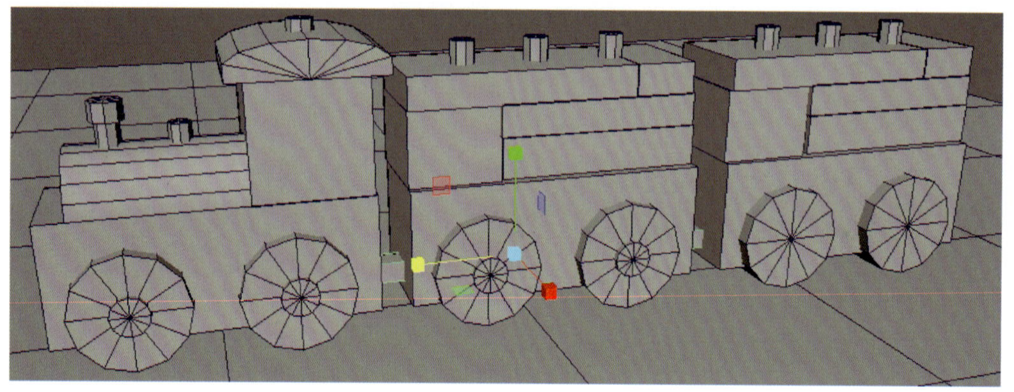

图 2-1-20　制作车厢

练习题

运用本任务所学知识制作一个椅子模型。

任务 2　积木城堡模型制作

任务目标：

◆ 掌握多边形建模“挤出”“插入循环边”“合并”“填充洞”等命令的使用方法。

◆ 能够应用多边形建模命令制作积木城堡模型。

◆ 通过制作积木城堡模型掌握多边形建模的基本方法。

任务引入

应用 Maya 软件中的多边形建模命令创建图 2-2-1 所示积木城堡的模型。

图 2-2-1　积木城堡

相关知识

一、“挤出”命令

在 Maya 软件中，“挤出”命令是一个重要且强大的建模工具，它的主要功能是从选定的面、边或顶点上创建新的几何体。

1. “挤出”命令的功能

（1）面挤出：选择多边形模型的一个或多个面，使用“挤出”命令可以沿这些面的法线方向创建新的几何体。这对于创建具有厚度的模型部分非常有用，如建筑物的墙壁、角色的身体部分等。

（2）边挤出：选择多边形模型的一条或多条边，使用“挤出”命令可沿这些边的方向创建新的几何体。边挤出可用于创建模型的边缘细节部分，如角色的肌肉轮廓、建筑物的装饰线条等。

（3）顶点挤出：虽然不常见，但理论上也可以选择顶点进行挤出操作。然而，由于顶点通常不直接定义模型的表面，所以这种操作可能不如面挤出和边挤出那样直观或有用。

2. “挤出”命令的位置

如图 2-2-2 所示，在“编辑网格”菜单中即可找到“挤出”命令，同时，在工具架中也可找到该命令。

3. “挤出”命令的操作方式

“挤出”命令功能丰富，利用该命令可对多边形模型的点、线、面进行全方位编辑，但在实际操作中，通常利用该命令编辑多边形模型的面。以下是具体操作方法：选定需要挤出的面，然后在菜单栏选择“编辑网格 > 挤出”。此时，在所选面上会出现一个操纵器，如图 2-2-3 所示。根据所需的挤出方向，拉动对应的手柄即可对该面进行挤出操作。

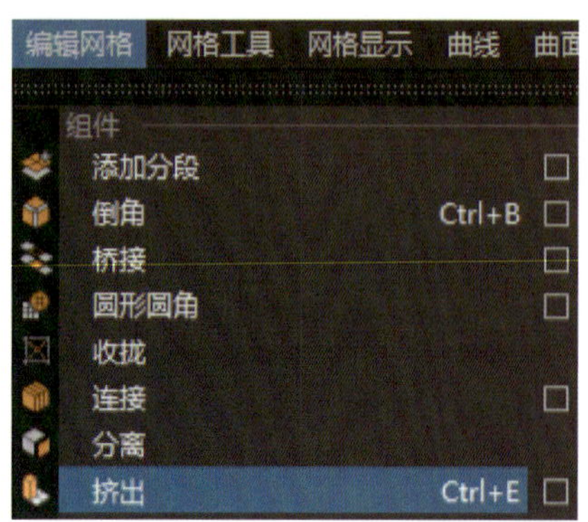

图 2-2-2 “挤出”命令

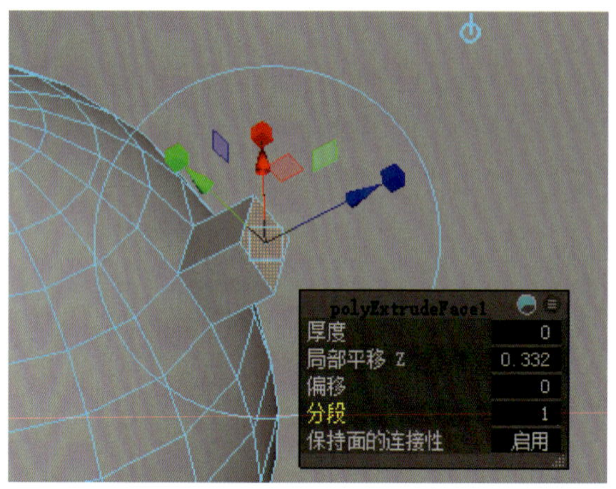

图 2-2-3 “挤出”命令的手柄

4. “挤出”命令的参数设置

激活“挤出”命令后，系统会弹出属性设置窗口，属性设置窗口中会显示一系列参数供用户调整，通过设置各项参数，可获得精确的挤出效果。关键参数如下：

（1）厚度：用于设置指定选定面的深度，即挤出的厚度。

（2）局部平移 Z：通常用于精确控制挤出部分的位置，在挤出操作过程中，可使挤出的部分沿某一方向移动。这种移动是基于挤出前的原始位置进行的，允许用户调整挤出的位置和方向。

（3）偏移：用于偏移挤出的面的边。此选项可用于生成倒角效果或调整挤出面的位置。

（4）分段：控制挤出长度方向的分段数。增加分段数可以使挤出面更加平滑，减少边缘锯齿。

（5）保持面的连接性：用于设置被挤出的面是否保持与原始网格连接。选择“启用”，挤出的面将与原始网格连接，否则将会成为独立的网格。如图 2-2-4 所示，左边是选择“启用”的效果，右边是选择“禁用”的效果。“启用”和“禁用”的切换只需单击鼠标左键。

有时进行挤出操作时还需要改变挤出的方向（一种是沿法线方向挤出，另一种是沿坐标轴方向挤出），此时可以通过调整手柄右上角的小圆圈图标方向来切换挤出方向，如图 2-2-5 所示。

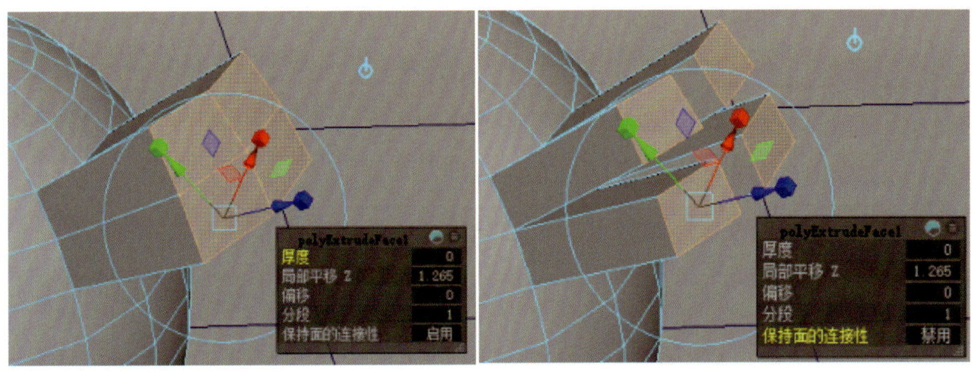

图 2-2-4　是否启用“保持面的连接性”的效果对比

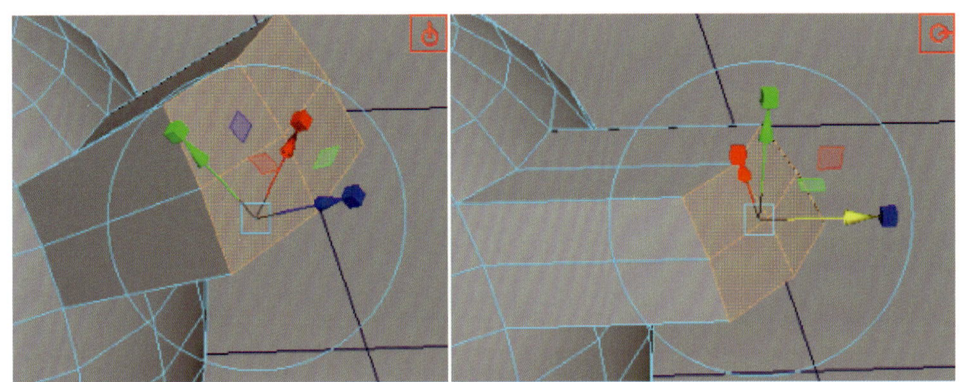

图 2-2-5　切换挤出方向

二、“插入循环边”命令

要想控制模型的细分段数，可以在创建基本体时进行设定。然而，若基本体已经过一系列操作，初始设定法便不再适用。此时，需借助特定的命令来增加细分段数，这些命令位于“网格工具”菜单中，如图 2-2-6 所示。其中，“插入循环边”“多切割”“偏移循环边”均可用于增加细分段数，“插入循环边”命令是三个命令中最为常用的一个，该命令操作简便且利用它能生成一圈完整的循环线，可为后续模型创建提供极大的便利。打开“插入循环边”命令的属性设置窗口后，可以发现该命令支持三种不同的增加细分段数的方式，如图 2-2-7 所示。

（1）与边的相对距离。选择这种方式，系统以百分比的形式确定循环边顶点的位置，通过调整百分比值来控制循环边相对于现有边的插入位置。

（2）与边的相等距离。在这种模式下，循环边的顶点会以指定的边顶点为参考点，等距地插入循环边。例如，如果在对象上端插入循环边，则循环边的顶点会以上端顶点为参考点，等距向下插入循环边；反之，如果在对象下端插入，则循环边的顶点会以下端顶点为参考点，等距向上插入循环边。

（3）多个循环边。选择这种方式，系统会自动在每条边的预期位置上均匀放置顶点，以确定多条循环边的位置。这种方式适用于需要在多边形网格的大片区域添加详细信息，或者要沿用户定义的路径插入多条边的情况。

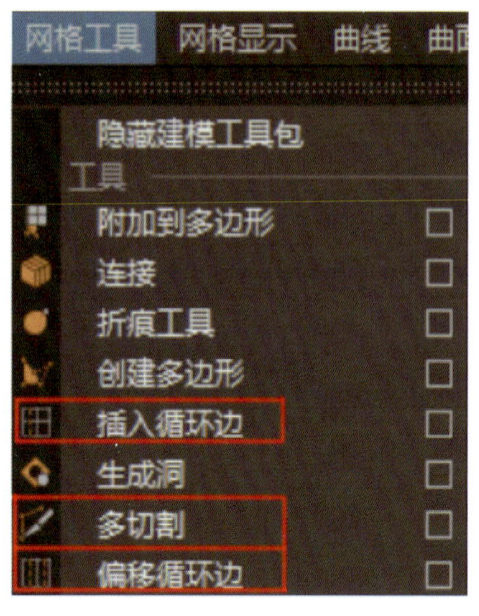

图 2-2-6　用于增加细分段数的命令

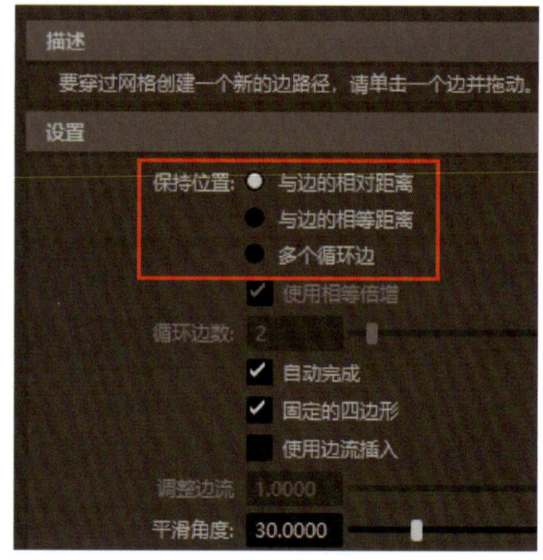

图 2-2-7　三种增加细分段数的方式

三、“合并”命令

合并操作本质上是顶点合并，即将多个顶点合并为一个顶点。该合并过程十分简便，具体步骤如下：首先，进入顶点模式；然后，根据需要选中希望合并的顶点，如需选择多个顶点，可以按住“Shift”键并单击顶点；最后，在菜单栏选择“编辑网格 > 合并”即可。例如，在图 2-2-8 中，既可以选择对两个顶点进行合并，也可以选择对多个顶点进行合并。

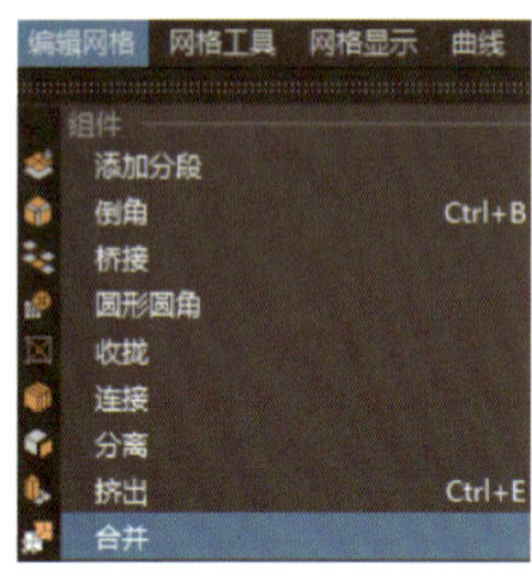

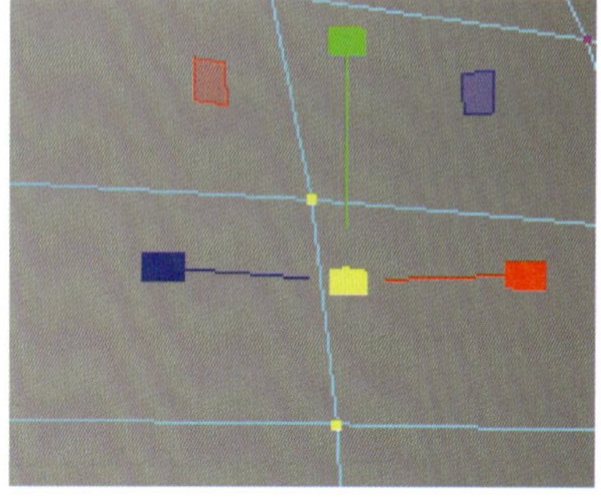

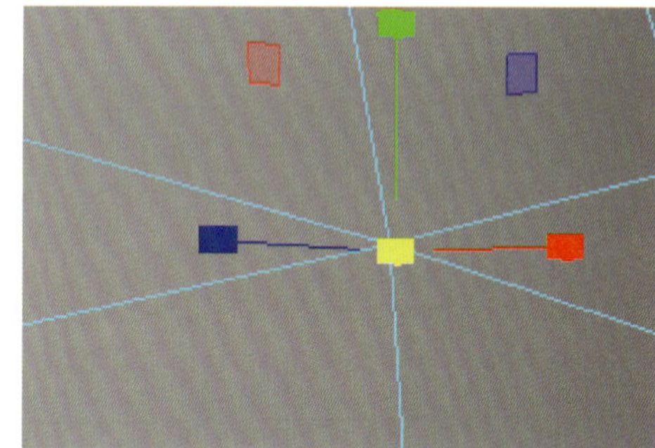

图 2-2-8　顶点合并

在顶点合并操作中，阈值是一个关键的参数，它决定了顶点合并的距离范围。进行合并顶点的操作时，如果任意两个顶点之间的距离小于预设的阈值，系统就会将它们合并为一个顶点。在菜单栏选择“合并”命令时，勾选该命令后的复选框，即可打开该命令的属性设置窗口，设置“阈值”，如图 2-2-9 所示。这一功能的合理应用，有助于用户根据模型创建的实际需求来精确控制顶点合并过程，从而达到预期的建模效果。

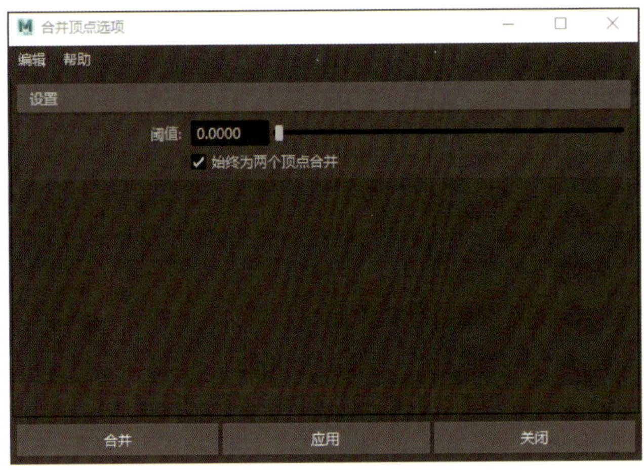

图 2-2-9　设置“阈值”

四、“填充洞”命令

“填充洞”命令主要用于修补多边形模型中存在的孔洞或缺口。该命令操作简便，具体方法如下：先定位到需要填充的孔洞位置，然后按住“Shift”键并点选孔洞周围的边，接着在菜单栏选择“网格 > 填充洞”，即可完成对该孔洞的填充操作，如图 2-2-10 所示。

 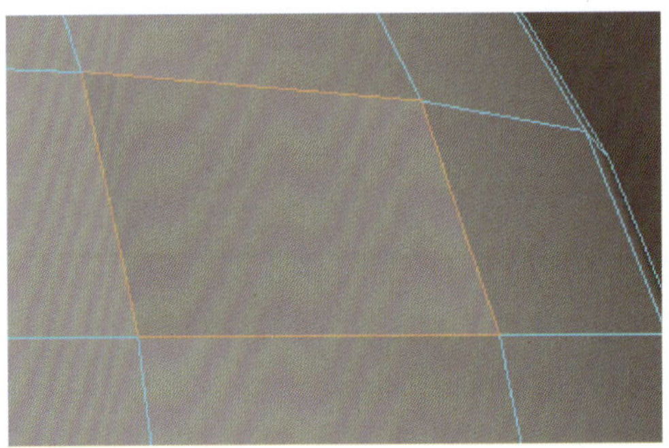

图 2-2-10　填充洞

任务实施

1. 创建地面

新建场景并进行项目管理，然后创建一个多边形平面，用“缩放工具”调整平面的位置和大小，并关掉栅格。

2. 制作城堡底座

（1）制作台阶。该任务中积木城堡的左右两侧完全对称，因此，可以采用复制一侧模型的方法来简化构建过程。先创建三个立方体，以创建城堡底座的台阶部分，然后调整它们的大小，如图 2-2-11 所示。在此过程中，有一个关键细节需要注意：在创建立方体之后，必须保持其 X 轴的位置不变，确保 X 轴始终位于 0 坐标上。这一做法不仅有助于保持模型的对称性，还为后续的制作提供了极大的便利，确保了整体结构的精准对齐。

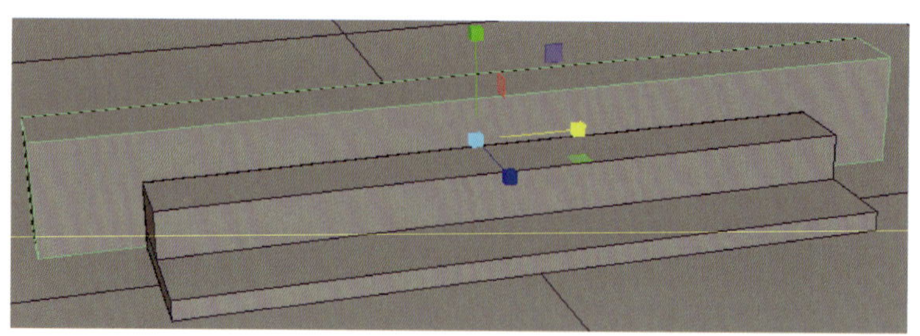

图 2-2-11　制作台阶

（2）制作三角体。先创建一个立方体，调整其大小后，右击，选择“顶点”，移动两个顶点将立方体变成三角体，分别合并两处的顶点即可完成其中一个三角体的制作，如图 2-2-12 所示；在三角体上右击，选择“对象模式”，选中该三角体，通过复制即可完成另一个三角体的制作。

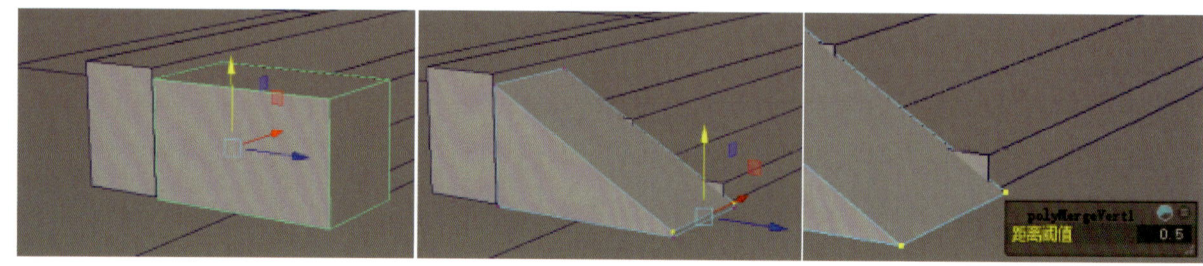

图 2-2-12　制作三角体

3. 制作城堡柱子

（1）制作螺旋体柱子底座。在菜单栏选择“创建 > 多边形基本体 > 螺旋线”，勾选“螺旋线”后的复选框，在属性设置窗口设置“轴向细分数”为“4”，即可得到一个螺旋体柱子底座，如图 2-2-13 所示。

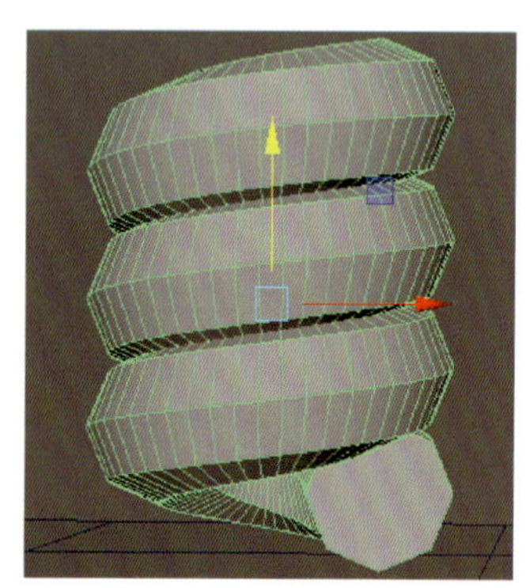

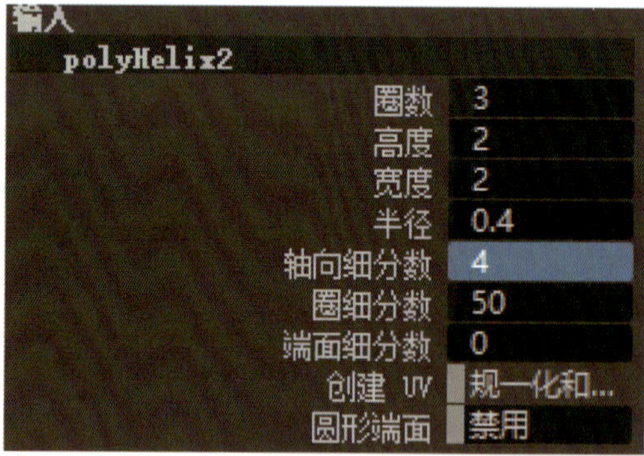

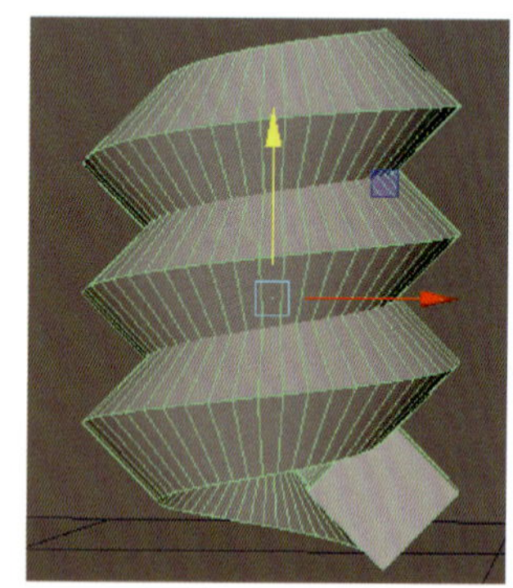

图 2-2-13　制作螺旋体柱子底座

（2）复制螺旋体柱子底座。复制制作好的螺旋体柱子底座，通过对比发现，这个复制出来的螺旋体柱子底座旋转方向不对，该任务需要制作两个旋转方向相反的螺旋体柱子底座。此时，可以在通道盒中将复制的螺旋体柱子底座的“缩放 X”的数值改为负数的，然后按“Enter”键，复制的螺旋体柱子底座的旋转方向即与原螺旋体柱子底座的相反，如图 2-2-14 所示。

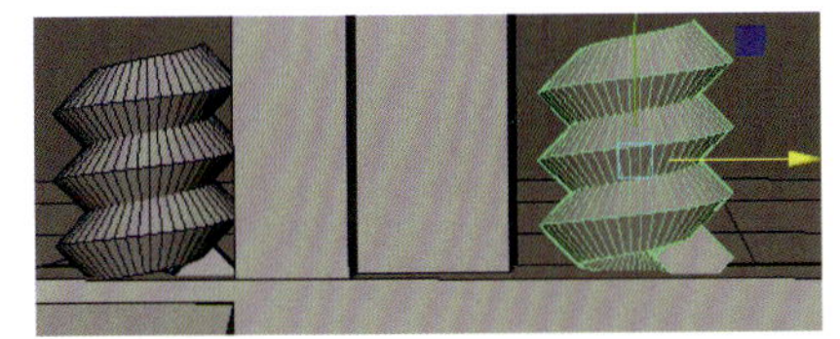

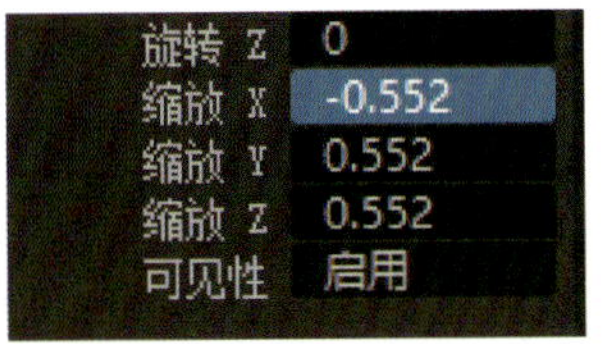

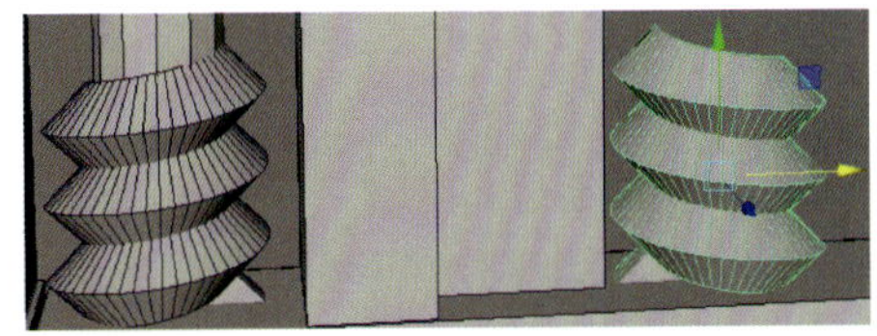

图 2-2-14　复制螺旋体柱子底座并调整旋转方向

（3）制作柱体。依次通过创建圆柱体、球体、立方体制作柱子的其他部分和门框，可以先制作出一侧的，然后复制出另一侧的，如图 2-2-15 所示。

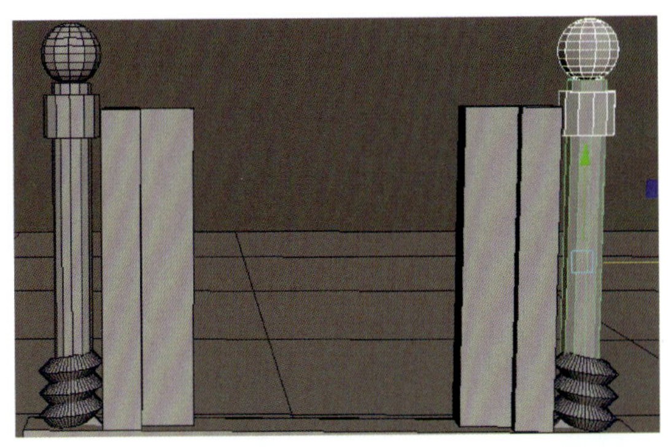

图 2-2-15　制作柱子的其他部分和门框

4. 制作城堡中间部分

（1）制作城堡一层的顶。该顶部为一块带有缺口的长方体，它的制作步骤如下：先创建一个立方体，调整其比例、大小，然后在菜单栏选择"网格工具 > 插入循环边"并勾选复选框，在属性设置窗口中选择"多个循环边"，设置"循环边数"为"1"，重复操作 7 次给立方体加 7 条循环边；切换到顶点模式，在"工具箱"中选择"移动工具"，调整点的位置，如图 2-2-16 所示。

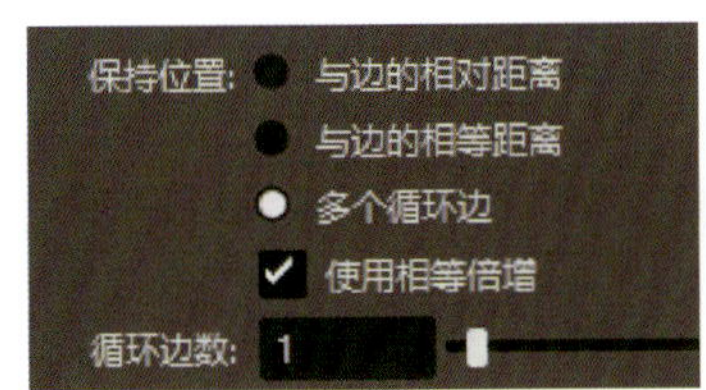

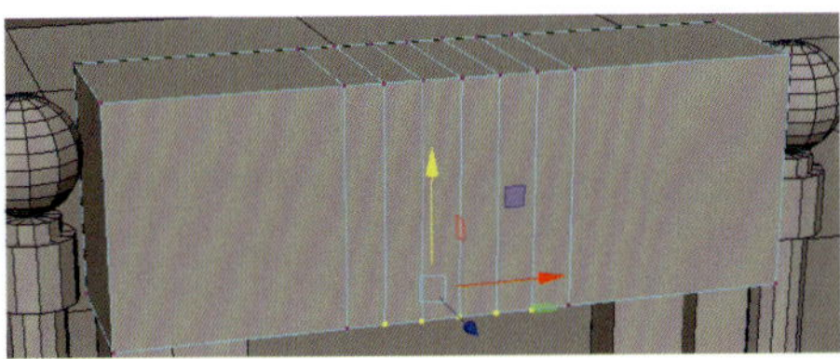

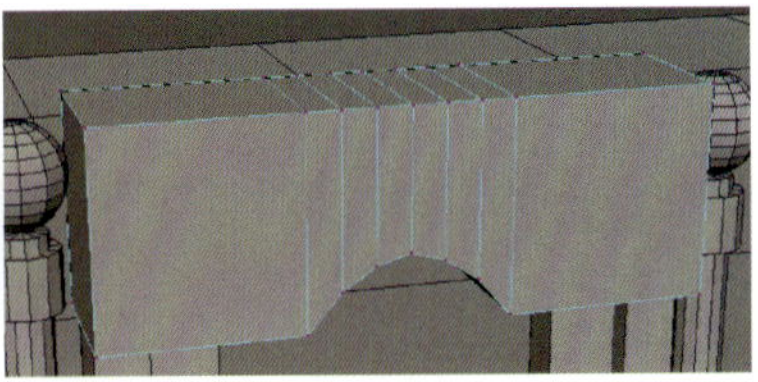

图 2-2-16　制作带有缺口的长方体

（2）制作城堡二层柱子。在菜单栏选择"创建 > 多边形基本体 > 管道"并勾选复选框，在弹出的属性设置窗口中设置"厚度"为"0.7"，"轴向细分数"为"12"，即可得到一个空心的圆柱体。切换到面模式，框选圆柱体的一半并按"Delete"键，删除圆柱体的一半；切换到边模式，按住"Shift"键，选中圆柱体侧边的孔洞的四条边，在菜单栏选择"网格 > 填充洞"，将孔洞填充好，如图 2-2-17 所示。切换到对象模式，按"Ctrl+D"快捷键复制创建好的半个圆柱体，在通道盒中修改复制的半个圆柱体的"缩放 X"的数值为"-1"。创建一个长方体，调整其大小，最后调整各个多边形立方体的位置。

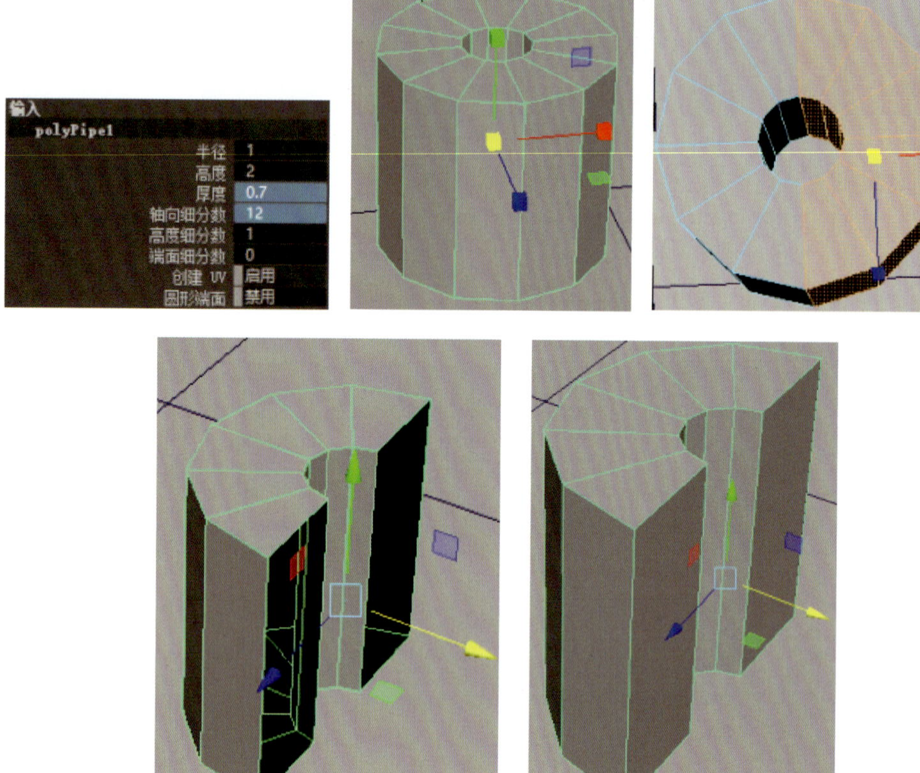

图 2-2-17 制作半个圆柱体

（3）制作带有三个凸出部分的长方体。先创建一个长方体并调整其比例、大小，在菜单栏选择“网格工具 > 插入循环边”并勾选复选框，在弹出的属性设置窗口中选择“多个循环边”，设置“循环边数”为“6”，在长方体上增加 6 条循环边。切换到面模式，在“工具箱”中选择“选择工具”，按住“Shift”键选择三个要挤出的面，然后在菜单栏选择“编辑网格 > 挤出”并勾选复选框，在弹出的属性设置窗口中设置合适的厚度值，如图 2-2-18 所示。制作完成后调整长方体位置。

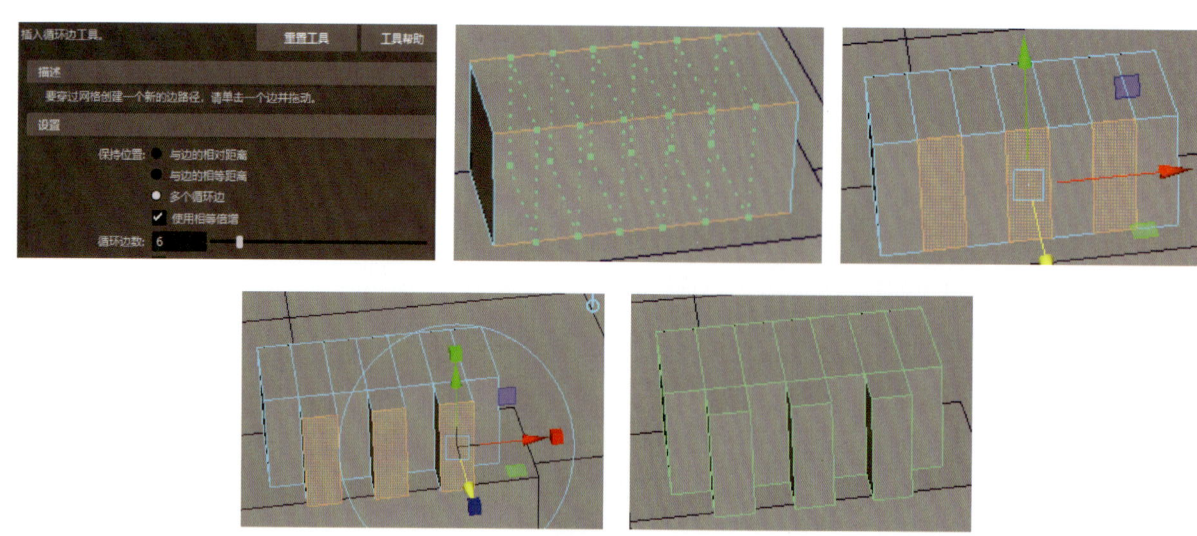

图 2-2-18 制作带有凸出部分的长方体

（4）制作城堡的尖顶。分别创建一个圆柱体和圆锥体，创建时，细分段数均设置为 12，然后调整它们的位置、比例、大小，城堡的中间部分就制作完成了，如图 2-2-19 所示。

图 2-2-19　城堡中间部分制作完成

5. 制作城堡两侧部分

（1）城堡两侧是完全对称的，因此可以先制作出城堡的一侧，再通过复制制作另一侧。参照前边几步，依次制作侧边的底座、柱子等，然后制作最上边的三角体顶子。三角体顶子的制作方法如下：单击“多边形立方体”图标创建一个立方体，在通道盒中设置“旋转 Z”的值为“45”；切换到顶点模式，在“工具箱”中选择“移动工具”，直接向上拖动底部两个角上的顶点，使其在水平方向两个顶点的连接线上，使立方体变为三角体；最后，分别切换到边模式和顶点模式，将三角体下面的边和点删除，这个三角体就制作完成了，如图 2-2-20 所示。

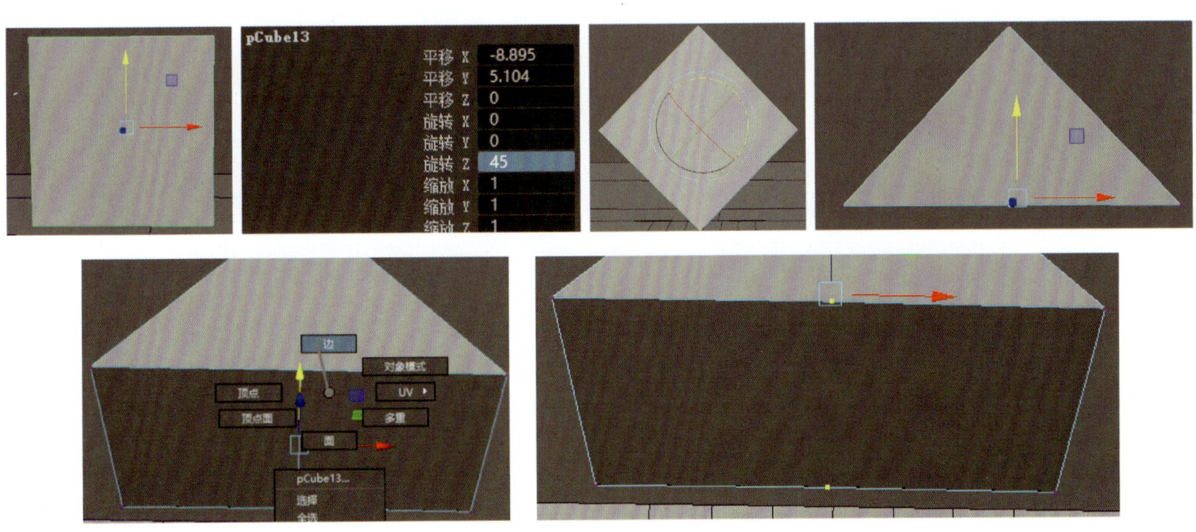

图 2-2-20　制作三角体

（2）城堡的一侧制作完成后，就可以复制这一侧的所有多边形模型，但由于这些多边形模型都是独立存在的，所以需要将它们变为一个整体，以更有利于后面的制作。将这一侧的所有多边形模型框选，按“Ctrl+G”快捷键，这样就将它们组成一个组（也称为打组），如图 2-2-21 所示，在大纲视图的左侧列表中该组名为“group1”。

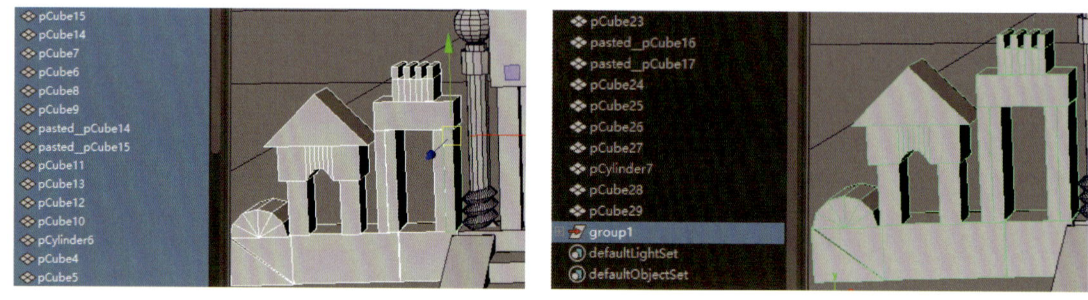

图 2-2-21 打组

打组后，枢轴点会脱离原来的模型，这不利于后面的制作，在菜单栏选择“修改 > 中心枢轴”，即可将枢轴点移动到整个组的中心位置，如图 2-2-22 所示。

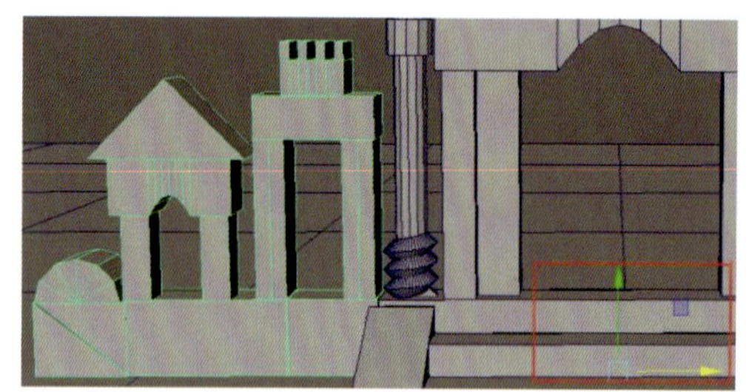

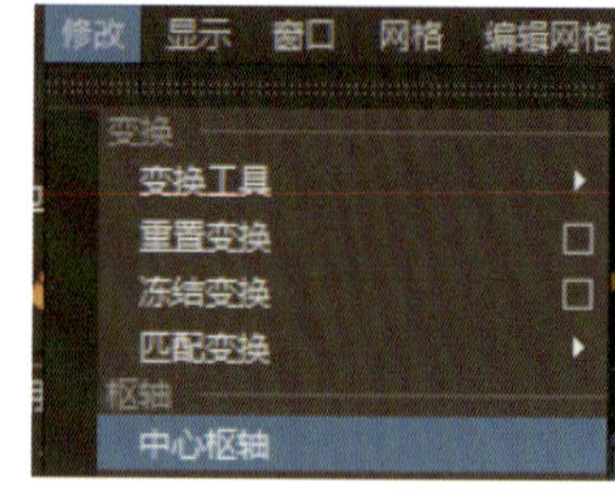

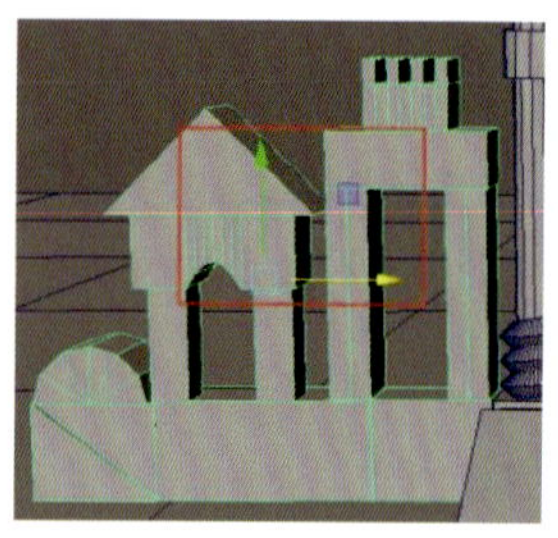

图 2-2-22 将枢轴点移动到整个组的中心位置

最后，将整个组进行复制，然后在通道盒中将复制组的“缩放 X”的值改为“-1”并调整其位置即可，如图 2-2-23 所示。

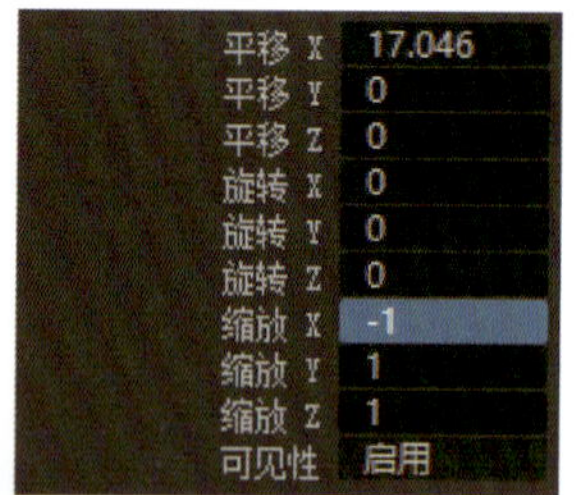

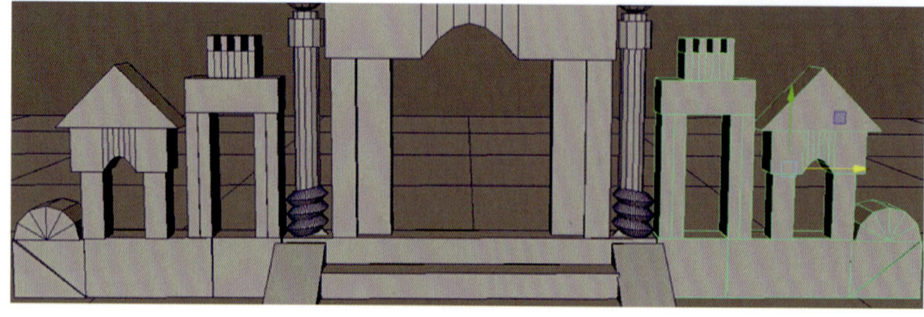

图 2-2-23 复制组

练习题

利用本任务所学知识制作一个卡通房子模型。

任务 3 飞机模型制作

任务目标：

- ◆ 掌握多边形建模中“特殊复制”“结合”“倒角”“平滑”等命令的使用方法。
- ◆ 能够应用多边形建模命令制作飞机模型。
- ◆ 通过制作飞机模型掌握多边形建模的基本方法。

任务引入

应用 Maya 软件中的多边形建模命令制作如图 2-3-1 所示的飞机的模型。

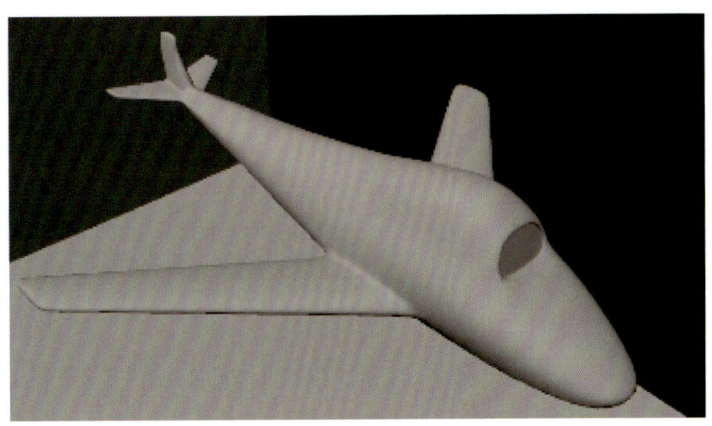

图 2-3-1 飞机

相关知识

一、“特殊复制”命令

在前两个任务中，我们对模型运用了标准“复制”命令，在 Maya 软件的“编辑”菜单内还有“特殊复制”命令，它紧邻标准“复制”命令（见图 2-3-2），同样是一个高频使用工具。“特殊复制”命令在 Maya 建模中具有广泛的应用场景，如快速创建阵列、镜像复制、模型复制与变换等。

在菜单栏选择“编辑 > 特殊复制”并勾选命令后的复选框，即可打开该命令的属性设置窗口，该窗口中有几个关键的参数：几何体类型、下方分组、平移、旋转、缩放、副本数等。平移、旋转和缩放的值对应 X 轴、Y 轴和 Z 轴三个维度上的偏移量，充分体现了三维空间特性。副本数则明确指定了要复制的对象个数。

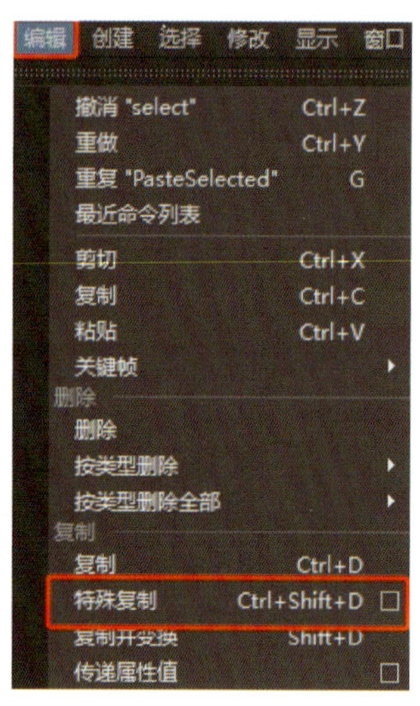

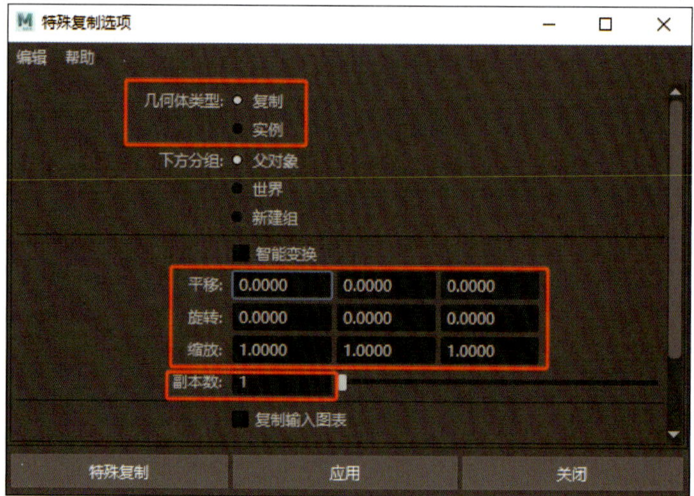

图 2-3-2 “特殊复制”命令及其属性设置窗口

1. 几何体类型——复制

“复制”选项通常与三个轴向的参数值设置及副本数量设置结合使用，可通过设置“平移”“旋转”“缩放”以及“副本数”等参数，快速创建一系列具有特定变换规律的模型阵列。

例如，想要制作键盘，可以先制作一个按键，然后打开“特殊复制”命令的属性设置窗口，设置“几何体类型”为“复制”，“平移”X 轴的值为“1”[①]（意思是向右移动 1），“副本数”为“10”，就可以直接复制 10 个排列整齐的按键，如图 2-3-3 所示。

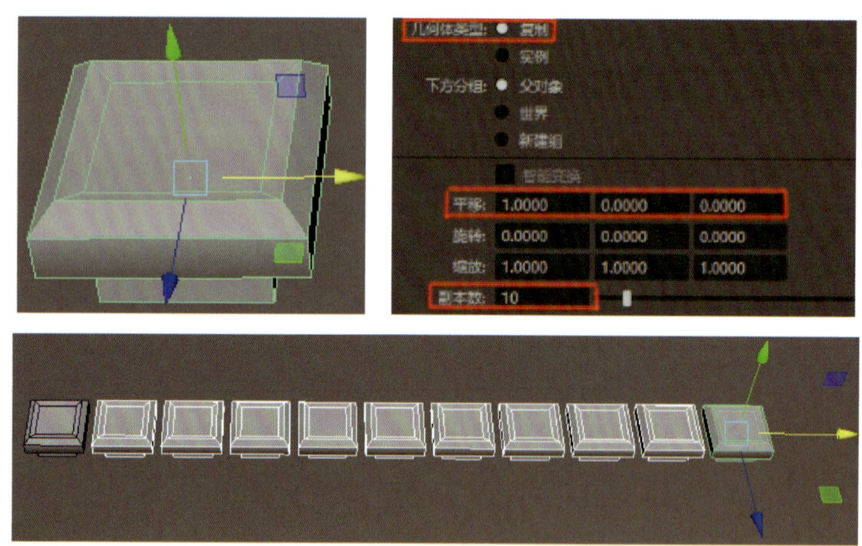

图 2-3-3 使用“特殊复制”命令制作键盘 1

接着，将 11 个按键全部选中，再次执行“特殊复制”命令，将“平移”X 轴的值改为“0”、Z 轴的值改为“1”（意思是向前移动 1），“副本数”改为“2”，就可得到图 2-3-4 所示的复制效果。

需要注意的是，“平移”X 轴的值要根据平移的距离和对象的大小来设定，数值越大，平移的距离会越大。

---

① 为表述方式更简洁，将“1.0000”。表述为“1”，后边类似情况均按该方法处理。

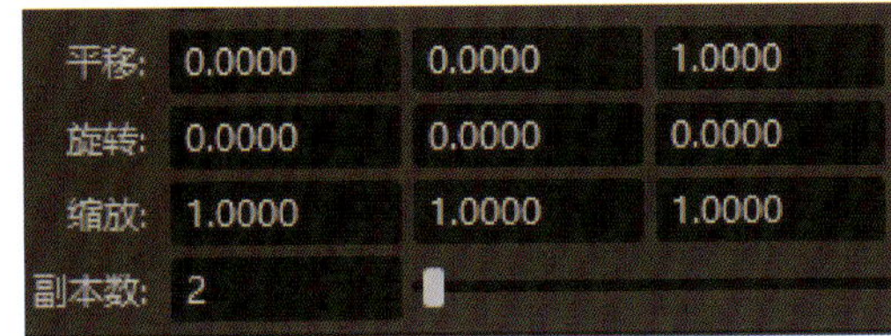

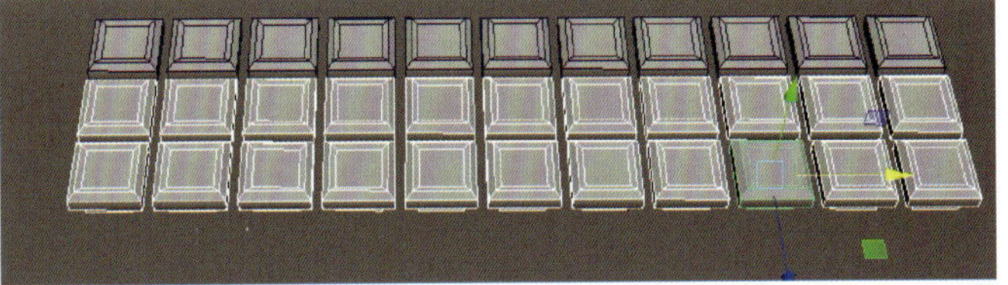

图 2-3-4 使用“特殊复制”命令制作键盘 2

再如，想要制作一个旋转楼梯，可先制作一个台阶，然后利用“特殊复制”命令复制这个台阶，设置“平移”Y 轴的值为“0.5”（意思是向上移动 0.5），“平移”Z 轴的值为“1”（意思是向前移动 1），“旋转”Y 轴的值为“15”（意思是沿 Y 轴旋转 15°），“副本数”为“15”，旋转楼梯就制作完成了，如图 2-3-5 所示。在实际操作中，借助“特殊复制”命令可以制作这种有一定规律且组成部分数量较多的对象。

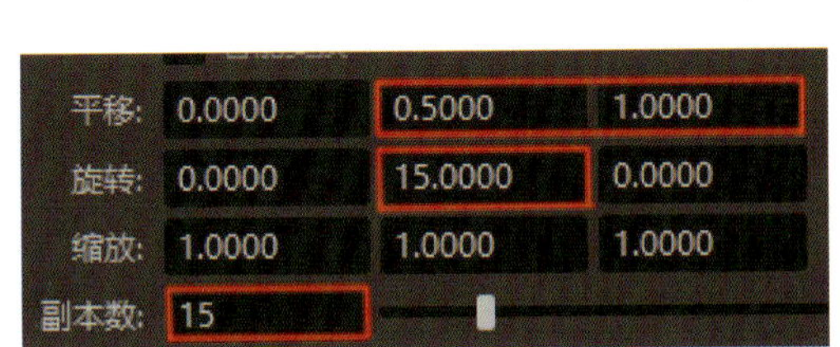

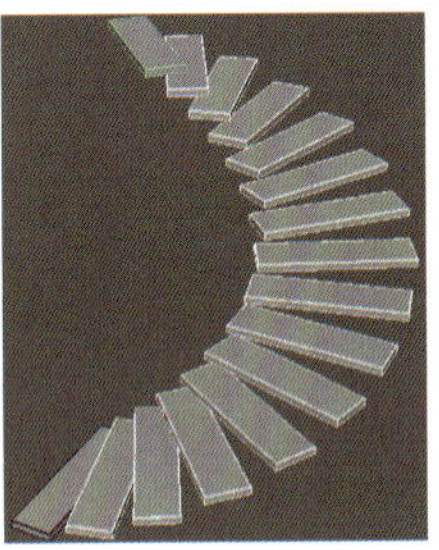

图 2-3-5 使用“特殊复制”命令制作旋转楼梯

2. 几何体类型——实例

在选择“实例”作为几何体类型进行复制时，所生成的新对象将与原始对象共享同一套几何数据。这意味着，对原始对象进行的任何编辑操作，都会自动且同步地反映在所有新复制的对象上，从而实现对象间的一致性和高效管理。这一特性不仅节省了内存空间，还确保了场景中多个相同对象在修改时的统一性。如图 2-3-6 所示，对一个球体进行实例复制，设置“平移”X 轴的值为“-2”（意思是向左移动 2），“缩放”X 轴的值为“-1”（意思是向左镜像复制），这时候就会在原始对象的左侧复制出来一个新对象，当对右边的原始对象进行编辑时，新对象将被同步编辑。

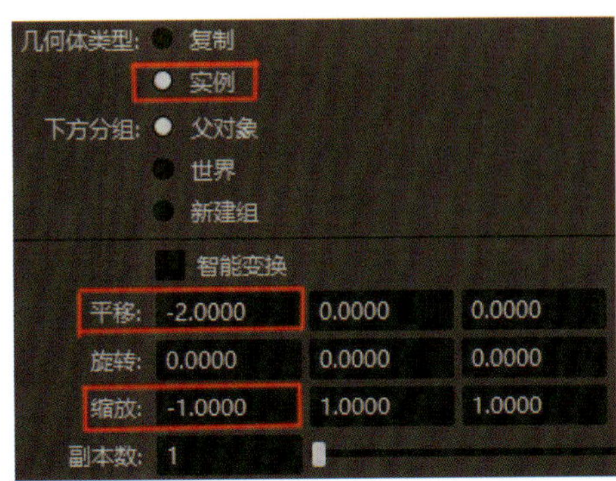

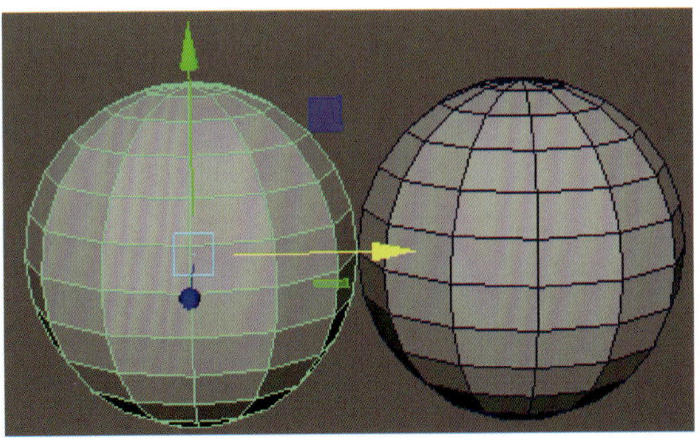

图 2-3-6　实例复制

二、“结合”命令

“结合”命令的主要作用是将两个或多个独立的对象合并成一个单一的对象。合并后的对象在 Maya 软件中会被视为一个整体，可以进行统一的操作和管理。这对于简化场景管理、提高建模效率以及后续的动画制作都非常有帮助。在场景中选中想要合并的对象，在菜单栏选择“网格 > 结合”，即可执行合并操作。

在上一个任务中，我们通过打组将几个对象整合到一个组里，但是打组并不能将这些对象合并为一个整体，每个对象在大纲视图中仍然保持其独立性。如图 2-3-7 所示，在大纲视图中可以清晰地观察到打组与结合之间的区别：被打组的对象虽然被整合在一起，但仍然以各自独立的实体存在；而被结合的对象则会被整合为一个统一的整体，不再区分原始个体。

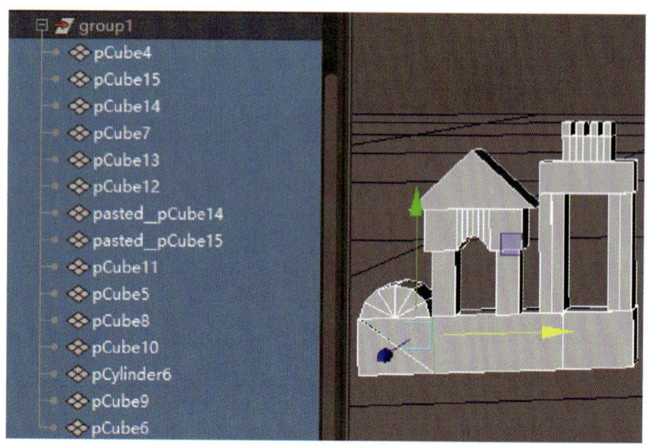

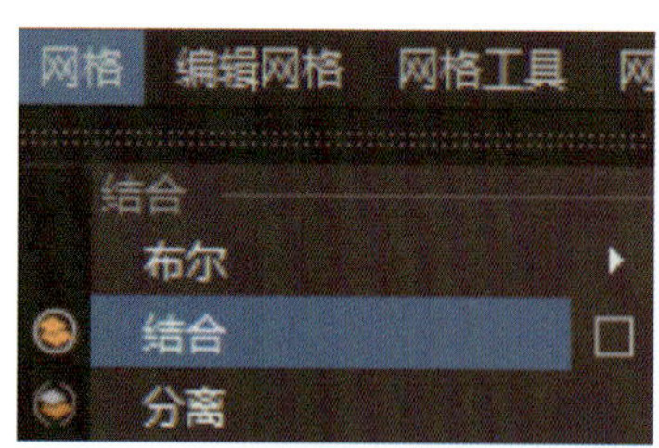

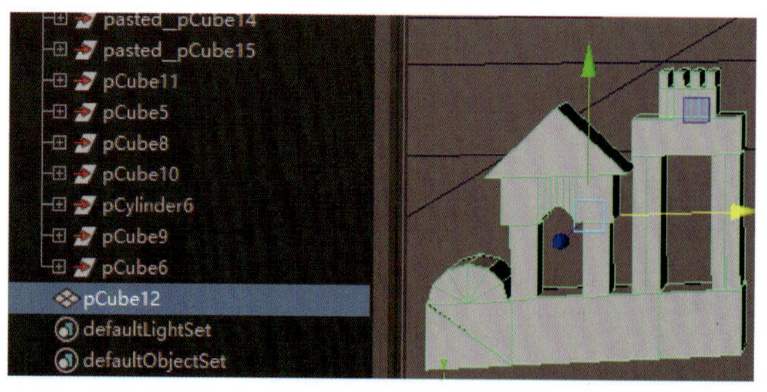

图 2-3-7　打组与结合之间的区别

三、“倒角”命令

在制作模型时，为了提升模型的精致度，我们常会对其边角进行倒角处理。图 2-3-8 所示为同一个模型倒角处理前后的效果对比。可以明显看出，经过倒角处理的模型，细节更加丰富，整体外观也显得更加精致。

图 2-3-8　倒角处理前后效果对比

在 Maya 软件中，执行“倒角”命令的过程非常简单。首先，选中需要进行倒角处理的边，随后在菜单栏选择“编辑网格 > 倒角”即可执行该命令。一旦命令被执行，系统会弹出一个属性设置窗口，如图 2-3-9 所示。

在属性设置窗口中，“分数”与“分段”是两个至关重要的参数，它们对倒角的最终形态有着直接且显著的影响。其中，“分数”决定倒角的宽度，其数值越大，倒角的宽度也就越大；“分段”控制着倒角的平滑程度与细节丰富度，其数值越大，倒角部分就越细腻、平滑。

图 2-3-10 所示为两种不同参数设置下的倒角效果。左侧图像展示的是“分数”为“2”、“分段”为“1”时的倒角效果，而右侧图像展示的是“分数”为“3”、“分段”为“3”时的倒角效果。

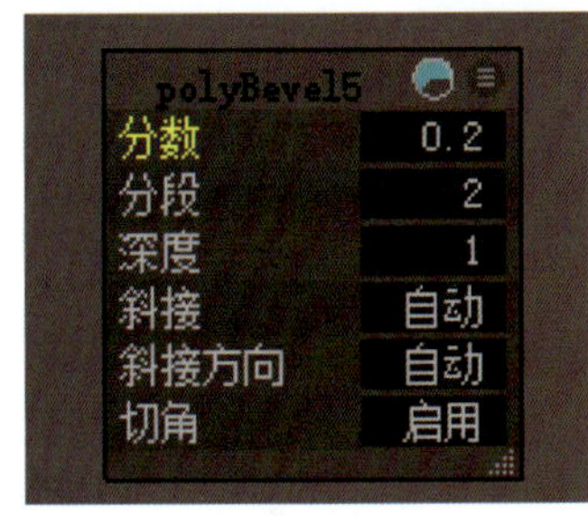

图 2-3-9　“倒角”命令的属性设置窗口

图 2-3-10　两种不同参数设置下的倒角效果

四、“平滑”命令

“平滑”命令通常用于改善多边形模型的外观，使其更为平滑连贯。在菜单栏选择“网格 > 平滑”，即可执行该命令。执行“平滑”命令时，系统会对多边形模型的面和边进行精细的调整，有效淡化模型上的棱角与折线痕迹，进而在视觉上模拟流畅的曲面效果。如图 2-3-11 所示，对一个立方体执行三次“平滑”命令后，它会越来越光滑，细分段数也越来越多。

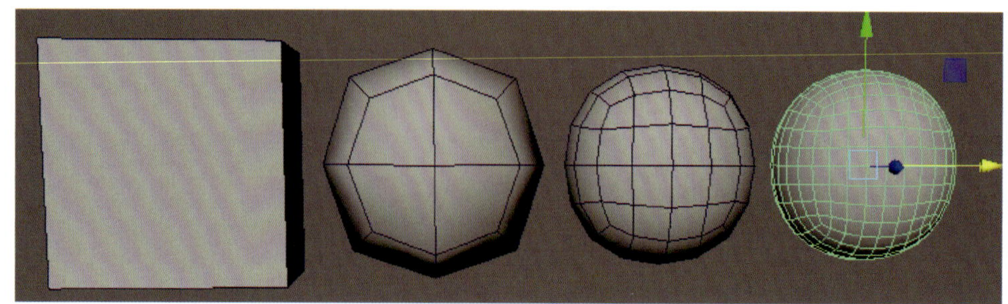

图 2-3-11 “平滑”命令执行效果

任务实施

1. 创建立方体

新建项目，在菜单栏选择“创建 > 多边形基本体 > 立方体”并勾选命令后的复选框，设置立方体相关参数，然后利用“缩放工具”调整立方体的大小、比例，如图 2-3-12 所示。

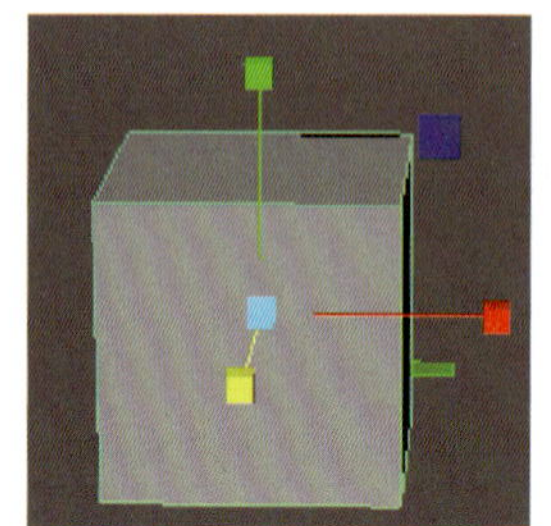

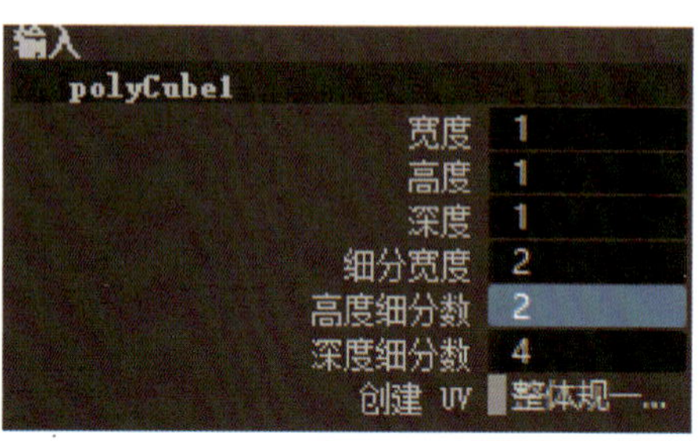

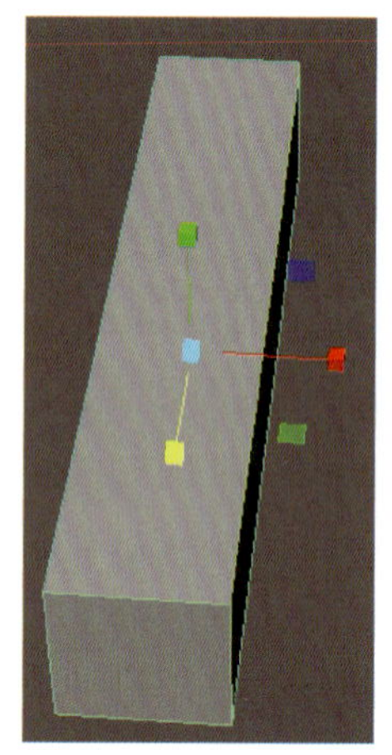

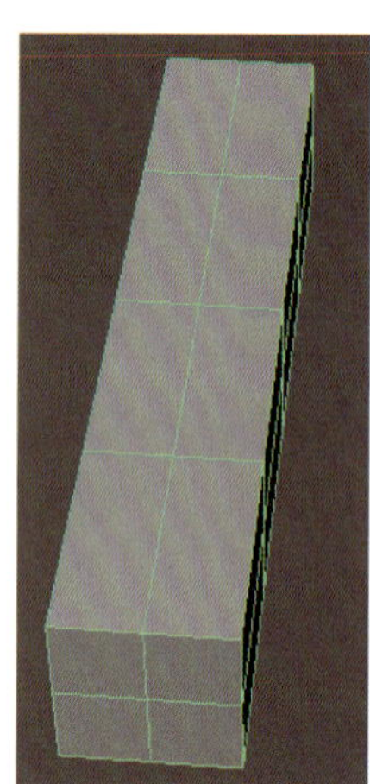

图 2-3-12 创建立方体

2. 使用“特殊复制”命令复制立方体

切换到面模式，框选立方体左半部分的面并删除；切换到对象模式，在菜单栏选择“编辑 > 特殊复制”并勾选命令后的复选框，打开“特殊复制”命令的属性设置窗口，设置“几何体类型”为“实例”，“缩放”X 轴的数值为“-1”，单击“特殊复制”按钮，立方体的另一半就通过“特殊复制”命令制作出来了，如图 2-3-13 所示。

3. 制作机身

（1）制作机身主体部分。切换至顶点模式，选择“移动工具”，通过调整点的位置将机身主体部分制作出来，如图 2-3-14 所示。

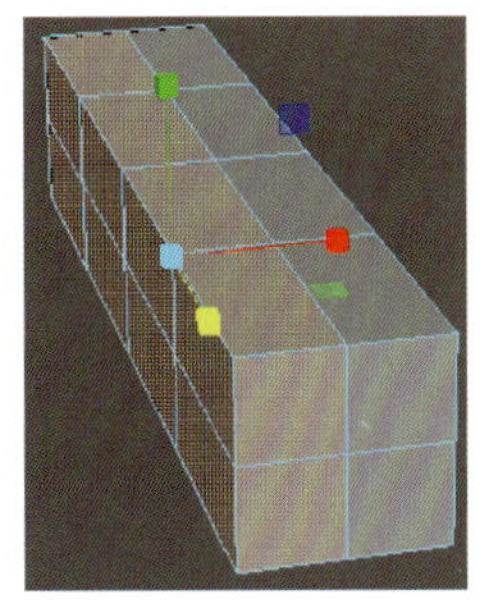

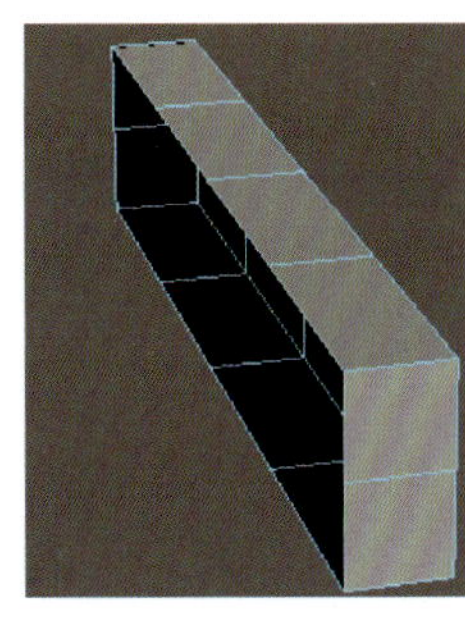

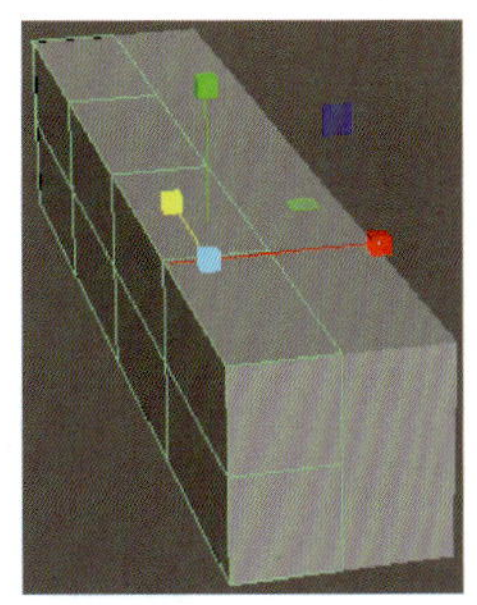

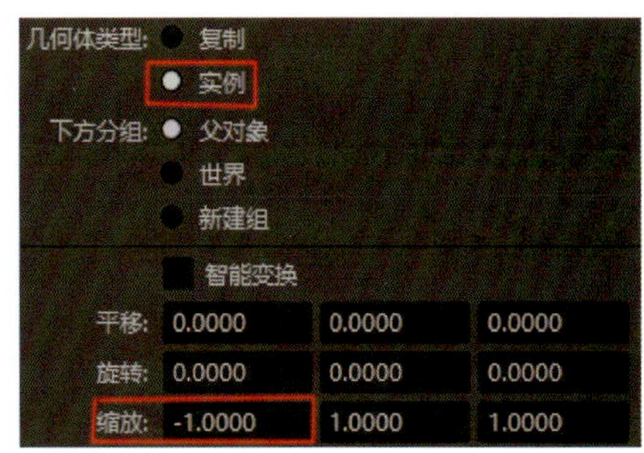

图 2-3-13　使用“特殊复制”命令复制立方体

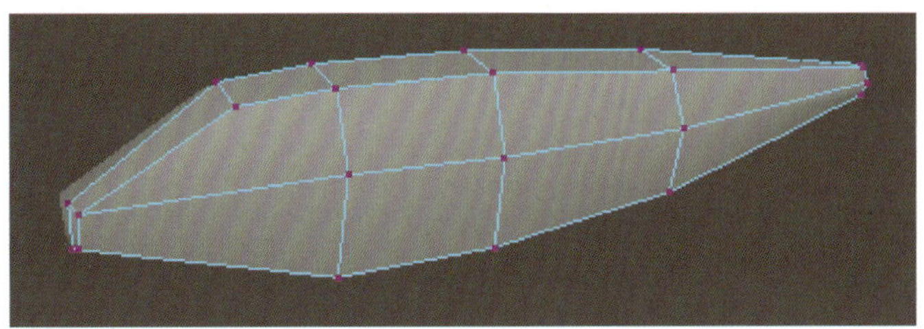

图 2-3-14　制作机身主体部分

（2）制作窗户。切换至面模式，选择机身其中一侧上方的两个面，在菜单栏选择“编辑网格 > 挤出”，并设置合适的厚度值；执行“挤出”命令后，删除挤出部分相对的两个面，并通过调整点的位置将挤出部分合在一起，如图 2-3-15 所示。

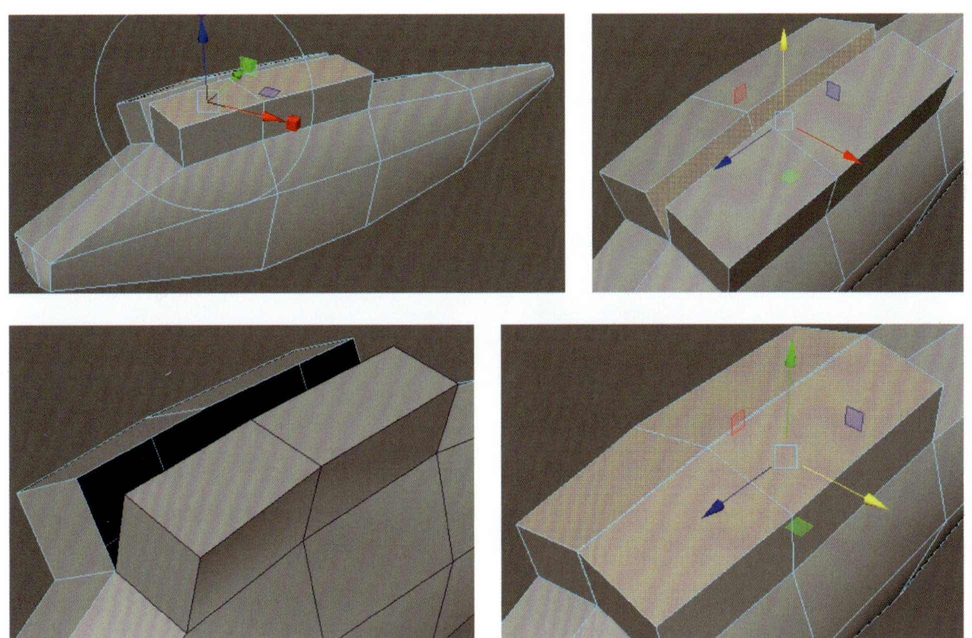

图 2-3-15　制作窗户

（3）优化外形。切换至顶点模式，选择“移动工具”，通过调整点的位置来完善窗户和机身的形态，如图 2-3-16 所示，使整个对象的形态更接近机身的形态。

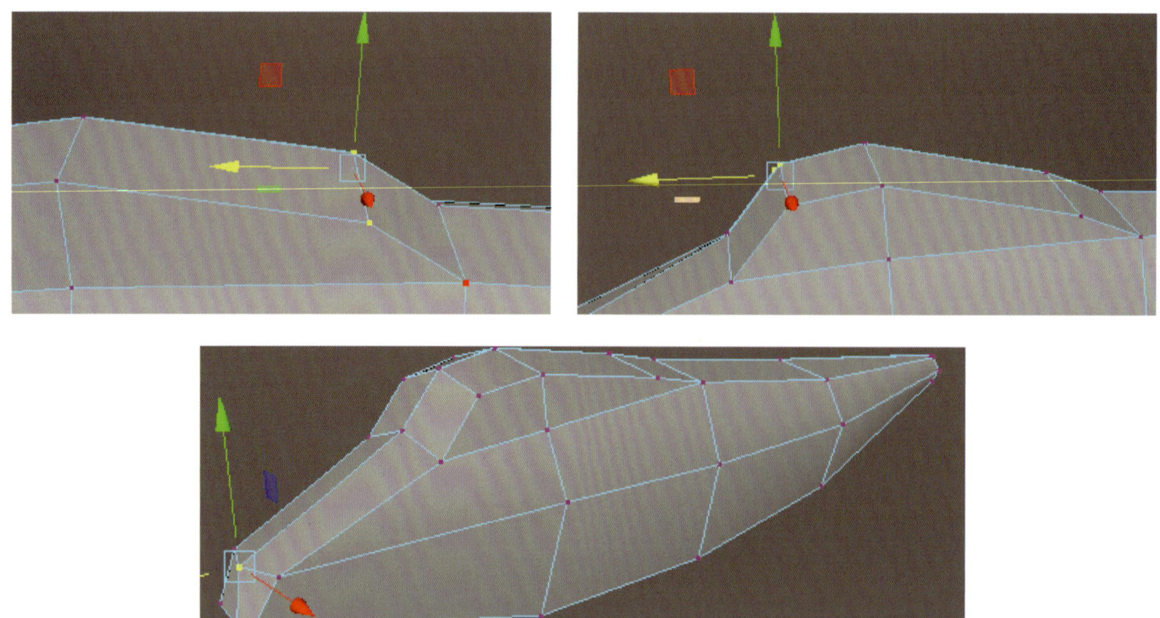

图 2-3-16　通过调整点的位置来完善窗户和机身形态

4. 制作机翼

在菜单栏选择“网格工具 > 插入循环边”并勾选命令后的复选框，设置“保持位置”为“与边的相对距离”，然后在机身上插入循环边；切换至顶点模式，利用“移动工具”调整点的位置；切换至面模式，在机身一侧选择一个合适的面，执行“挤出”命令并设置合适的厚度值，制作机翼；切换至顶点模式，利用“移动工具”调整机翼的形状、大小和方向，如图 2-3-17 所示。

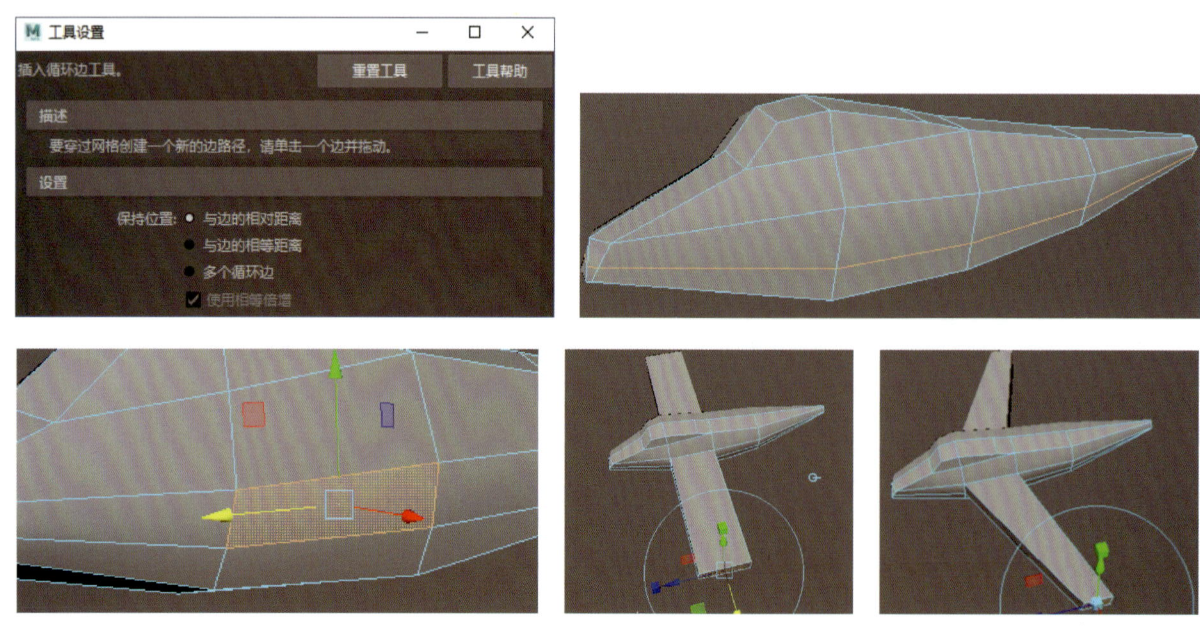

图 2-3-17　制作机翼

5. 制作机尾和尾翼

在菜单栏选择“网格工具 > 插入循环边”并勾选命令后的复选框，设置“保持位置”为“与边的相对距离”，然后在飞机尾部插入一条循环边；切换至面模式，选择飞机尾部上端的一个面执行“挤出”命令并设置合适的厚度值；切换至顶点模式，利用“移动工具”通过调整点的位置调整机尾形状；最后，使用同样的方法制作出飞机的尾翼，如图 2-3-18 所示。

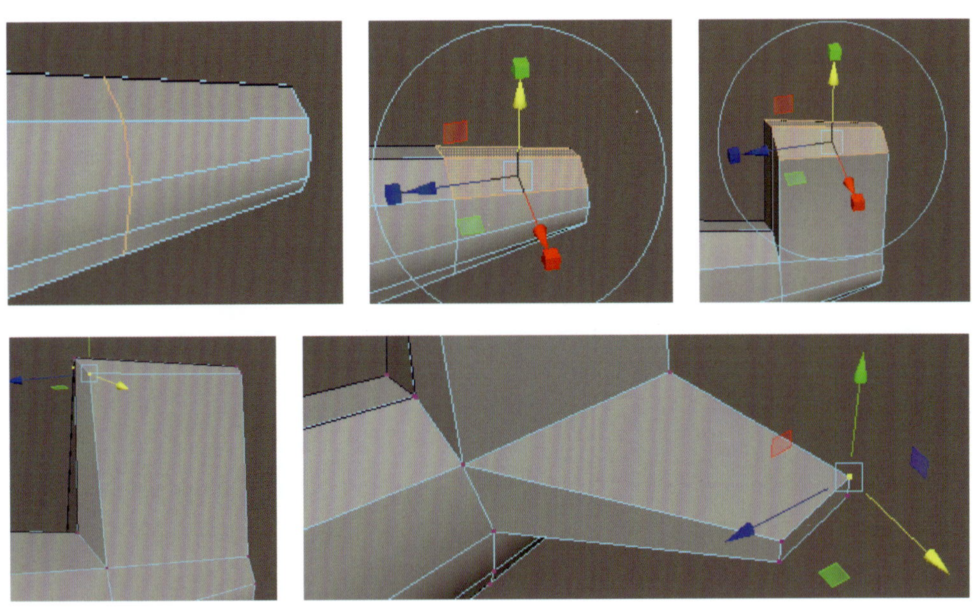

图 2-3-18 制作机尾和尾翼

6. 制作飞机细节部分

飞机的基本模型制作完成后，还需要给整个模型增加细节部分，在增加细节部分的同时要调整、完善各部分的形态。如图 2-3-19 所示，为了让飞机外形更加准确，可以在一些部位增加循环边，以便于调整各部位形态。

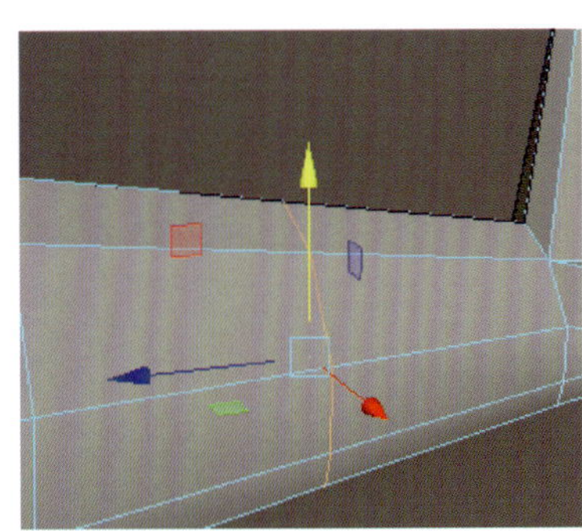
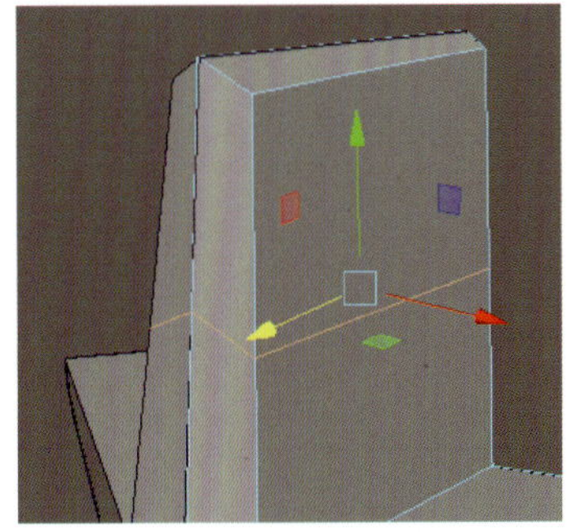
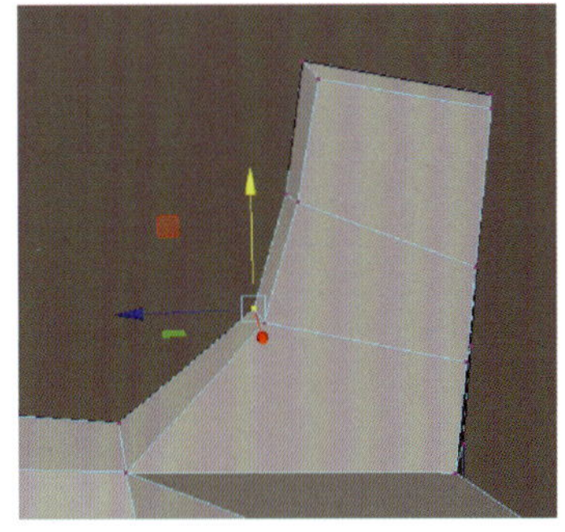

图 2-3-19 制作飞机外形的细节部位

飞机的窗户上也可以增加更多的细节部分，如增加窗框、玻璃等，制作方法如下：切换至面模式，选中窗户的其中一个面，在菜单栏选择“编辑网格 > 挤出”，执行“挤出”命令；单击操纵器的手柄，拖动中心手柄，对这个面进行缩小，就可将窗框制作出来；选中左右相连接的两个面，将它们删除；

切换到顶点模式，使用“移动工具”，通过移动点将两个缩小的面之间的空隙合上；切换到面模式，选中两个缩小的面进行挤出操作，单击操纵器的手柄，向外拖动中心手柄，再次删除左右相连接的两个面；切换到边模式，选中合适的边，然后在菜单栏选择“编辑网格 > 倒角”进行倒角处理并设置合适的分数值，飞机的窗户就做好了，如图 2-3-20 所示。

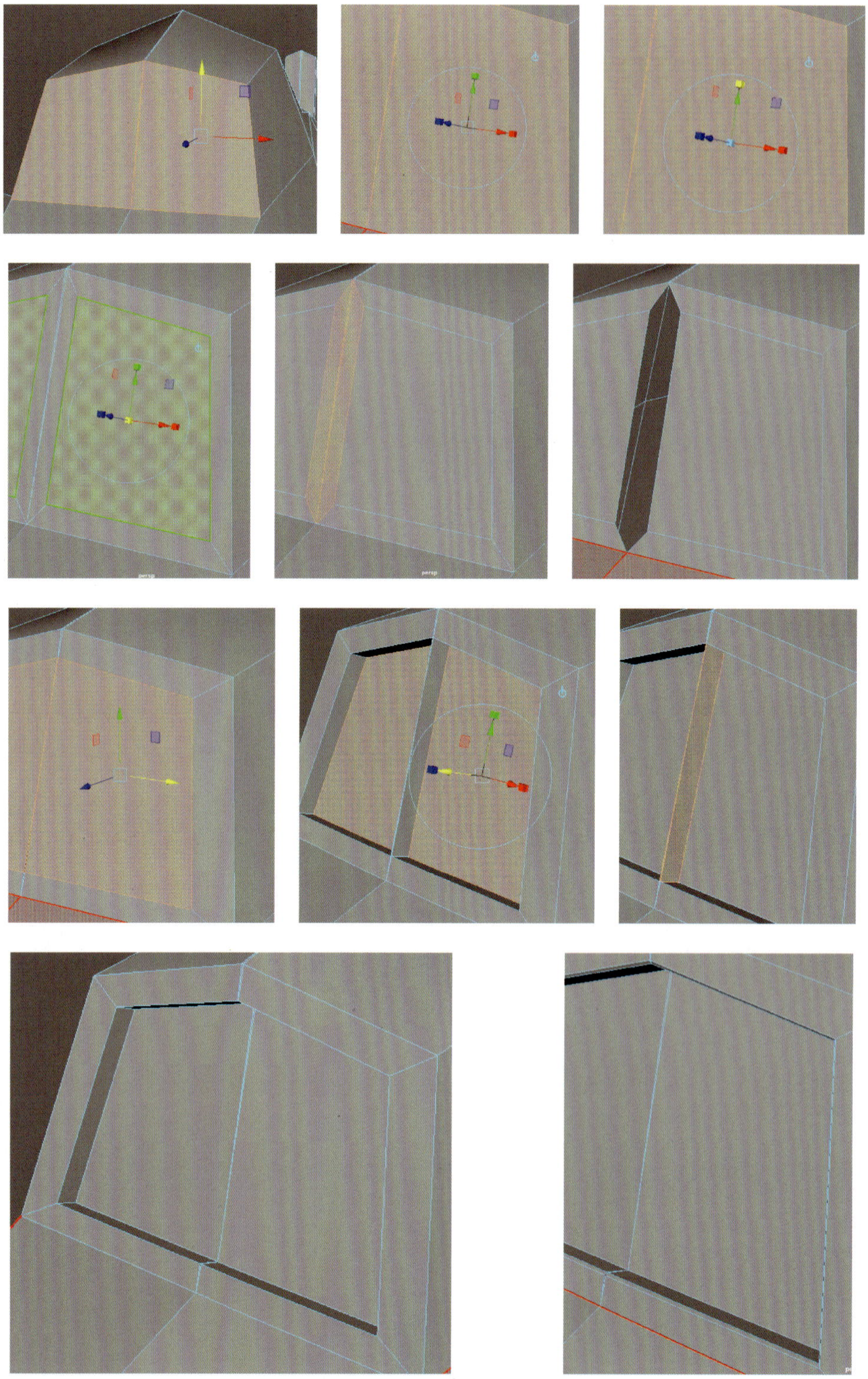

图 2-3-20　制作飞机窗户

7. 平滑预览

按快捷键“3”，进入平滑预览模式，要想恢复到模型制作模式，按快捷键“1”即可，如图 2-3-21 所示。在没有将飞机模型完全制作好之前，可以多次按快捷键“3”和快捷键“1”，以观察模型的制作效果。

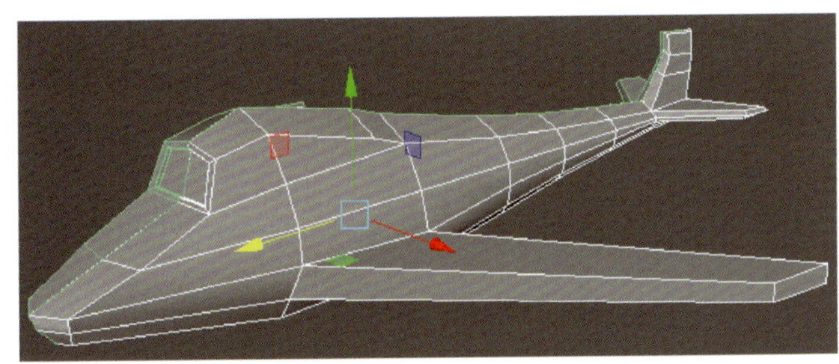
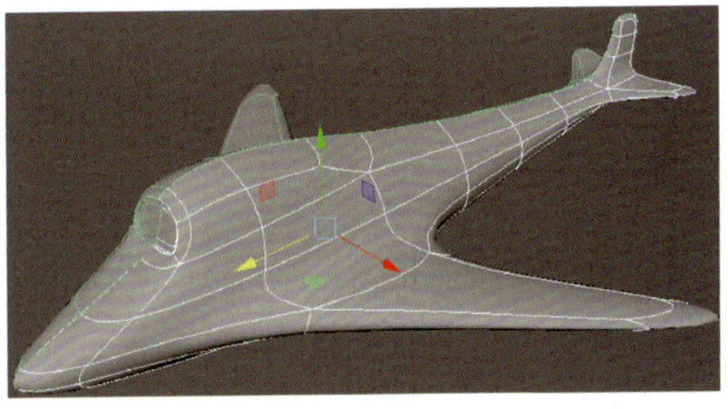

图 2-3-21 平滑预览

平滑预览后发现飞机模型的某些部位的结构发生了改变，如机翼和机尾，此时，在菜单栏选择“网格工具 > 插入循环边”，在飞机关键结构转折部位添加循环边，然后按快捷键“3”进行平滑预览，就可以明显看到飞机的结构不会因被平滑处理而发生改变，如图 2-3-22 所示。

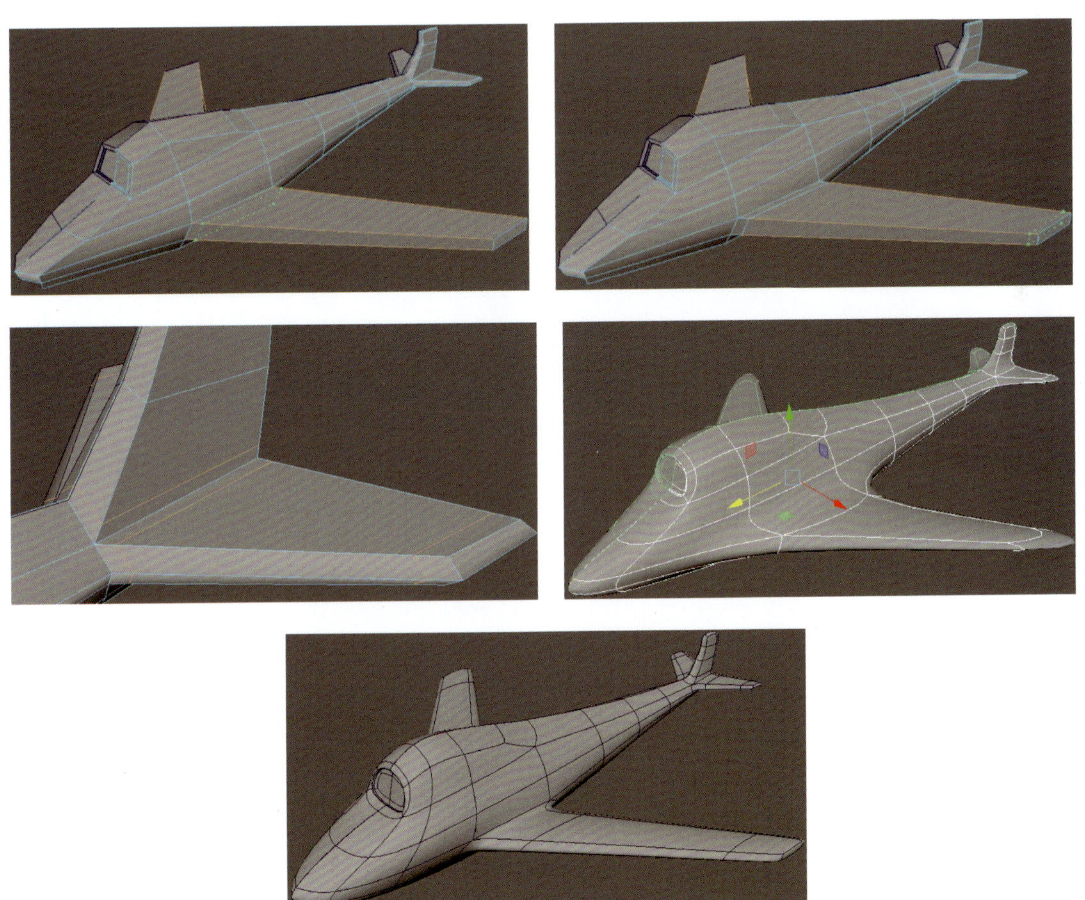

图 2-3-22 在关键结构转折部位添加循环边

8. 结合并合并

飞行模型的各个细节部分都处理好后，切换到对象模式，先将之前实例复制的那一半飞机模型删除，然后在菜单栏选择“编辑 > 特殊复制”并勾选命令后的复选框，设置“几何体类型”为“复制”，单击“特殊复制”按钮，如图 2-3-23 所示。

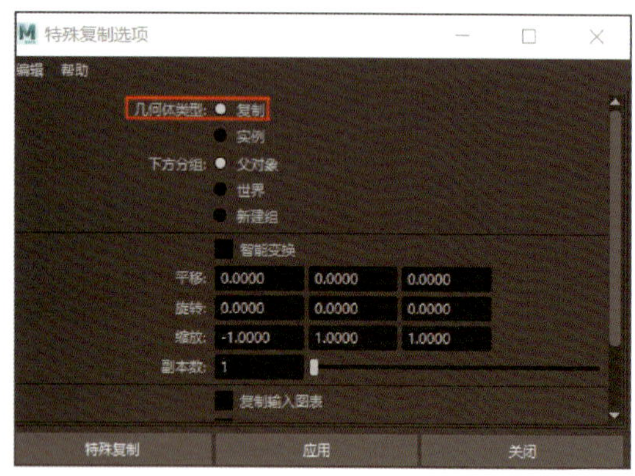

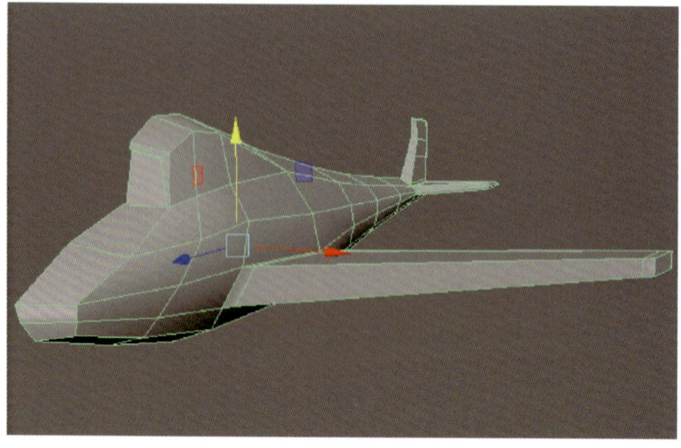

图 2-3-23 执行“特殊复制”命令

复制完成后，飞机的两侧模型是单独存在的，此时，选中两侧模型，在菜单栏选择“网格 > 结合”，即可将这两个对象结合为一个对象——飞机，如图 2-3-24 所示。

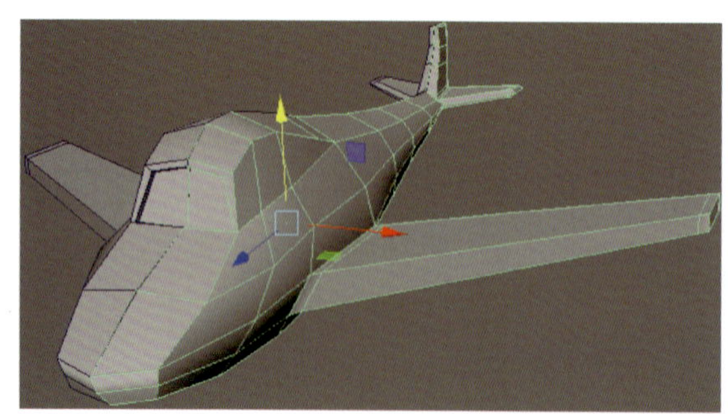
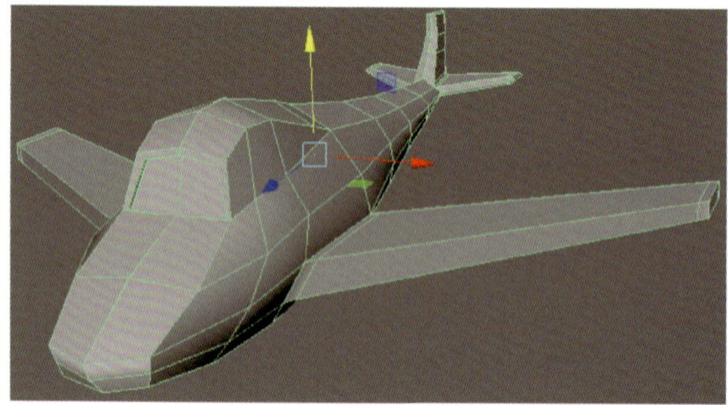

图 2-3-24 执行“结合”命令

将模型放大，可以看到接缝处是有缝隙的，此时，切换至顶点模式，在菜单栏选中接缝处两侧的点（需要合并的点都是成对出现的），在菜单栏选择“编辑网格 > 合并”进行合并操作，如图 2-3-25 所示。在操作过程中，要注意有些点和旁边的点离得比较近，此时可以通过调整阈值来完成，不需要合并的离得比较近的点操作时可减小阈值。

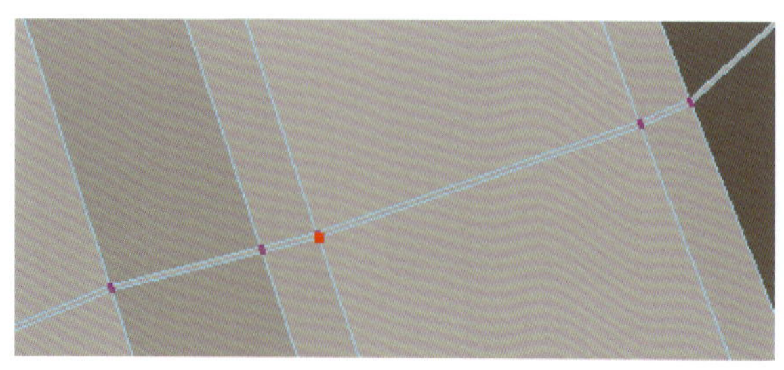
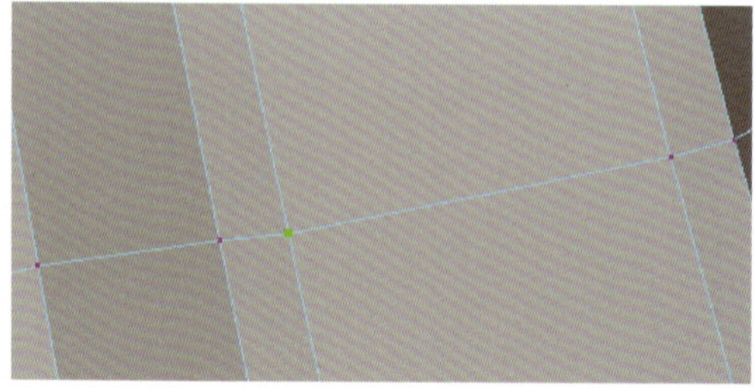

图 2-3-25 合并点

9. 平滑处理

合并点后，切换至对象模式，在菜单栏选择“网格 > 平滑”，对模型进行平滑细分处理。如图 2-3-26 所示，左边的是平滑预览效果，右边的是平滑细分处理效果，在两种情况下模型的布线是完全不一样的，如对它们同时进行渲染，可以看出平滑预览的飞机模型渲染后依然是平滑处理前的样子。

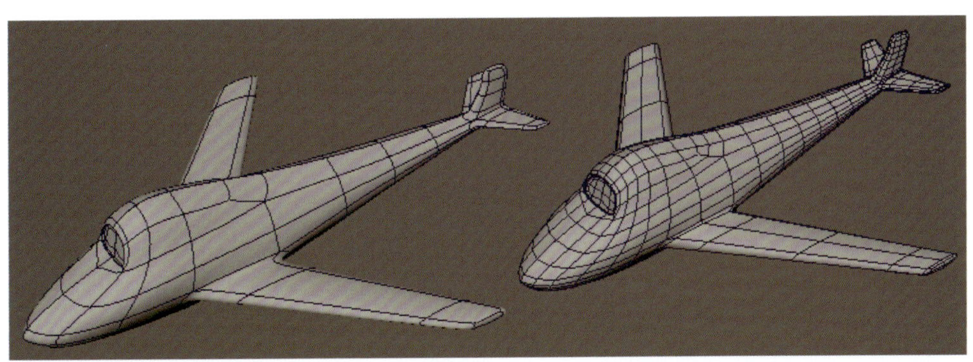

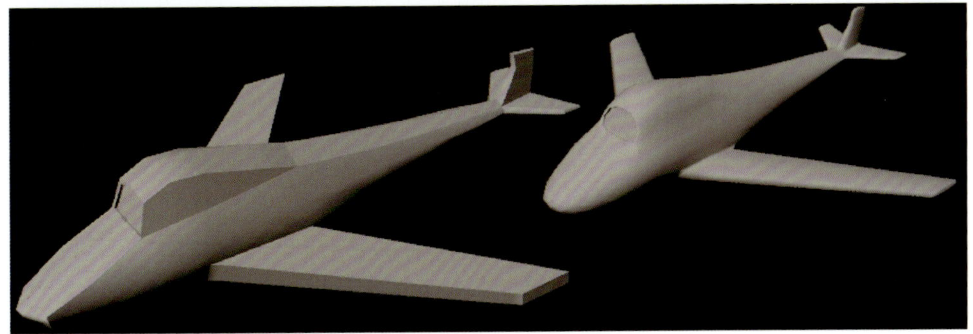

图 2-3-26 执行“平滑”命令

练习题

运用本任务所学知识制作汽车模型。

任务 4 静物组合模型制作

任务目标：

- ◆ 熟悉曲面建模的方法，了解曲面建模和多边形建模的区别。
- ◆ 掌握曲面建模中“旋转”命令的应用方法。
- ◆ 能够应用曲面建模命令制作出静物组合模型。

任务引入

应用 Maya 软件中的曲面建模命令制作图 2-4-1 所示的静物组合模型。

图 2-4-1　静物组合模型

相关知识

一、曲面（NURBS）建模的概念

曲面建模，也称为 NURBS（非均匀有理 B 样条）建模，是一种专门用于创建曲面物体模型的造型技术。在曲面建模中，曲面由曲线构成，进而这些曲面组合形成立体模型。曲线的形状、方向和长度均可通过控制顶点进行精细调整。曲面建模与多边形建模并列为两大主流建模方式，各自拥有一套独特的建模命令集。

曲面建模与多边形建模在模型创建效果上截然不同，如图 2-4-2 所示，图中左侧是多边形球体，右侧是曲面球体。通过对比可以明显看出，曲面球体有更为流畅和圆滑的外观。进一步放大模型可以看到（见图 2-4-3），多边形球体由一系列直线和平面构成，棱角分明；相比之下，曲面球体则由众多平滑的曲线和曲面构成，这一特征使得曲面建模在模拟曲面物体时具有显著优势。

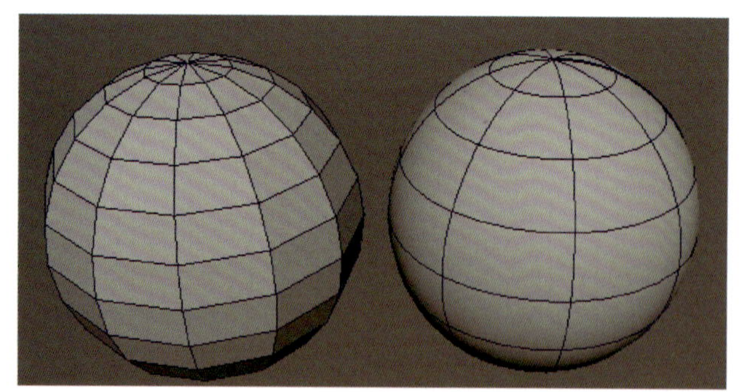

图 2-4-2　多边形球体和曲面球体

图 2-4-3　放大效果

二、曲面模型的创建和编辑

曲面建模方式有三种：第一种方式是通过菜单栏创建基本体。在菜单栏选择“创建 >NURBS 基本体”，然后在菜单中选择基本体类型即可。第二种方式是通过菜单栏相关命令创建复杂模型，菜单栏的“曲线”或“曲面”菜单中几乎囊括了所有曲面建模所需的命令，使用这些命令可以创建曲面模型，如

图 2-4-4 所示。需要编辑曲线时，需使用“曲线”菜单中的相关命令；需要编辑曲面时，在“曲面”菜单中寻找相关命令即可。第三种方式是使用工具架中的图标创建基本体。工具架上排列着曲面建模最常用的一些命令图标，如图 2-4-5 所示，方便用户一键调用。若想在工具架上添加常用的命令，按“Ctrl+Shift+ 命令”快捷键即可。

图 2-4-4　菜单中的曲面建模命令

图 2-4-5　工具架上的曲面建模命令

三、曲线的创建和编辑

1. 曲线的创建

在 Maya 软件中，创建曲线最常用的工具是“CV 曲线工具”。CV 的意思是控制顶点（control

vertex），该工具通过放置和编辑这些顶点来创建曲线。使用“CV 曲线工具”创建曲线的方法如下：首先，在菜单栏选择“创建 > 曲线工具 >CV 曲线工具”，如图 2-4-6 所示，此时，该工具会被添加到左侧的“工具箱”中。接下来，双击“工具箱”中的“CV 曲线工具” 图标，就可以打开其属性设置窗口，如图 2-4-7 所示。

图 2-4-6 “CV 曲线工具”的位置

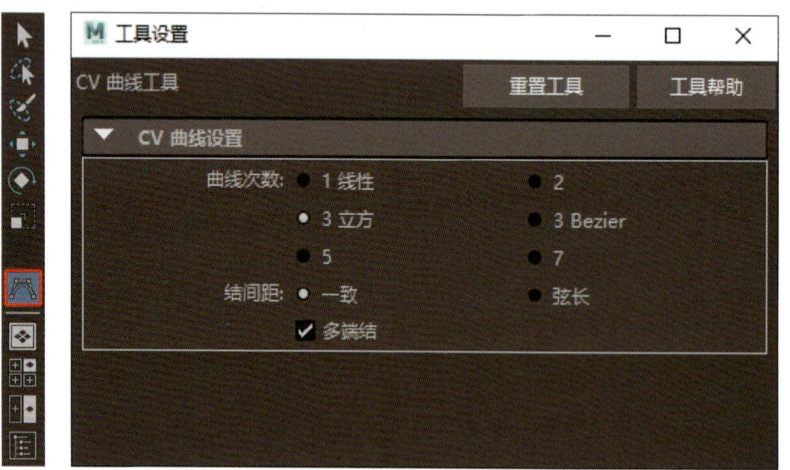

图 2-4-7 “工具箱”中的“CV 曲线工具”及其属性设置窗口

在属性设置窗口中，有一个关键参数——“曲线次数”，它用于设置曲线的形状和特性。在曲线创建过程中，要根据具体的需求来选择合适的选项。例如，若要绘制直线，通常选择“1 线性”；若要绘制弧线，则一般选择“3 立方”。

此外，在绘制曲线时，还有一个重要的注意事项，即在适当的正交视图下绘制曲线才能实现预期

制作效果。以制作水杯为例，根据水杯的摆放方向，应选择侧视图进行绘制。制作水杯需要绘制的是曲线，因此应设置“曲线次数”为“3 立方”，以确保曲线的平滑度和准确性。设置完成后，单击鼠标左键，通过逐渐放置顶点即可绘制曲线，如图 2-4-8 所示，绘制完成后按“Enter”键即可。

2. 曲线的编辑

如图 2-4-9 所示，选中绘制好的曲线，右击，选择“控制顶点”，即可对这条曲线进行形状的调整，如图 2-4-10 所示。

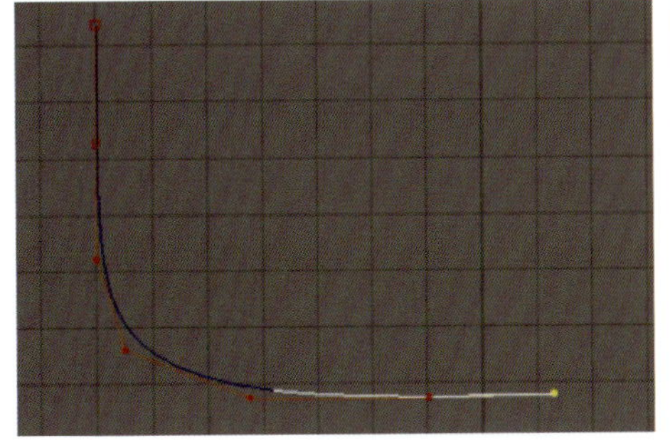

图 2-4-8 绘制曲线

图 2-4-9 绘制完成

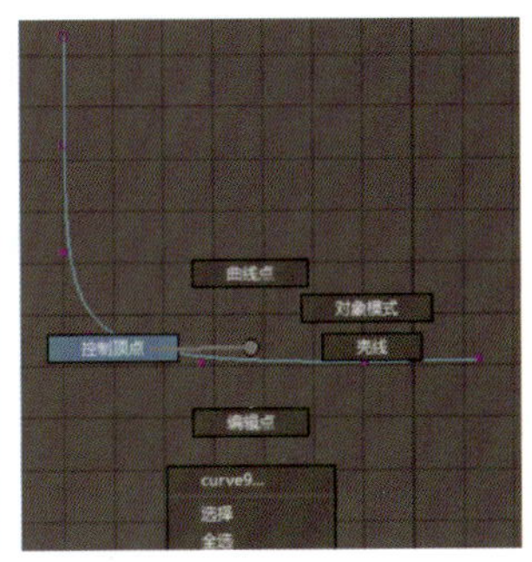

图 2-4-10 选择“控制顶点”

四、“旋转”命令

1. “旋转”命令的应用

在 Maya 软件曲面建模中，“旋转”命令用于根据绘制的曲线生成旋转曲面，以制作表面光滑并且高度对称的物体，如花瓶、酒瓶、高脚杯、饭碗、盘子等。在菜单栏选择“曲面 > 旋转”即可执行该命令，如图 2-4-11 所示。

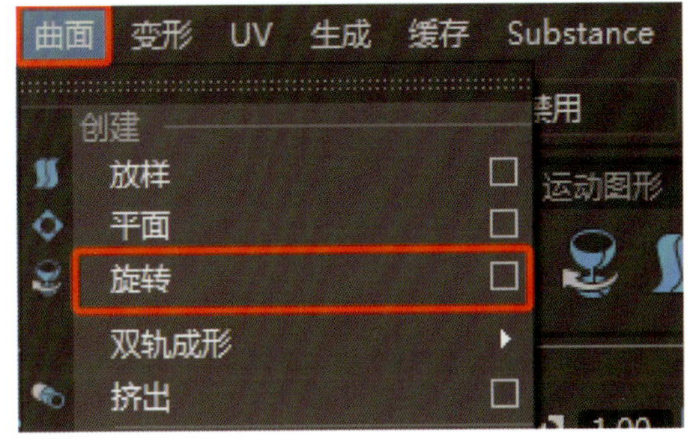

图 2-4-11 “旋转”命令

例如，制作一个玻璃水杯，要先观察水杯的剖面，并牢记这条剖面轮廓的具体形状，在工作区中绘制这条轮廓线，也就是创建一条曲线，然后选中这条曲线，在菜单栏选择“曲面 > 旋转”，就可以生成玻璃水杯的模型，如图 2-4-12 所示。

2. “旋转”命令的属性

在菜单栏选择“曲面 > 旋转”并勾选命令后的复选框，可打开该命令的属性设置窗口，如图 2-4-13 所示。在实际操作中，要特别关注“轴预设”和扫描角度。“轴预设”决定了旋转将围绕哪个坐标轴进行，在制作玻璃水杯时应该以 Y 轴为旋转轴，因此，在绘制初始曲线时，必须精确控制曲线的位置，以确保能正确围绕 Y 轴旋转。扫描角度则定义了旋转的具体度数，在制作玻璃水杯时，为了得到一个完整闭合的杯子模型，在“开始扫描角度”为“0”的情况下，需要将“结束扫描角度”设置为“360”，这样曲线就会完整地绕 Y 轴旋转一周，从而形成所需的玻璃水杯模型。

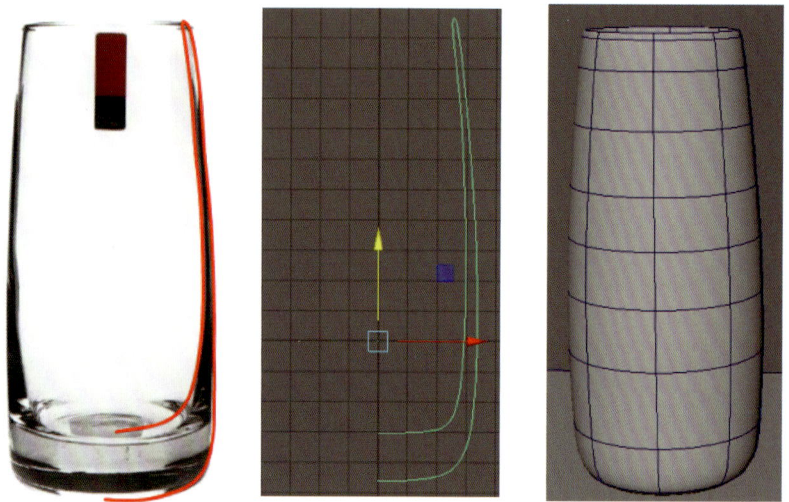

图 2-4-12　使用“旋转”命令制作玻璃水杯模型

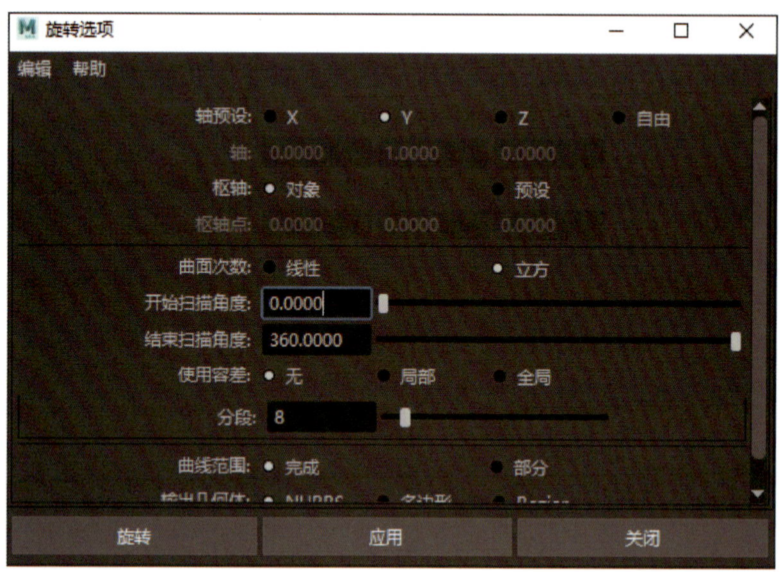

图 2-4-13　“旋转”命令的属性设置窗口

任务实施

1. 制作红酒瓶模型

在“多边形建模”工具架上单击“多边形平面”图标，使用“移动工具”和“缩放工具”调整多边形平面大小和位置，后面制作的所有模型都要放在这个平面上。分析红酒瓶的结构，了解其曲线特征，在菜单栏选择“创建 > 曲线工具 >CV 曲线工具”，在正交视图下绘制红酒瓶的曲线，然后选中这条曲线，在菜单栏选择“曲面 > 旋转”，红酒瓶模型就制作好了，如图 2-4-14 所示。

2. 制作其他模型

用同样的方法制作瓷器、高脚杯、盘子、苹果等的模型，最后使用“移动工具”和“旋转工具”调整它们的位置和方向即可，如图 2-4-15～图 2-4-18 所示。

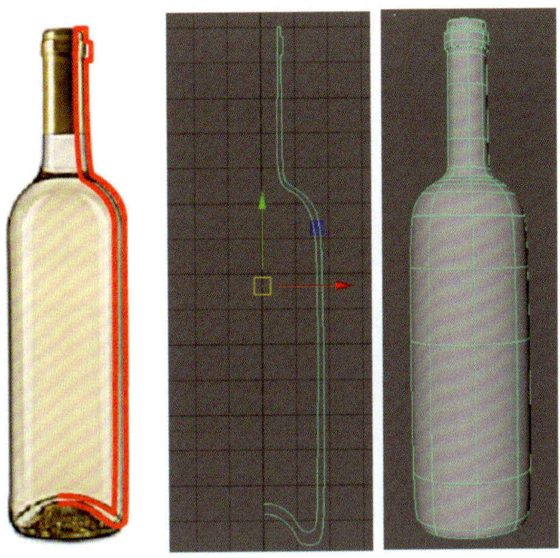

图 2-4-14　制作红酒瓶模型

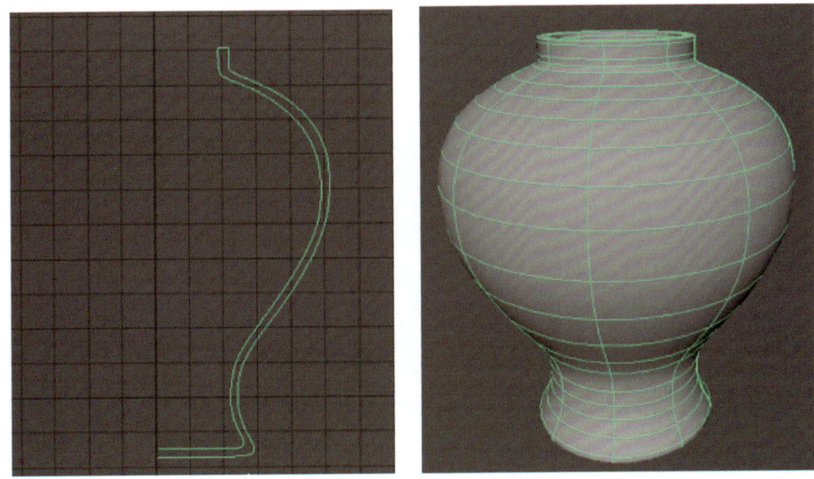

图 2-4-15　制作瓷器模型

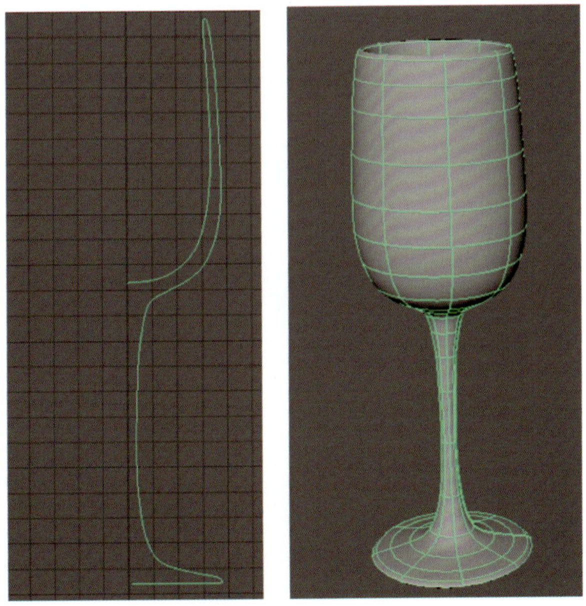

图 2-4-16　制作高脚杯模型

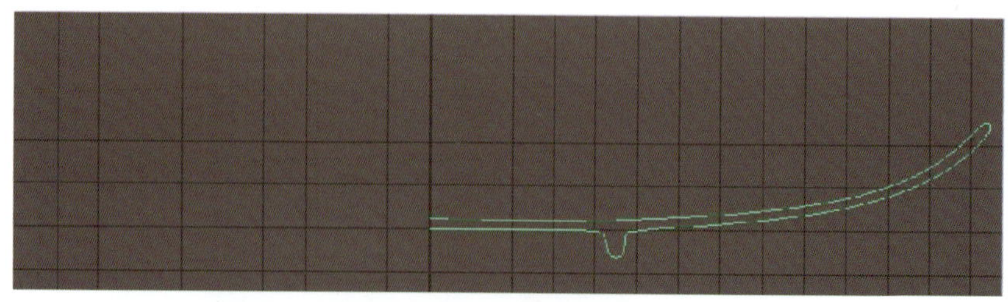

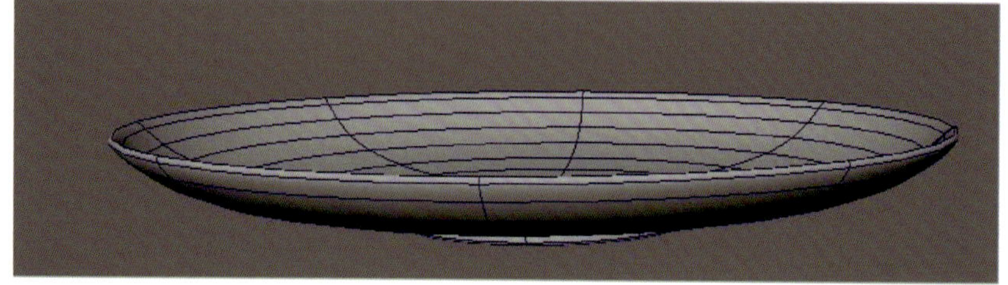

图 2-4-17　制作盘子模型

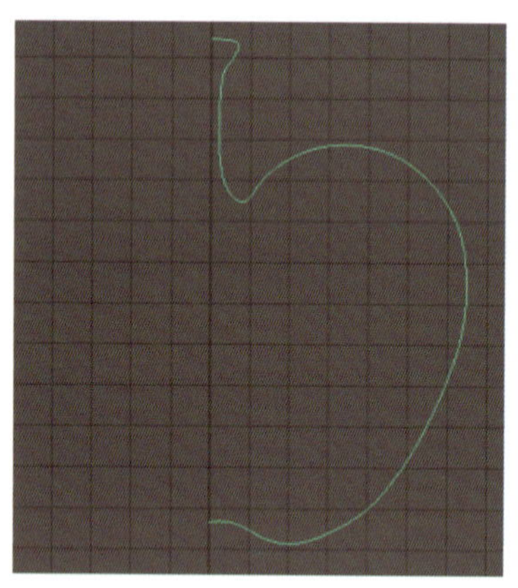

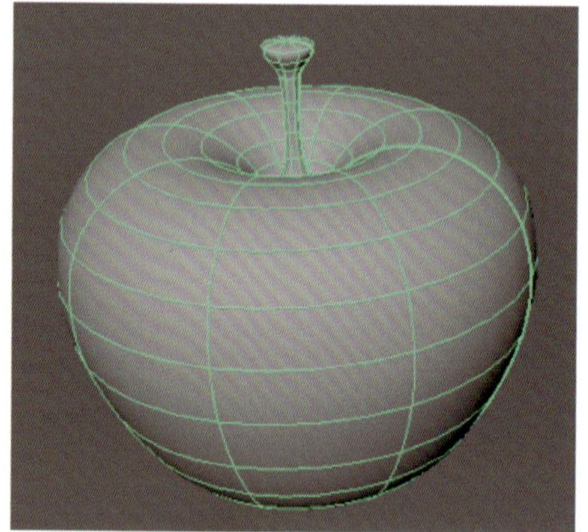

图 2-4-18　制作苹果模型

注意事项

（1）在执行“旋转”命令后，若模型呈现为黑色，如图 2-4-19 所示，这通常意味着模型的法线方向设置反了。此时，在菜单栏选择“曲面 > 反向旋转”，即可调整法线方向。

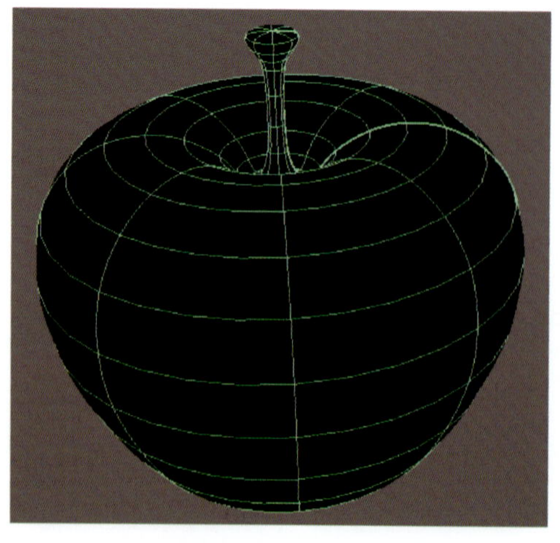

图 2-4-19　执行“旋转”命令后出现黑色模型

（2）在创建曲线的过程中，应合理控制顶点的数量。对于较为平缓的线段，为了降低复杂度，应尽量减少顶点的数量；而对于有棱角的线段，为了确保曲线的精确度和形状的表达效果，则需要适当增加顶点的数量。例如，在图 2-4-20 中，为了准确描绘出曲线右下角的小弧度，就需要创建至少三个顶点来保证这一细节的呈现。

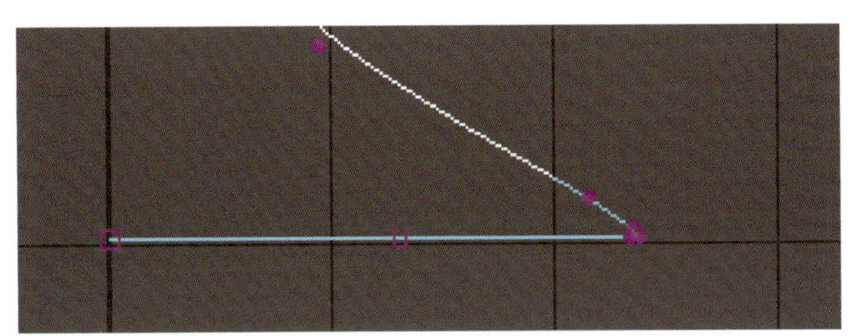

图 2-4-20　右下角有小弧度的曲线

（3）在执行“旋转”命令之后，需仔细检查模型的底部或顶部是否存在黑洞。若发现黑洞，应定位到相关曲线并切换至控制顶点模式，通过调整末端顶点的位置来闭合黑洞，如图 2-4-21 所示。

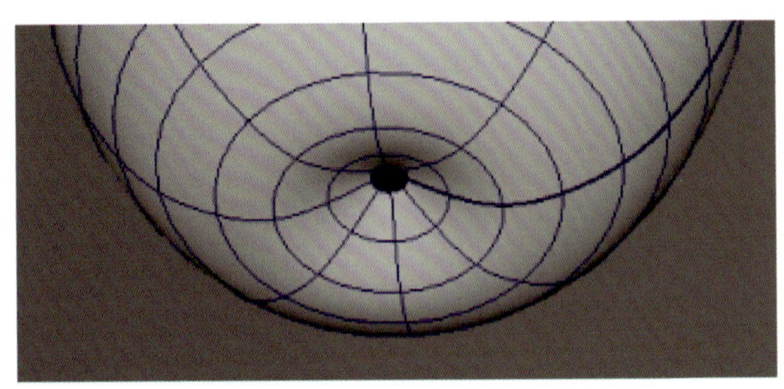

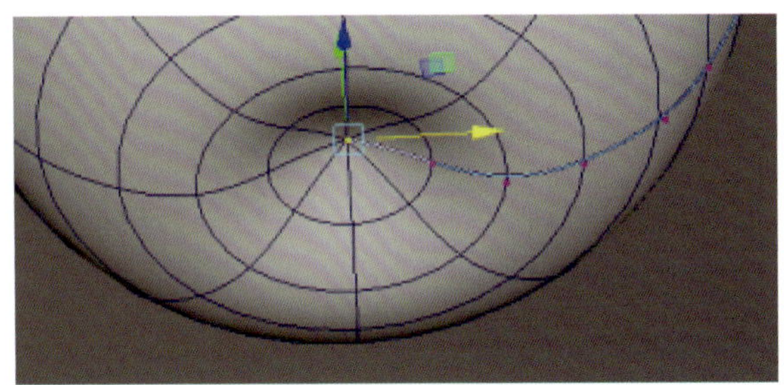

图 2-4-21　模型底部黑洞及处理效果

练习题

运用本任务所学知识尝试制作半个苹果模型。

任务 5　洗手间场景模型制作

任务目标：

- 掌握曲面建模中“放样”“平面”“挤出”和“倒角”等命令的使用方法。
- 能够应用曲面建模命令制作洗手间场景模型。

任务引入

应用 Maya 软件中的曲面建模命令制作图 2-5-1 所示的洗手间场景的模型。

图 2-5-1　洗手间场景

相关知识

一、“放样”命令

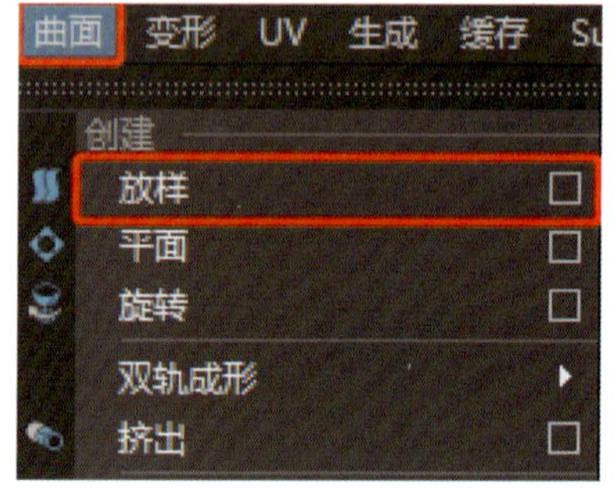

图 2-5-2　“放样”命令

“放样”命令是一种强大的曲面建模工具，它允许用户通过两条或两条以上的轮廓曲线来创建复杂的曲面模型。该命令基于一个或多个二维轮廓曲线（通常称为截面或形状），沿一条或多条路径曲线来生成三维曲面模型。这些轮廓曲线定义了曲面模型不同截面的形状，而路径曲线则确定了曲面模型延伸的方向和范围。在菜单栏选择“曲面 > 放样”即可执行该命令，如图 2-5-2 所示。

使用“放样”命令创建曲面模型的方法如下：首先，创建多条曲线（至少两条，可以使用任何创建曲线的命令），这些曲线将决定创建模型的形状和截面；然后，按照顺序选择这些曲线，并在菜单栏选择“曲线 > 放样”。

例如，创建三个大小不同的圆环，如先选择中间圆环再选择上边的圆环进行放样处理，再选择下边的圆环进行放样处理，可得到图 2-5-3 中中间图的模型创建效果；如从下向上依次选择三个圆环进行放样处理，即可得到图 2-5-3 中右侧图的模型创建效果。曲面模型创建后还可以通过调整顶点及编辑曲线等方式来进一步塑造和修改模型的形状。

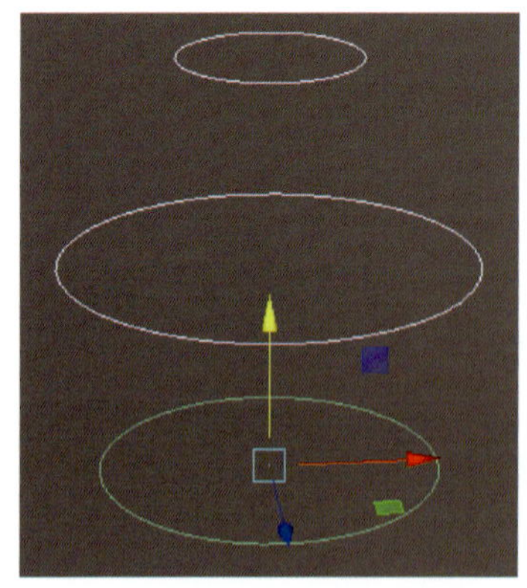
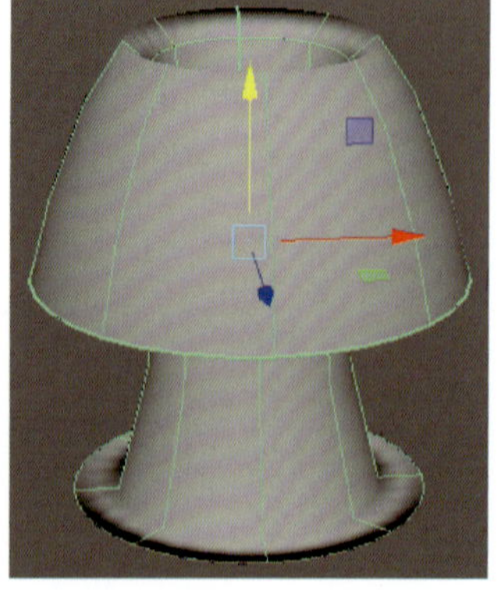
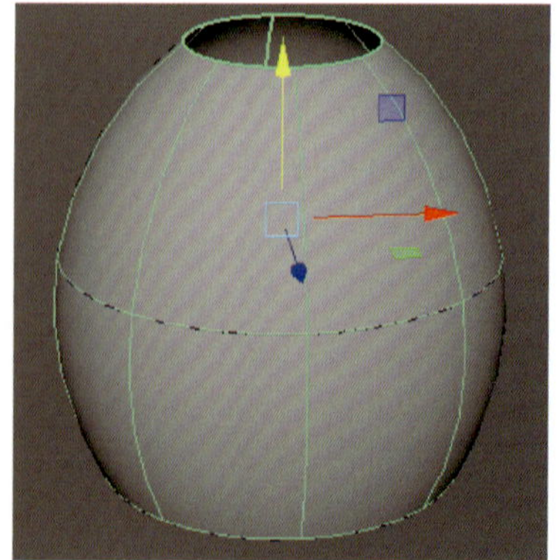

图 2-5-3　使用“放样”命令创建曲面模型

二、“平面”命令

“平面”命令通常基于选定的曲线或边界生成一个平坦的、二维的曲面。使用“平面”命令时，需要先绘制或选择定义平面边界的曲线；然后，在菜单栏选择“曲面 > 平面”，系统会基于曲线生成一个平坦的曲面。这个曲面可以进一步编辑、变形或与其他模型元素结合使用，以满足特定建模需求。例如，用“CV 曲线工具”绘制一条封闭的曲线，然后选中这条曲线，在菜单栏选择“曲面 > 平面”，即可生成一个以曲线为边缘的平面，如图 2-5-4 所示。

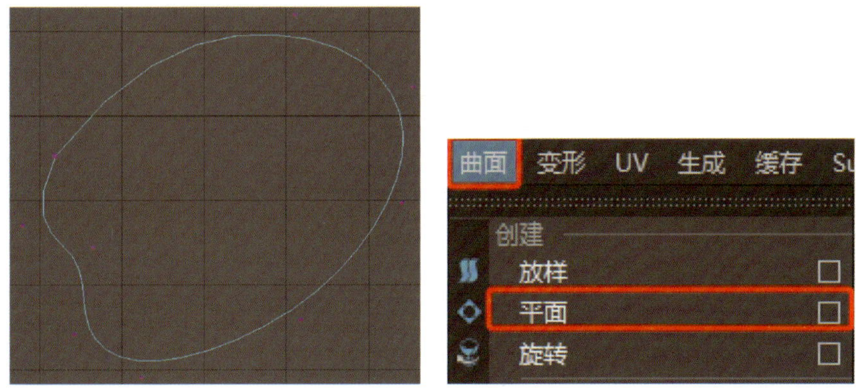

图 2-5-4 “平面”命令

使用“平面”命令创建平面时，如果勾选命令后的复选框，还可根据需要通过设置相关参数创建曲面或多边形，如图 2-5-5 所示，在“平面”命令的属性设置窗口中，“输出几何体”可以设置为“NURBS”或者“多边形”。

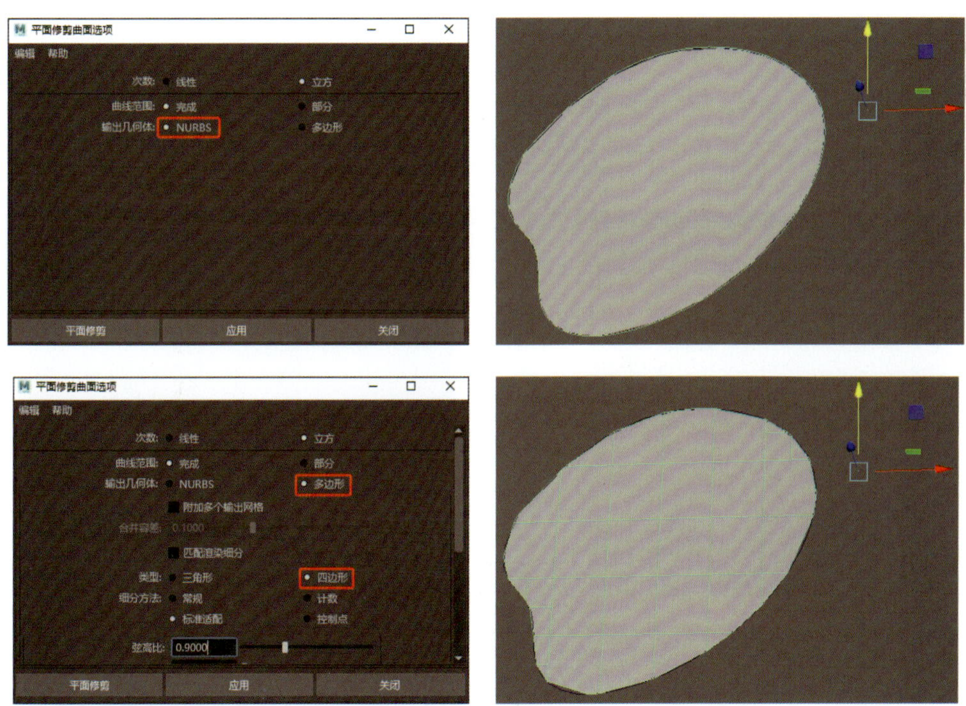

图 2-5-5 “输出几何体”设置不同参数时的平面创建效果

平面生成后可以通过编辑曲线上的顶点来改变平面的形状，如图 2-5-6 所示。

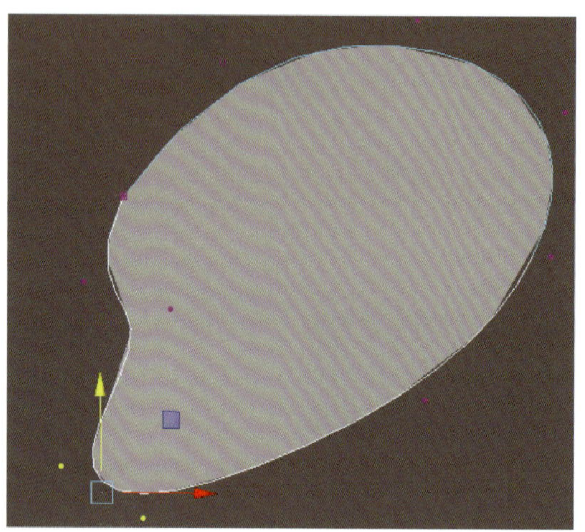

图 2-5-6　编辑曲线上的顶点

在使用“平面”命令创建平面时，需要注意以下几点：边界曲线必须是封闭的，否则无法创建平面；曲线上的顶点分布和曲线形状会影响生成平面的质量和准确性，如果曲线不够规整、存在交叉，或顶点不在一个平面上，就会导致生成的平面出现异常或生成失败；在绘制曲线时要合理控制顶点的数量，顶点太多会使生成的平面顶点太多而增加后期工作量，顶点太少会影响平面的形状并且不利于进一步编辑平面。

三、“挤出”命令

1.“挤出”命令在多边形建模和曲面建模中的区别

曲面建模中的“挤出”命令和多边形建模中的“挤出”命令是有很大区别的。

首先，两个“挤出”命令所在的位置是不一样的，如图 2-5-7、图 2-5-8 所示。

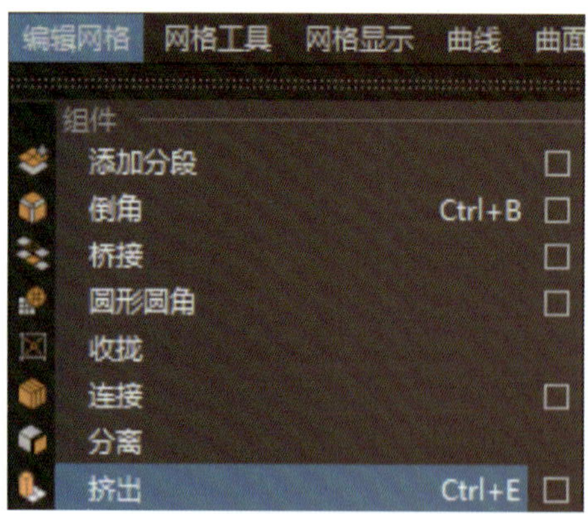

图 2-5-7　多边形建模中的“挤出”命令

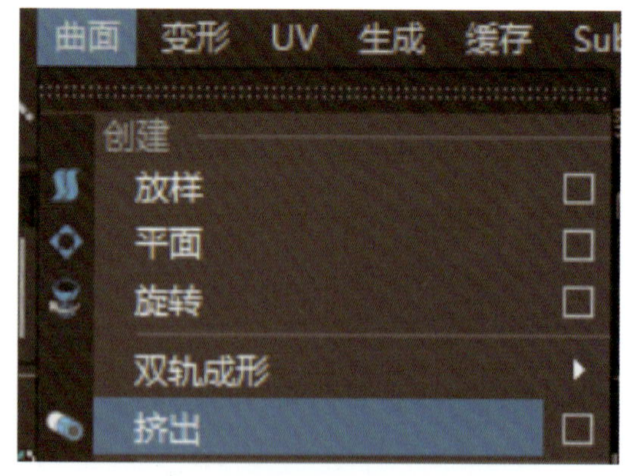

图 2-5-8　曲面建模中的“挤出”命令

其次，曲面建模中的“挤出”命令的使用方法也和多边形建模中的“挤出”命令完全不同，其属性设置窗口中的参数也有差异。

2. “挤出”命令及其使用方法

在曲面建模中，“挤出”命令通常用于沿着曲面的法线方向或特定路径拉伸曲面，从而创建出新的曲面模型。例如，要创建一段弯曲的管状模型，首先，创建一个圆环（见图 2-5-9），再使用“CV 曲线工具”创建一条曲线（注意创建曲线时要切换到正交视图），如图 2-5-10 所示。

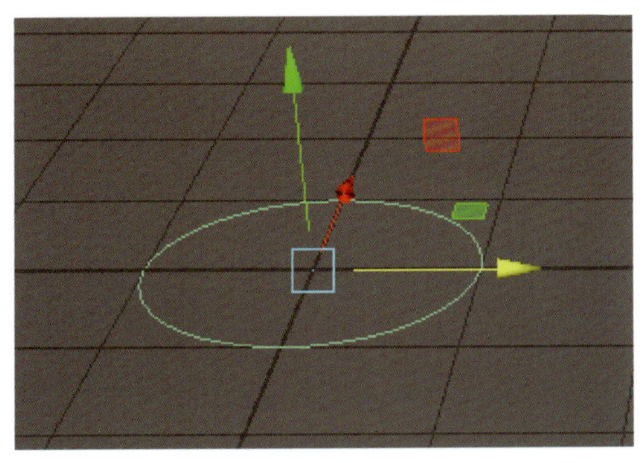
图 2-5-9　创建一个圆环

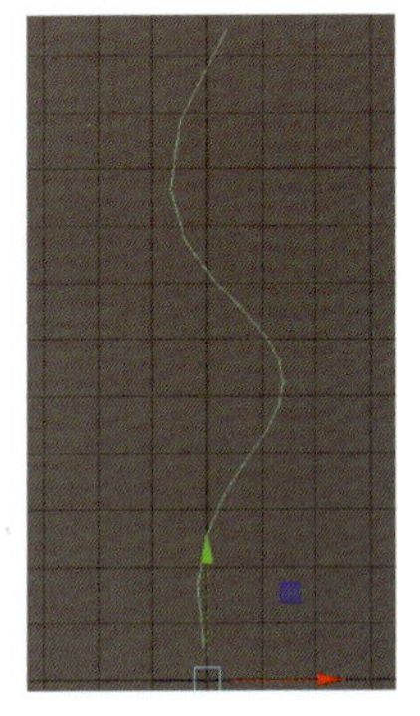
图 2-5-10　创建一条曲线

然后，选中圆环及曲线，在菜单栏选择“曲面 > 挤出”，即可创建一个管状的模型，如图 2-5-11 所示。曲线圆环的大小决定了管状模型的粗细，而曲线的长度决定了管状模型的长度。模型创建后，通过调整曲线的长短及顶点可以进一步调整管状模型的长短、形状等，通过调整圆环的大小、形状可以进一步调整管口的形状。在模型创建时，曲线要尽量垂直于圆环。

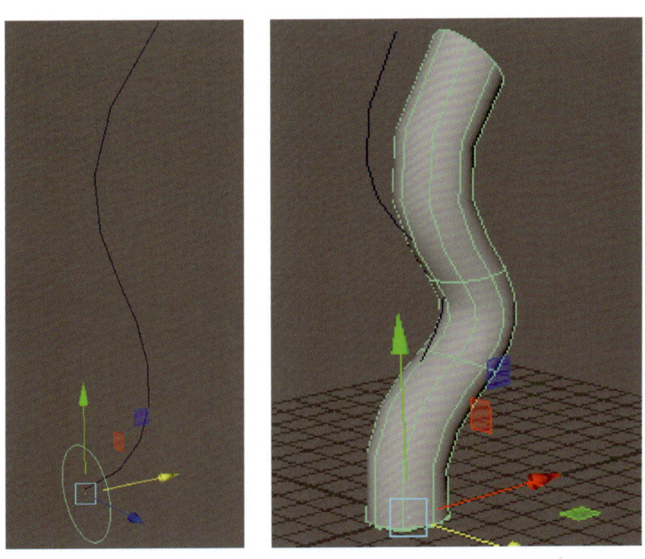
图 2-5-11　使用“挤出”命令创建管状模型

四、“倒角”命令

在曲面建模中，使用“倒角”命令可生成一个边框模型。如图 2-5-12 所示，先绘制任意一条封闭的曲线，在菜单栏选择“曲面 > 倒角”，即可生成一个带有倒角效果的轮廓边框。在操作时，还可以通过勾选“倒角”命令后的复选框，在属性设置窗口中设置“倒角宽度”“倒角深度”等参数来改变模型创建效果。

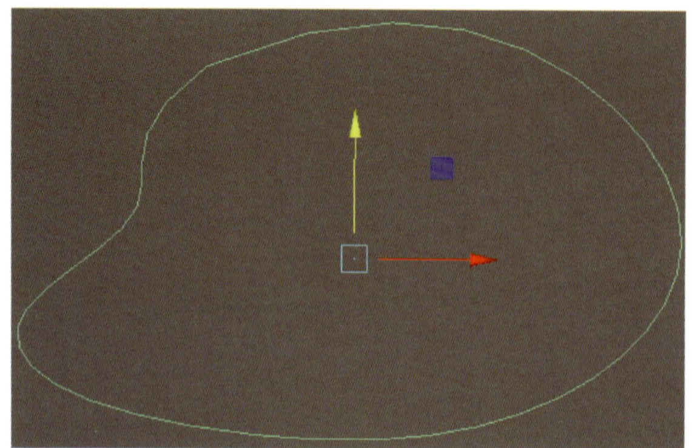

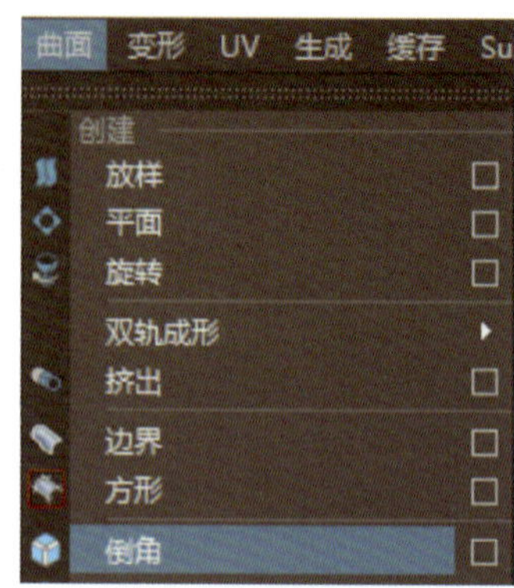

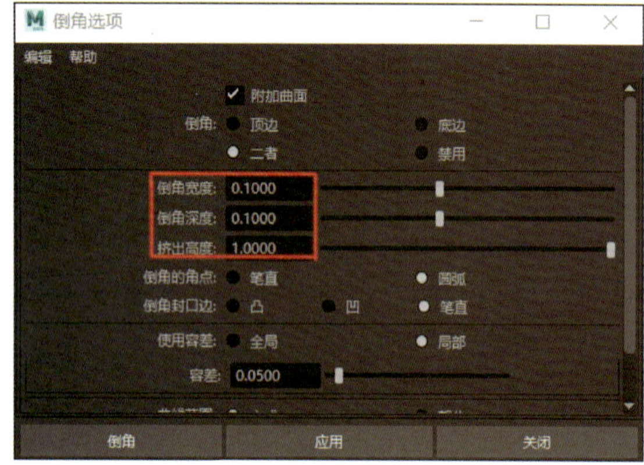

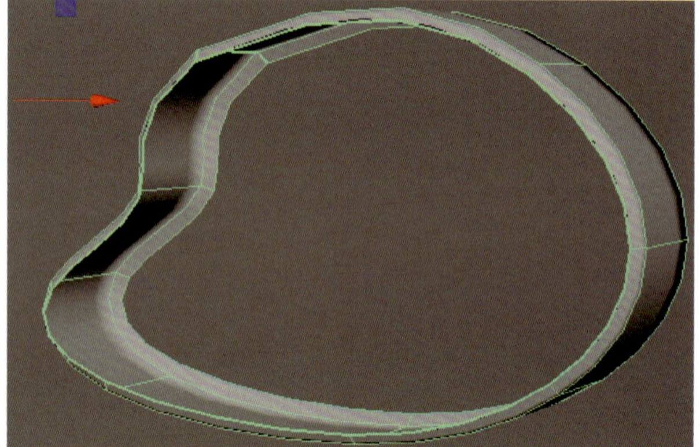

图 2-5-12 “倒角”命令的使用效果

五、“倒角 +”命令

使用“倒角 +”命令和“倒角”命令所生成的曲面模型效果是完全不一样的。如图 2-5-13 所示，同样先绘制一条封闭曲线，选中曲线，在菜单栏选择“曲面 > 倒角 +”，可生成一个有一定厚度的模型，其效果相当于执行了“平面”命令和“倒角”命令的效果。同样，在操作时，也可以通过勾选“倒角 +”命令后的复选框，在“倒角 +”命令属性设置窗口中设置“倒角宽度”“倒角深度”等参数来改变模型创建效果。

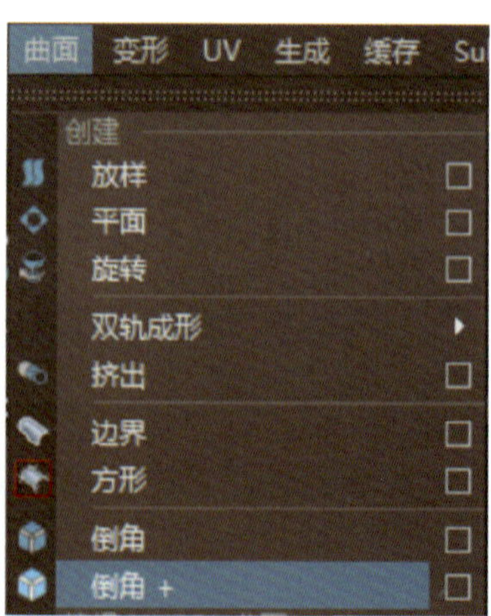

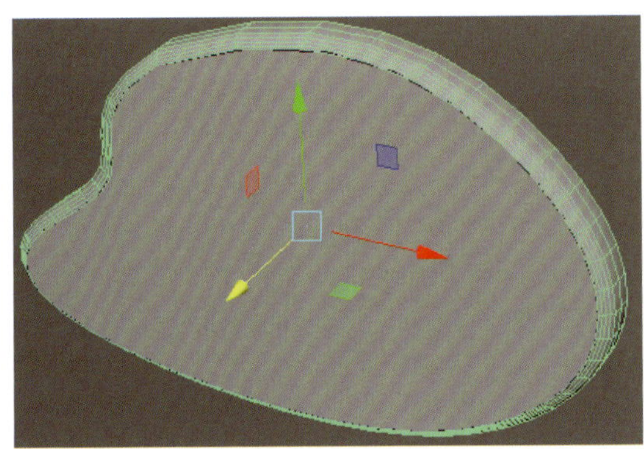
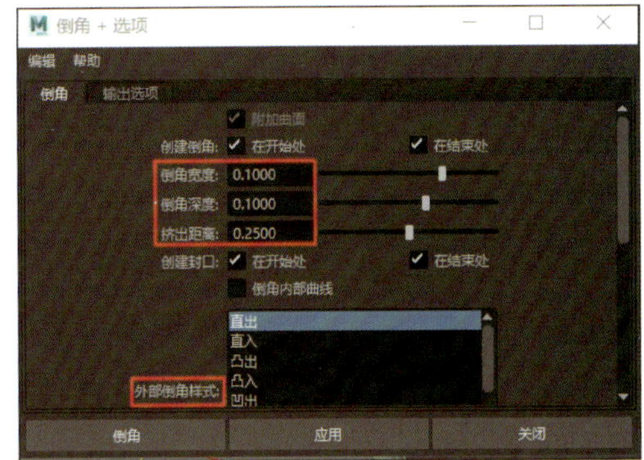

图 2-5-13 “倒角 +”命令的使用效果

六、“弯曲”命令

“弯曲”命令用于对模型进行变形处理，它是 Maya 软件中一种非线性变形器，能够使模型沿特定路径或轴弯曲变形。这种变形方式在创建复杂曲面模型、动画角色动作模型或模拟物理效果时非常有用。在“菜单集”菜单下拉列表中选择“动画”，菜单栏中就会出现“变形”菜单，在菜单栏选择“变形 > 非线性 > 弯曲”，即可执行“弯曲”命令，如图 2-5-14 所示。

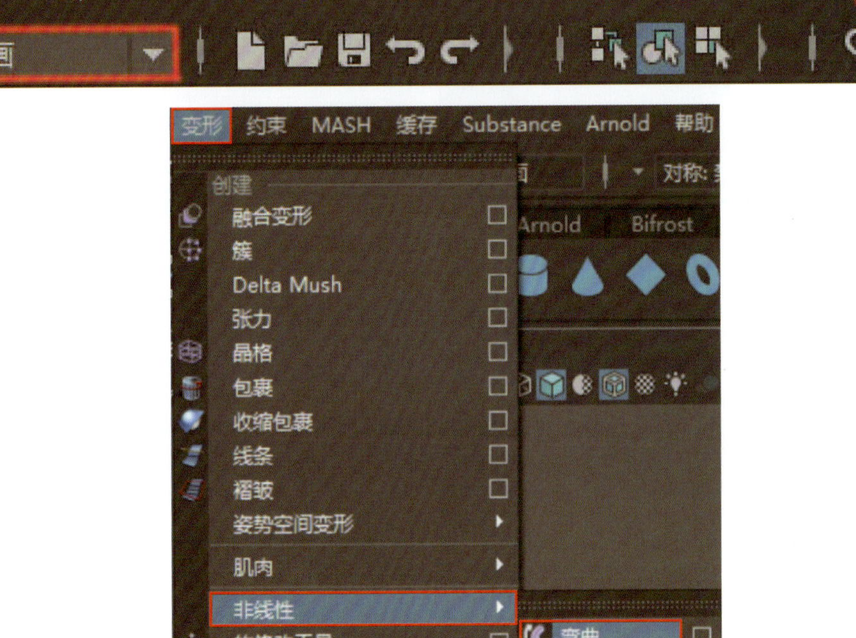

图 2-5-14 “弯曲”命令

下面以一个实例来讲述“弯曲”命令的使用方法。创建一个轴分段数为 4 的圆柱体模型并调整其大小，然后选中模型，在菜单栏选择“变形 > 非线性 > 弯曲”，这时在模型里会出现一条带箭头的直线，这条直线是没有激活的弯曲手柄，按“T”键激活弯曲手柄。手柄有上、中、下三个控制点，左右拖动中间的控制点就可以将模型弯曲，上下拖动上、下两个控制点可以改变模型的弯曲位置和弯曲状态，如图 2-5-15 所示。

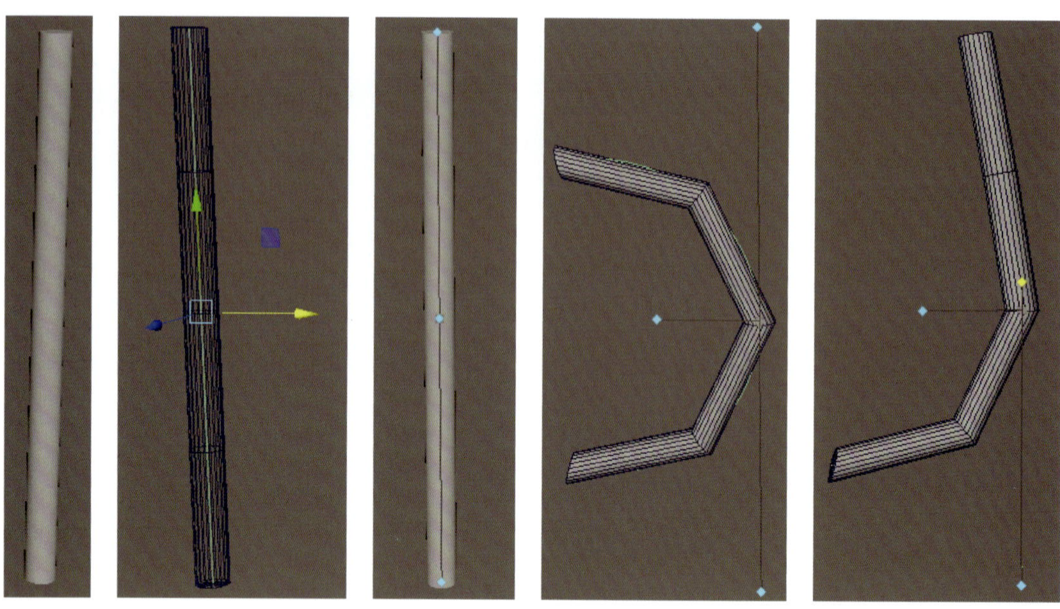

图 2-5-15 “弯曲”命令执行效果

使用“弯曲”命令时，模型会在分段位置弯曲，因此可以为模型设置较多的段数，以使模型弯曲后更圆滑，如图 2-5-16 所示。

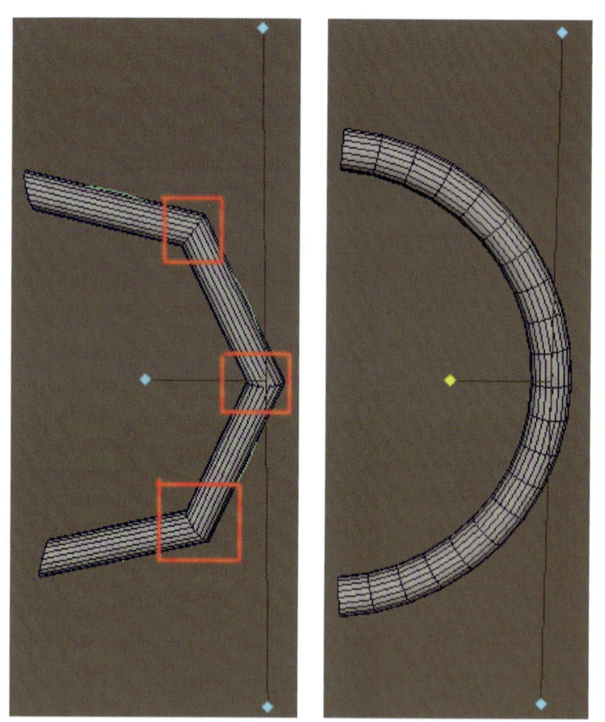

图 2-5-16 分段数不同时的模型弯曲状态

任务实施

1. 创建洗手间的空间

在“多边形建模”工具架中选择“多边形立方体”，创建一个立方体，使用“缩放工具”“移动工

具”调整立方体的大小、位置，然后切换至面模式，删除多余的面，如图 2-5-17 所示。

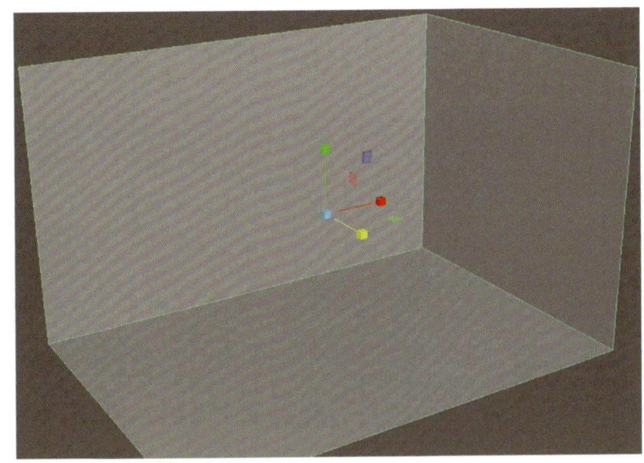

图 2-5-17　创建洗手间的空间

2. 制作浴缸

（1）切换到前视图，在菜单栏选择“创建 > 曲线工具 >CV 曲线工具”，绘制一条曲线，选中曲线，在菜单栏选择“曲面 > 旋转”，如图 2-5-18 所示，会有一个圆形盆状模型生成。

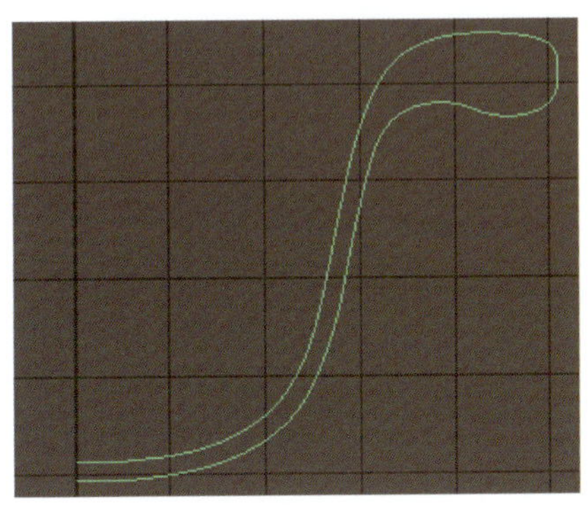

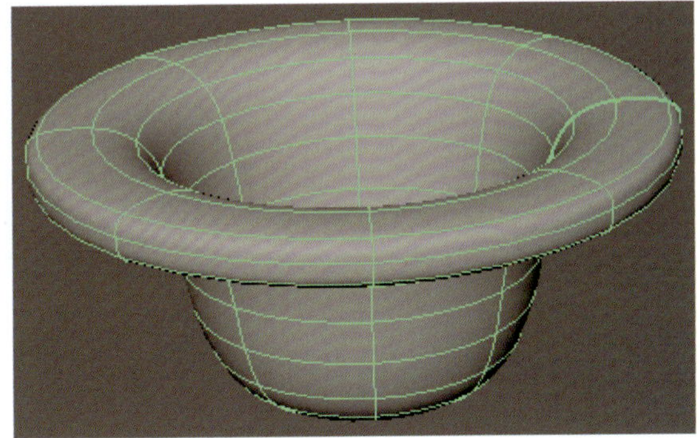

图 2-5-18　圆形盆状模型生成

（2）为了方便后面的操作，在菜单栏选择“修改 > 中心枢轴”，将模型的枢轴点调整到模型中心。右击，打开热盒，切换到控制顶点模式，选择模型四个角上的顶点，用“缩放工具”放大圆形盆状模型四个角上的顶点，将圆形盆状模型调整成方形的，如图 2-5-19 所示。

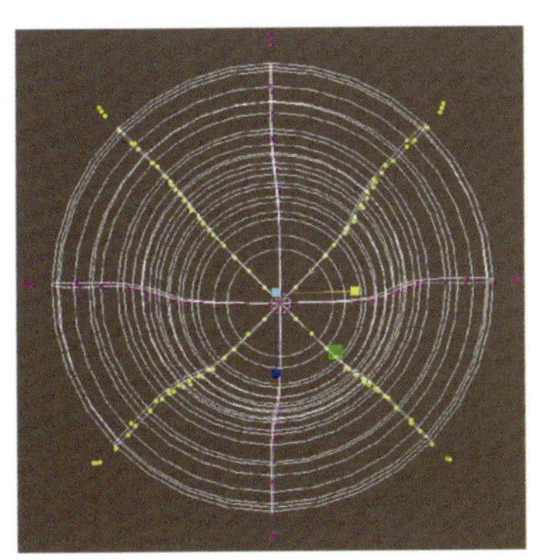

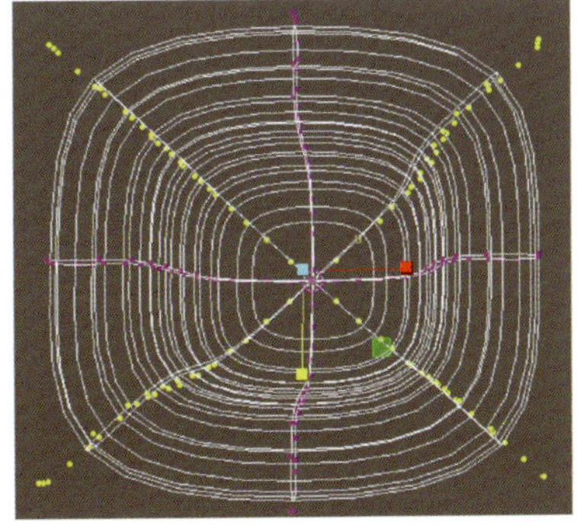

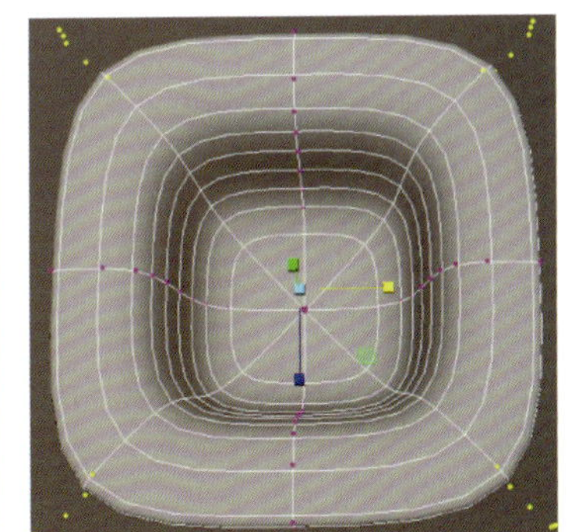

图 2-5-19　将圆形盆状模型调整成方形的

（3）用“缩放工具”“移动工具”调整模型的长度，此时这个模型的外观已经接近浴缸外观，再进一步通过控制顶点改变模型局部的形状和比例，让这个模型在外观上更接近浴缸，如图 2-5-20 所示。

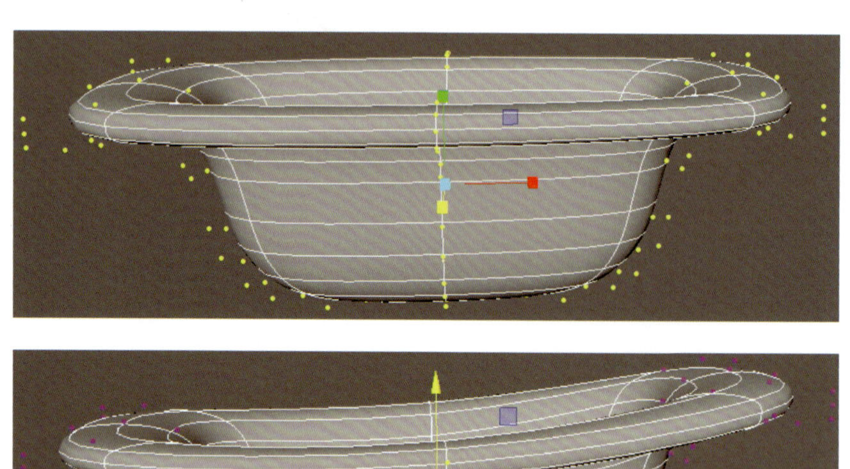

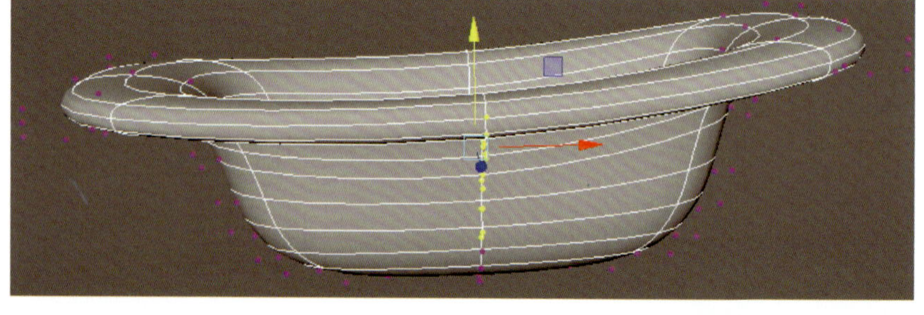

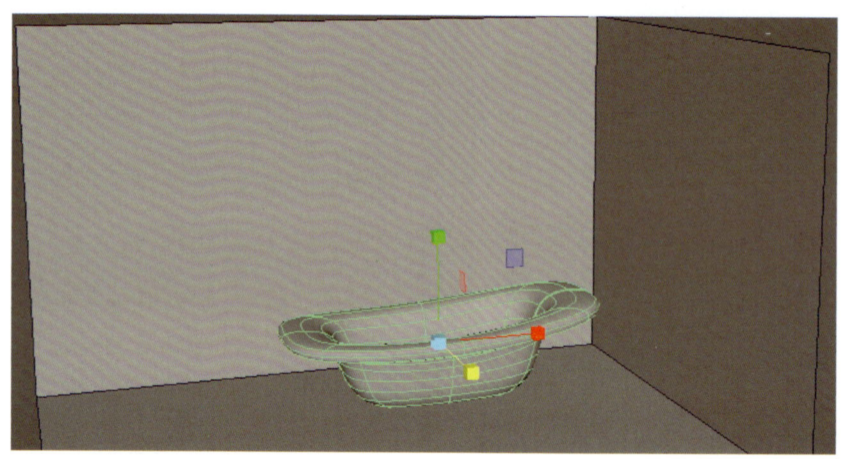

图 2-5-20 进一步调整模型外观

3. 制作浴帘

（1）如图 2-5-21 所示，在菜单栏选择“创建 > 曲线工具 >CV 曲线工具”，绘制一条杆子形状的曲线；在“曲线 / 曲面”工具架上选择“NURBS 圆形”，创建一个圆环，使用“旋转工具”“移动工具”“缩放工具”调整圆环的方向、位置、大小，然后在菜单栏选择“曲面 > 挤出”，杆子模型制作完成。

（2）如图 2-5-22 所示，在顶视图下使用“CV 曲线工具”创建一条曲线，在菜单栏选择“曲线 > 重建”并勾选命令后复选框，在属性设置窗口中设置“跨度数”为“10”；切换到控制顶点模式，此时曲线上新增 10 个顶点，然后使用“移动工具”通过调整顶点位置将曲线的形状改成波浪形。

图 2-5-21　制作杆子

重建曲线选项
编辑　帮助
重建类型:　一致　减少　匹配结
无多个结　曲率
结束条件
参数范围:　0 到 1　保持　0 到跨度数
保持:　末端　切线　CV　跨度数
跨度数:　10
次数:　1 线性　2　3 立方
5　7
保持原始
重建　应用　关闭

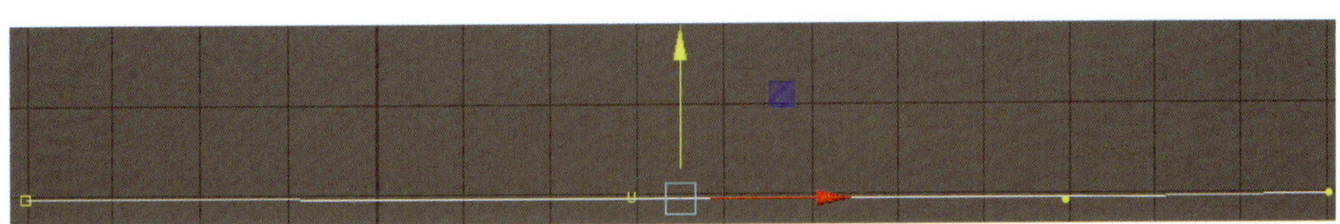

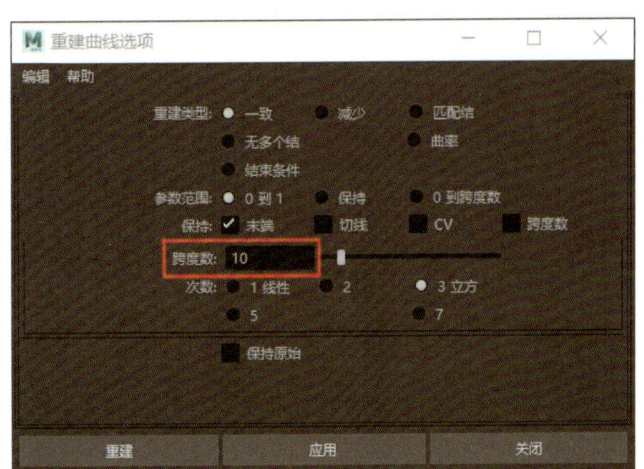

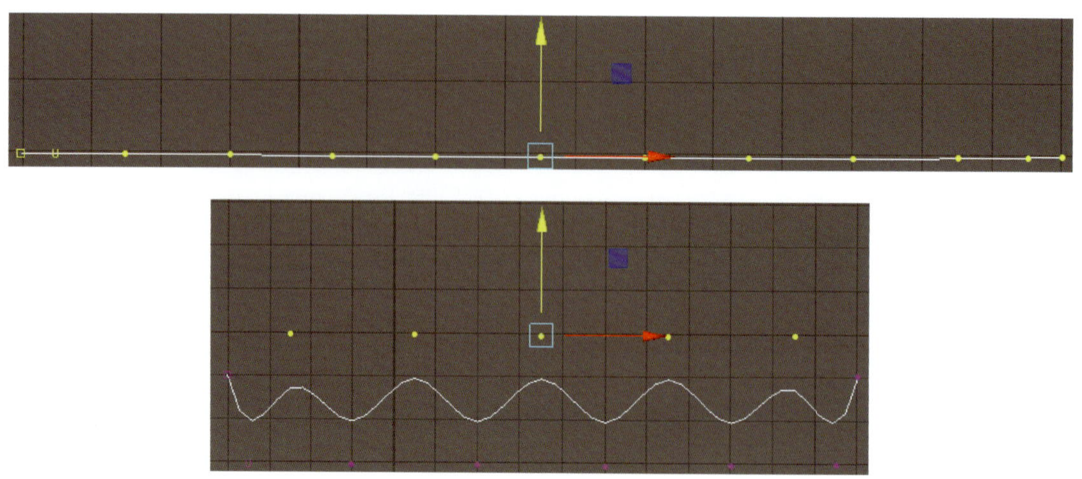

图 2-5-22　制作波浪形曲线

（3）切换到对象模式，复制刚刚制作的波浪形曲线，使用“移动工具”调整两条曲线的位置，选中两条曲线，在菜单栏选择“曲面 > 放样”，浴帘就制作完成了，如图 2-5-23 所示。移动浴帘的位置，使其挂在杆子上。

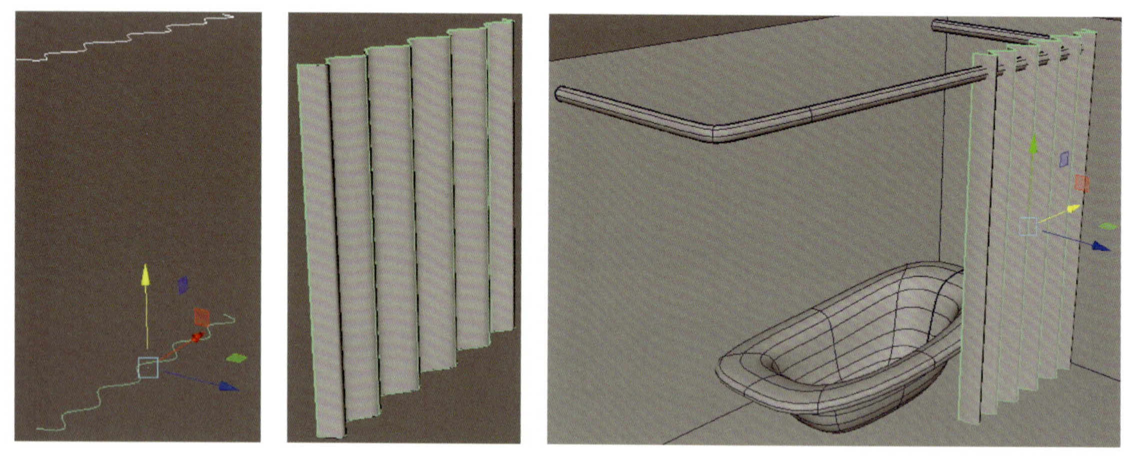

图 2-5-23　制作浴帘

4. 制作镜子

（1）在菜单栏选择“创建 > 曲线工具 >CV 曲线工具”，绘制一条封闭的轮廓曲线，如图 2-5-24 所示，这条曲线决定了镜框的造型结构。

（2）在菜单栏选择“创建 > 曲线工具 >CV 曲线工具”并勾选命令后复选框，在属性设置窗口中设置“曲线次数”为“1 线性”，如图 2-5-25 所示，此时绘制的曲线是没有弧度的。

（3）调整两条曲线的位置并按顺序选择两条曲线，在菜单栏选择“曲面 > 挤出”，制作镜框，并将镜子挂在墙面上。

这里需要特别注意，镜框轮廓曲线的绘制方式会决定其呈现状态。图 2-5-26 所示是两种镜框轮廓曲线的绘制方式，一种是将曲线的起始位置定（曲线接口位置）在镜框的一个角上，另一种是将曲线起始位置定在一条边的中间位置，执行“挤出”命令后，可以看到曲线接口位置在一个角上时生成的模型会有一个很大的缺口。

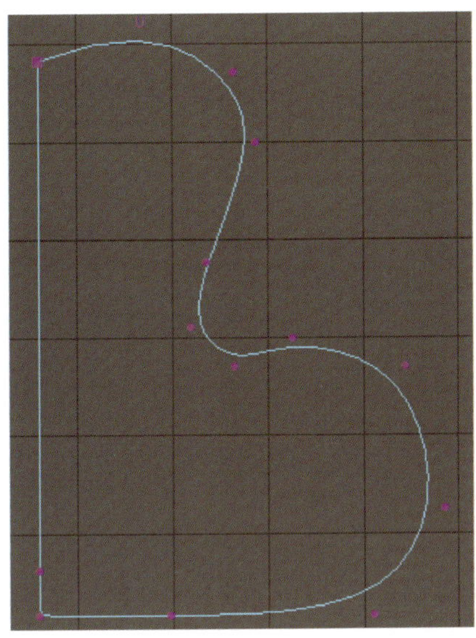
图 2-5-24　绘制封闭的轮廓曲线

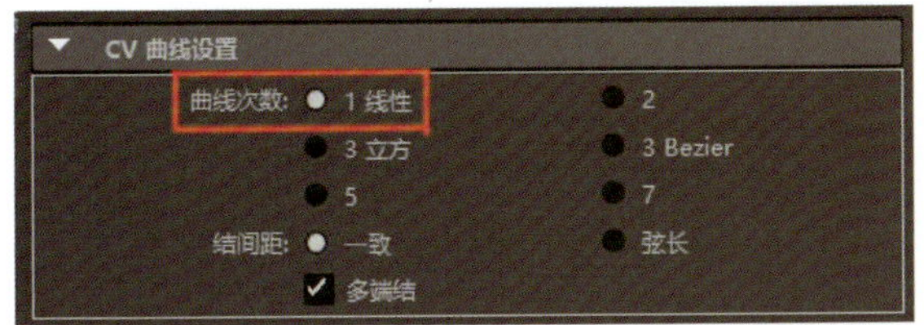

图 2-5-25　绘制镜框轮廓曲线

图 2-5-26　曲线接口位置决定镜框的呈现

5. 制作洗手盆

洗手盆的制作方法和浴缸的制作方法是一样的，先使用“CV 曲线工具”绘制一条曲线，再执行“旋转”命令，最后使用“缩放工具”调整洗手盆的形状并将其放置在合适位置，如图 2-5-27、图 2-5-28 所示。

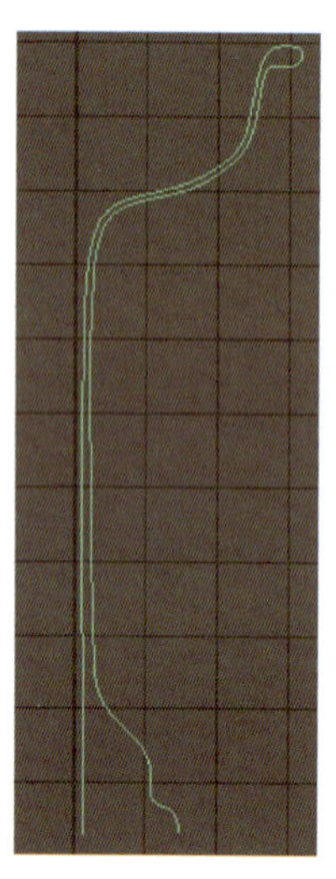
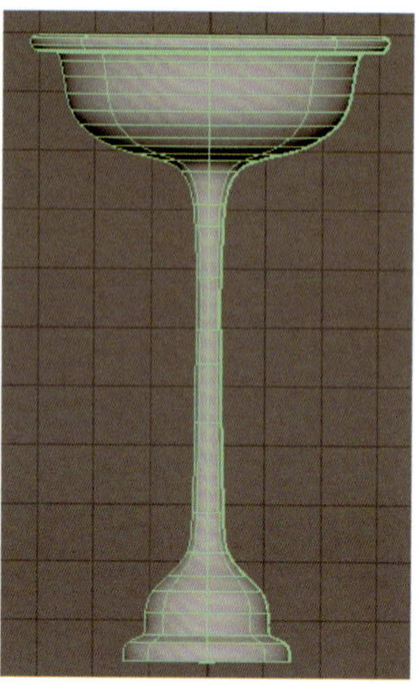
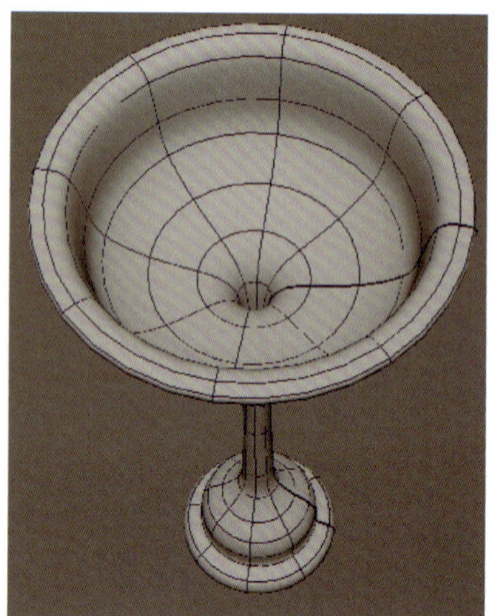

图 2-5-27　制作洗手盆 1

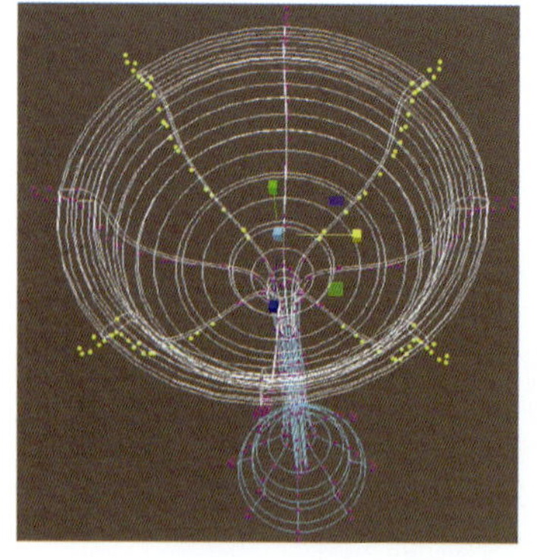
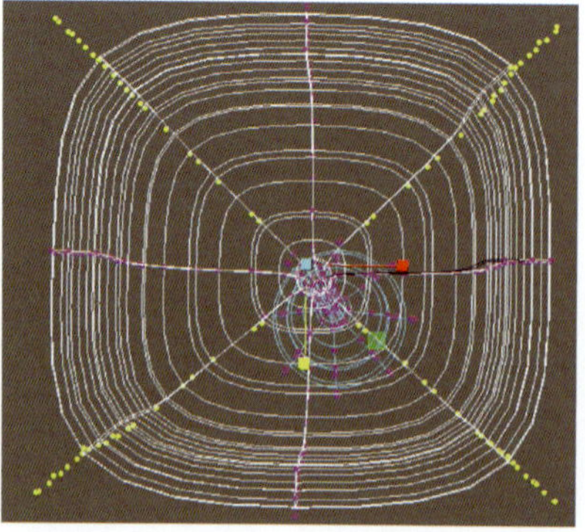
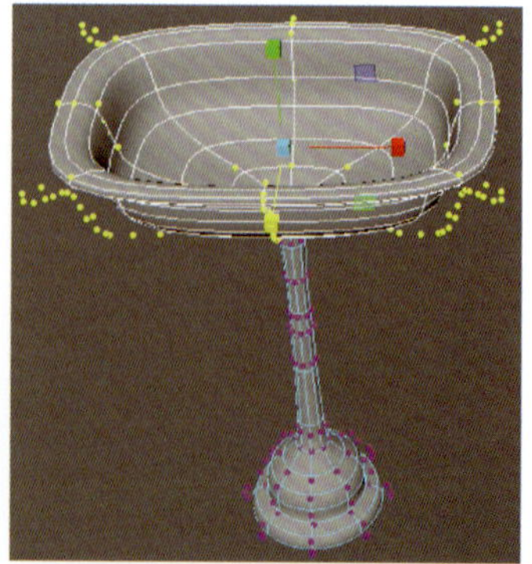

图 2-5-28　制作洗手盆 2

6. 制作水龙头

如图 2-5-29 所示，先使用“CV 曲线工具”绘制一条曲线，注意曲线上的顶点要多一些，在菜单栏选择“曲面 > 旋转”，圆柱形水龙头模型就制作完成了；选择圆柱形水龙头模型，在菜单栏选择“变形 > 非线性 > 弯曲”，激活弯曲手柄，通过拖动手柄上的三个控制点调整水龙头模型的弯曲度，最后将其放在合适位置。

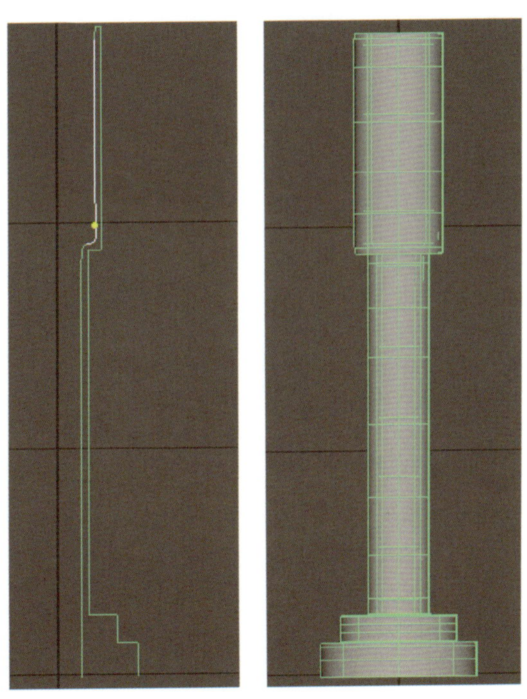

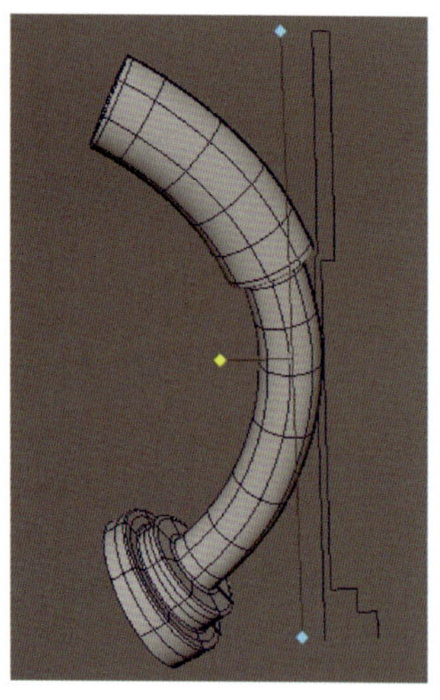
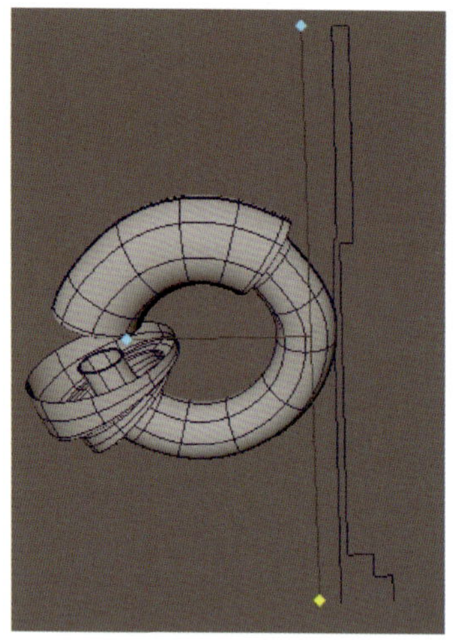
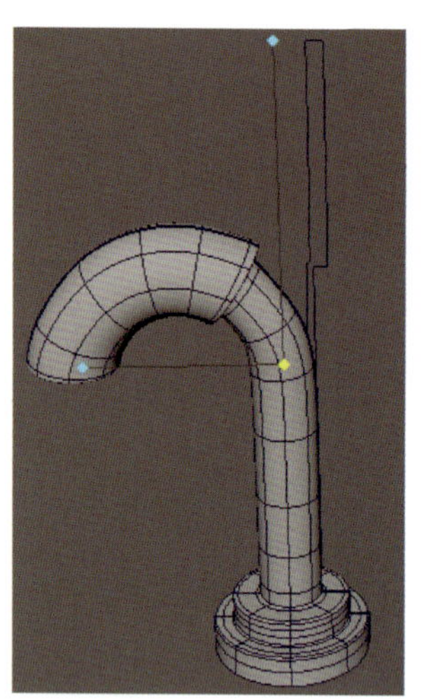
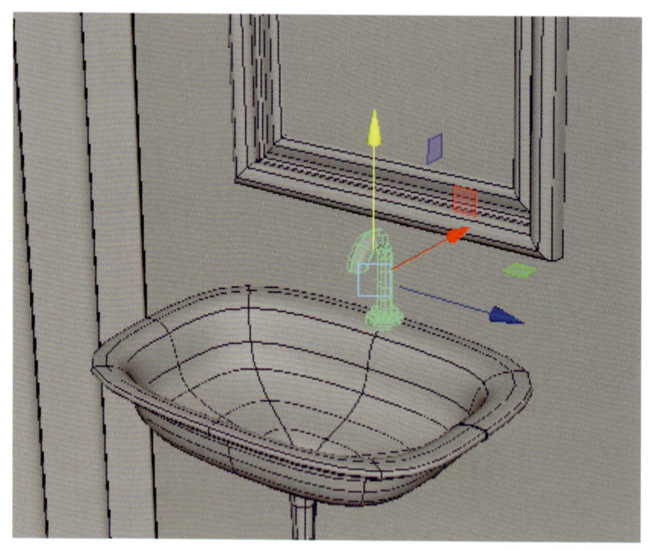

图 2-5-29　制作水龙头

7. 制作马桶

（1）使用制作洗手盆的方法制作马桶，如图 2-5-30 所示。

（2）马桶座圈和马桶盖子可以使用“倒角 +”命令进行制作，因为马桶座圈和马桶盖子的形状要能够和马桶的形状匹配上，所以绘制曲线时要参照马桶的形状和大小。可以通过调整圆环顶点的方法创建出合适的曲线。如图 2-5-31 所示，在“曲线 / 曲面”工具架上选择“NURBS 圆形”，创建一个圆环曲线，切换至控制顶点模式，参照马桶的形状和大小调整圆环的形状。

（3）复制圆环并调整其大小（复制调整好的圆环并移至其他位置，为制作马桶盖子做准备），将两个大小不同的圆环套在一起，如图 2-5-32 所示，先选择外面的圆环再加选里面的圆环，在菜单栏选择“曲面 > 倒角 +”，一个带有厚度的圆环状的马桶座圈就制作出来了，然后根据需要调整马桶座圈的厚度和开口大小。

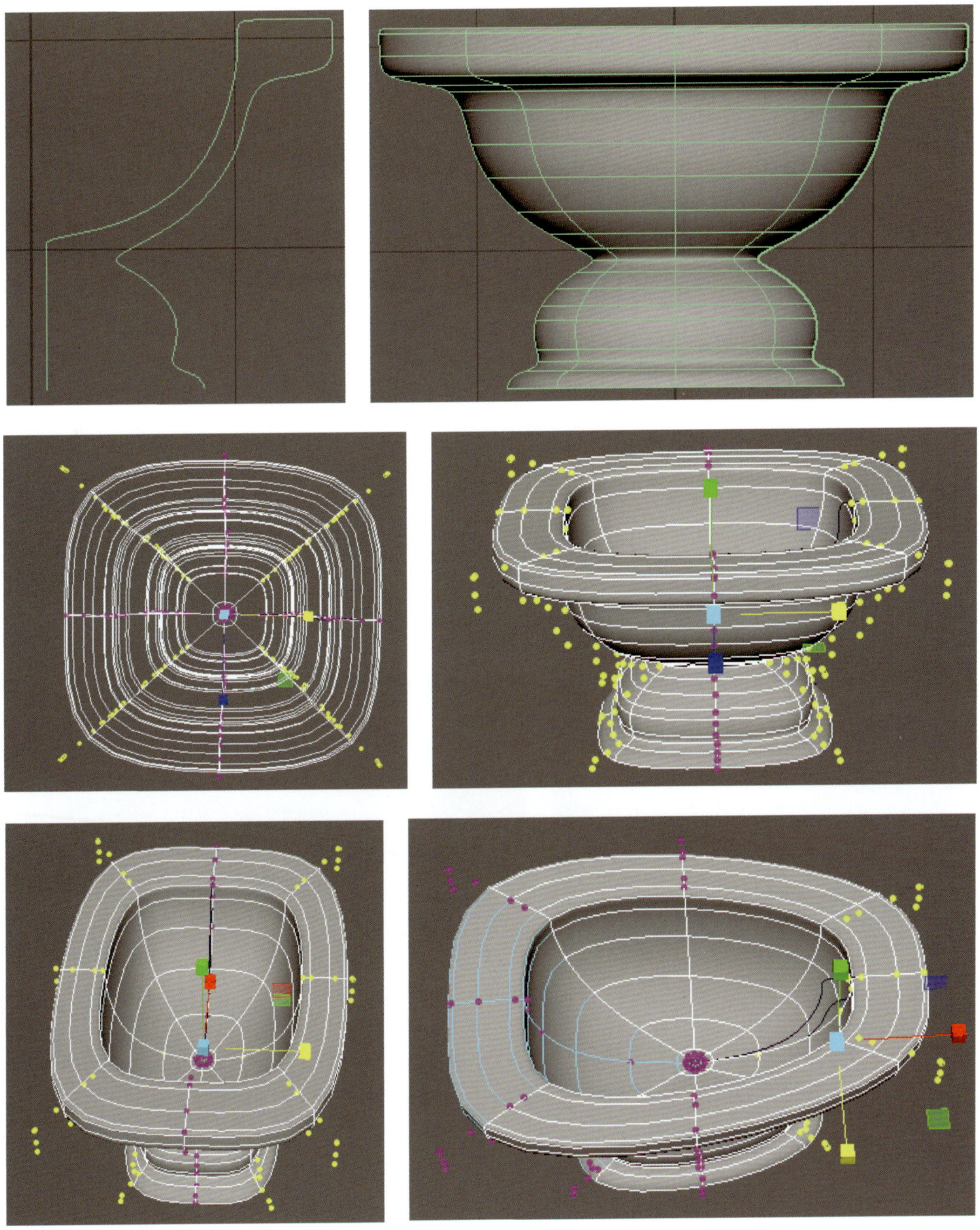

图 2-5-30　制作马桶

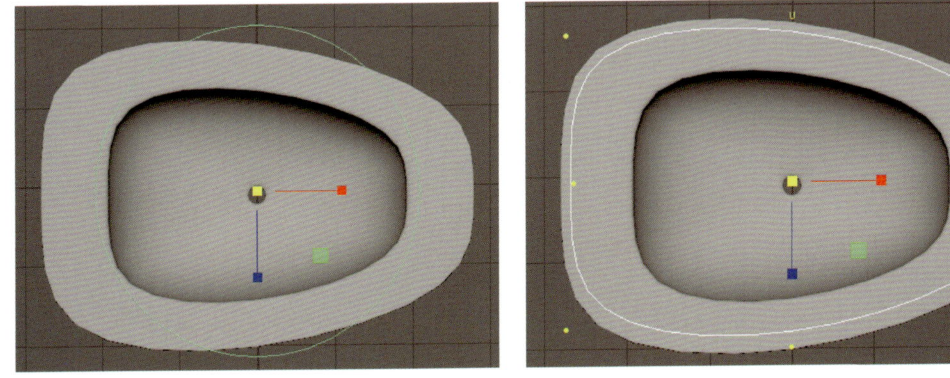

图 2-5-31　创建圆环并调整形状

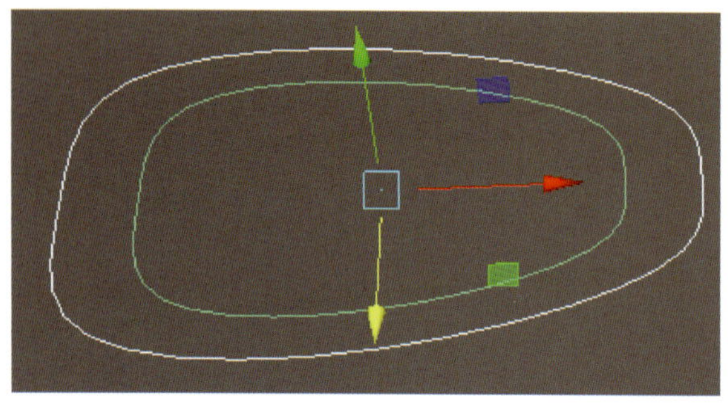
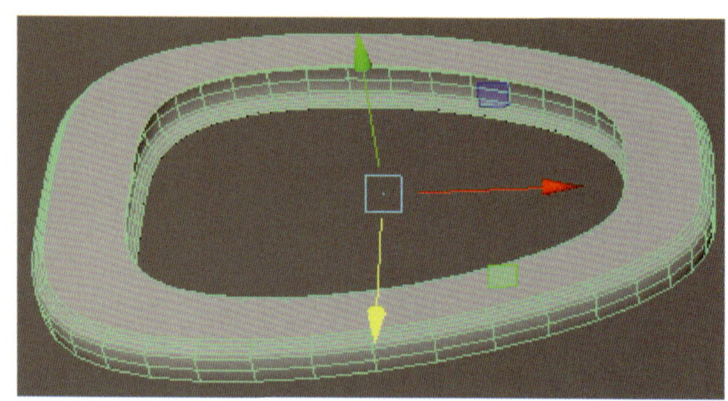

图 2-5-32　制作马桶座圈

（4）马桶盖子可以用上一步复制的圆环制作，选中这个圆环，在菜单栏选择“曲面 > 倒角 +”，就生成了一个有一定厚度且和马桶座圈形状完全匹配的平板，切换到面模式，使用“缩放工具”将这个平板底部的面进行小幅度的缩放，再使用“移动工具”向上推，从而产生一个凹槽，马桶盖子就制作出来了，如图 2-5-33 所示。

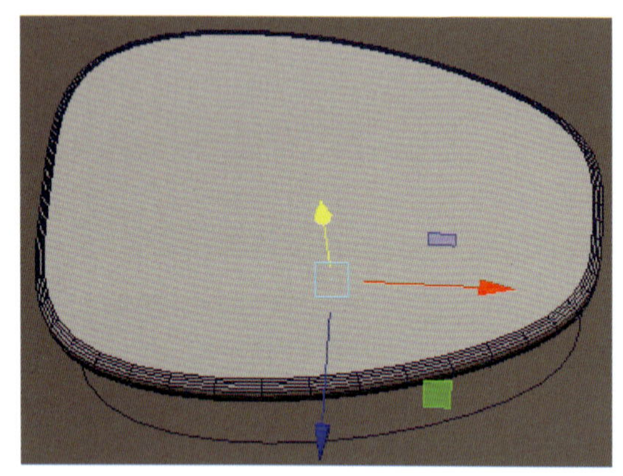
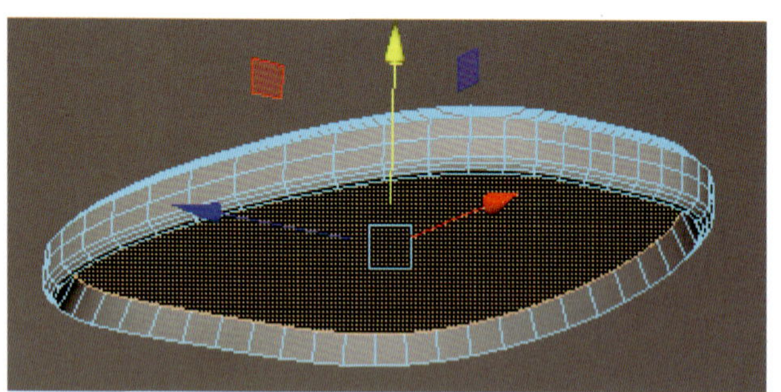

图 2-5-33　制作马桶盖子

（5）在“曲线 / 曲面”工具架上选择“NURBS 圆形”，创建一个圆环，切换到控制顶点模式，选中圆环互相对称的四个角上的顶点，使用“缩放工具”将圆环变为边角光滑的方形曲线；选中方形曲线，在菜单栏选择“曲面 > 倒角 +”，切换到面模式，选中模型顶面或底面，使用“缩放工具”改变模型面的大小，然后使用“移动工具”向上或向下拉伸模型面，马桶水箱就制作出来了。调整马桶水箱的位置、方向、大小即可。另外，马桶水箱也可以使用“旋转工具”制作。

（6）最后，将马桶的各部件组装起来即可。还可以制作马桶的水管、按钮等细节部位，让这个马桶的模型更加接近真实的马桶，如图 2-5-34 所示。

8. 调整所有物体的位置

按图 2-5-1 所示场景将所有物体模型摆放到相应的位置即可。

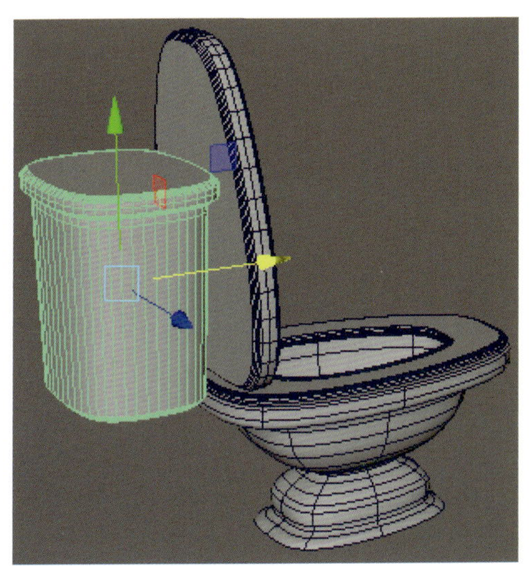
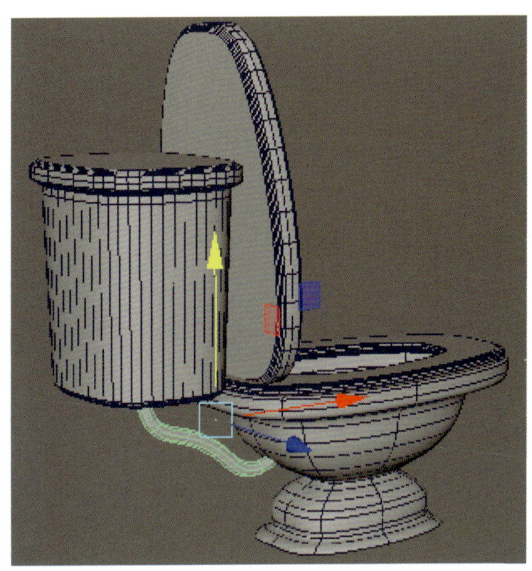

图 2-5-34 将马桶各部件组装起来

练习题

运用本任务所学知识制作一个卧室场景模型。

项目三

材质灯光渲染

在三维动画制作中，材质、灯光与渲染是赋予模型生命与真实感的关键。本项目将通过多个任务，从室内场景灯光的精细调整到复杂材质的创建与渲染，逐步讲解Maya软件自带灯光系统与Arnold渲染器的强大功能。从简单的材质赋予到复杂的纹理映射，从基础的灯光布局到高级的渲染技巧，学生通过实践操作，可深入理解如何通过材质与灯光的巧妙搭配，实现逼真的视觉效果。

任务 1　室内场景灯光制作

任务目标：

- 熟悉 Maya 软件自带的灯光系统和 Arnold 灯光系统。
- 通过室内场景灯光制作案例，学习调整灯光属性的方法。
- 学习不同类型的光源的使用方法。

任务引入

使用 Maya 软件自带灯光系统和 Arnold 灯光系统制作图 3-1-1 所示的室内场景。

图 3-1-1　室内场景灯光渲染效果图

相关知识

一、灯光系统

使用 Maya 软件制作动画时，灯光是塑造生动、逼真的三维场景的关键要素之一。它不仅能够为场景增添现实感，还能巧妙地创造氛围并突出重要细节。Maya 软件内置了丰富多样的灯光类型，使得用户能够根据场景需求灵活选择。在动画制作过程中，用户还可使用 Arnold 灯光系统，从而实现精准而富有艺术感的照明效果。

图 3-1-2 所示为 Maya 软件自带的灯光系统。该系统中包含了多种基础且实用的灯光类型，如点光源、平行光、聚光灯等，它们各自具有独特的照明特性和应用场景。通过这些灯光类型的组合使用与调整，可以初步构建场景的基本照明框架。

图 3-1-3 所示为 Maya 软件中默认集成的 Arnold 渲染器的灯光系统（简称 Arnold 灯光系统）。Arnold 是 Maya 软件中集成的高级渲染系统，它基于物理算法，提供真实的光照和材质效果，有自己的材质和着色器，使用它能方便调整出绝大多数的材质效果。该系统可增强灯光渲染的真实感和细腻度。Arnold 灯光系统中包含 Area Light（区域光）、Skydome Light（天空光）等类型灯光，使用该

灯光系统时可以深入调整灯光的强度、颜色、衰减、阴影等属性，甚至可以模拟复杂的物理现象，如次表面散射、全局光照和体积渲染等。

图 3-1-2　Maya 软件自带的灯光系统

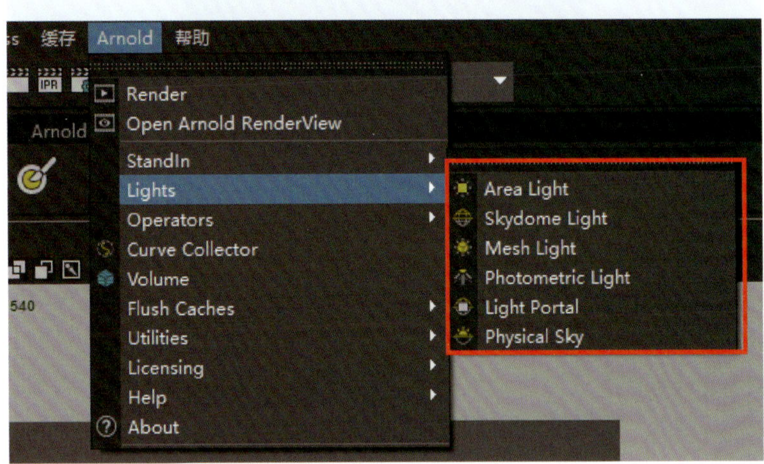

图 3-1-3　Arnold 渲染器的灯光系统

二、渲染

使用 Maya 软件制作动画场景时，为了展现灯光效果，渲染过程是必不可少的。渲染是将三维场景中的几何体、纹理、灯光、阴影等信息通过计算转换成二维图像的过程。这个过程是三维动画制作中非常关键的环节，因为它直接决定了最终作品的视觉效果和质量。

1. 渲染器的类型

Maya 软件提供了多种渲染器，每种渲染器都有其特定的优势和适用场景。本教材主要以 Maya 软件自带渲染器以及 Arnold 渲染器为主进行讲解。

（1）Maya 软件自带渲染器。Maya 软件自带渲染器适用于简单的场景渲染和预览渲染。它具有易用性和兼容性好的特点，但在处理复杂场景时或在对渲染质量要求较高时可能会出现性能不足的情况。

（2）Arnold 渲染器。Arnold 渲染器是一款较为先进的渲染器，以高质量和高效性而闻名。它支持多种材质和灯光类型，能够产生逼真的渲染效果。Arnold 渲染器在 Maya 软件中得到了广泛应用，特别是在影视动画和视觉效果制作领域。

2. 渲染方法

动画场景制作完成后，可在菜单栏选择“Arnold>Open Arnold RenderView”，打开 Arnold 的渲染视图窗口，如图 3-1-4 所示；也可以单击状态行中的“渲染当前帧”图标，打开渲染视图窗口。

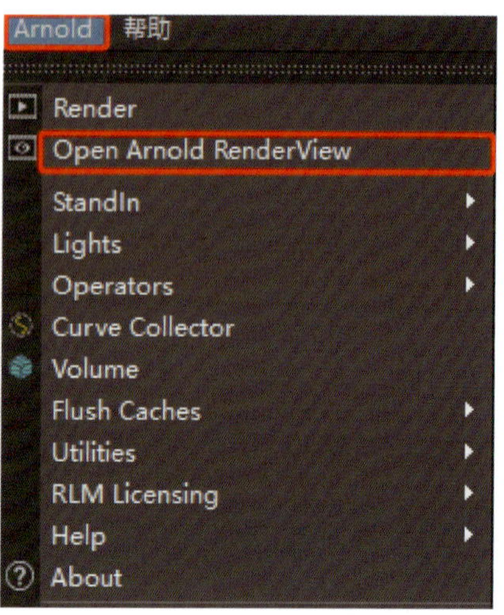

图 3-1-4　Arnold 渲染视图窗口打开方式

三、不同类型灯光的创建及编辑

1. 点光源的创建及编辑

在菜单栏选择“创建 > 灯光 > 点光源”，即可创建点光源。点光源主要用于模拟单点向外发散的光，如灯泡、蜡烛等，如图 3-1-5 所示。

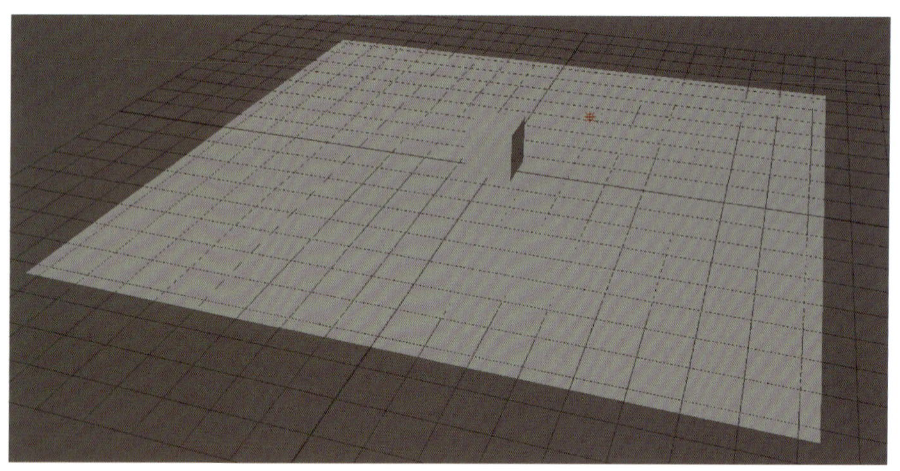

图 3-1-5　点光源的创建

点光源创建完成后，单击“渲染当前帧”图标，在渲染视图窗口中能看到亮度微弱的点光源，如图 3-1-6 所示。

关闭渲染视图窗口，选中灯光，按“Ctrl+A”快捷键打开光源的属性编辑器，即可对光源颜色、强度等进行调整，如图 3-1-7、图 3-1-8 所示。

在属性编辑器“Arnold”卷展栏下，也可以编辑光源的各种属性。例如，在“Arnold”卷展栏下勾选“Use Color Temperature”（使用色温），可调整光源的色温，如图 3-1-9 所示；调整“Radius”（半径）的值，可调整光源的半径，如图 3-1-10 所示。

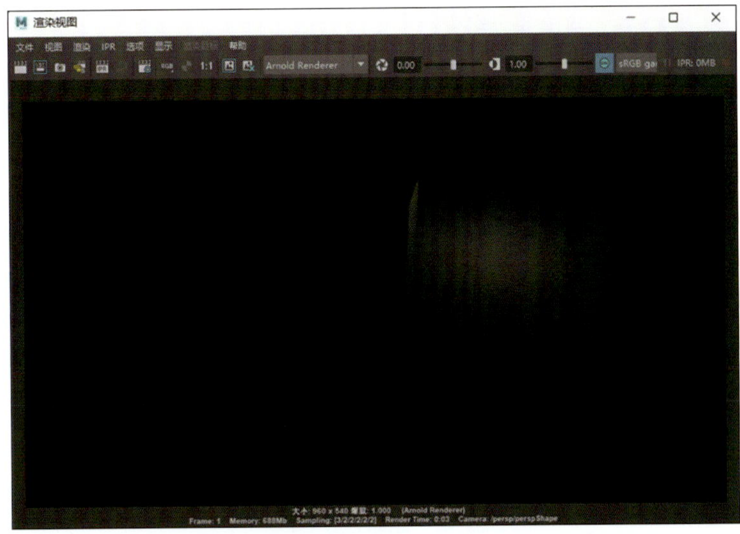

图 3-1-6　初步渲染效果

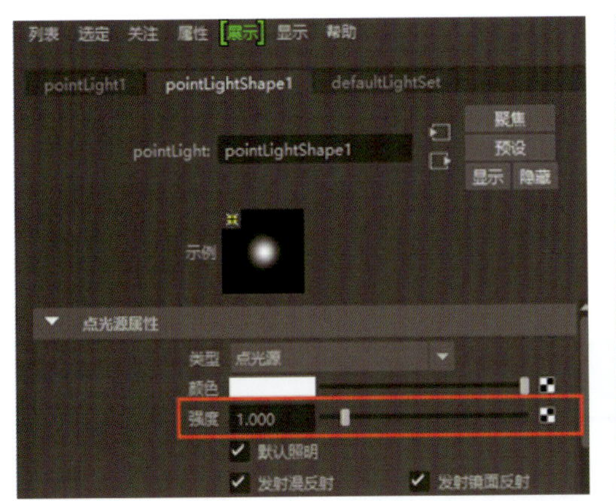

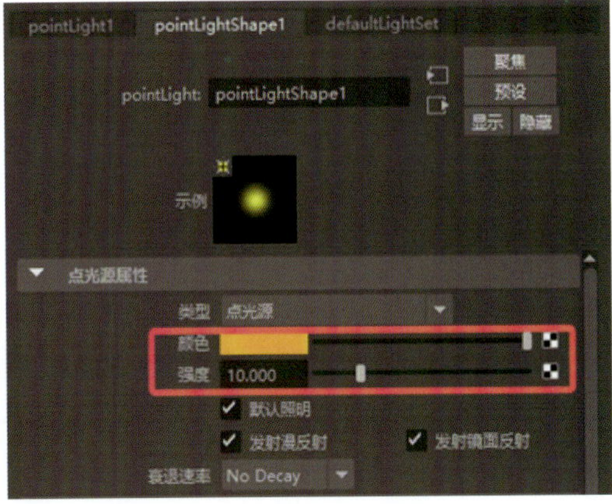

图 3-1-7　调整光源强度和颜色

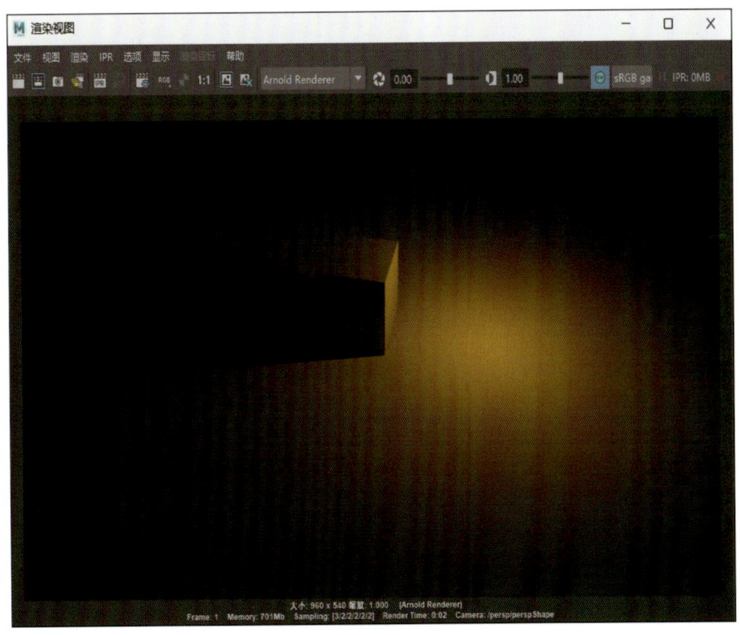

图 3-1-8　光源调整后渲染效果

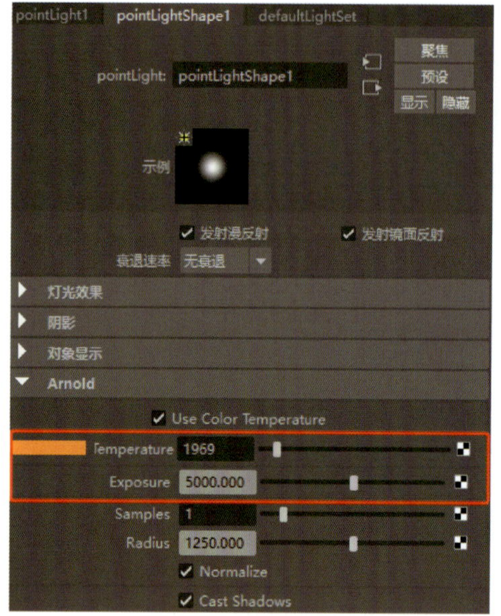

图 3-1-9　调整光源色温

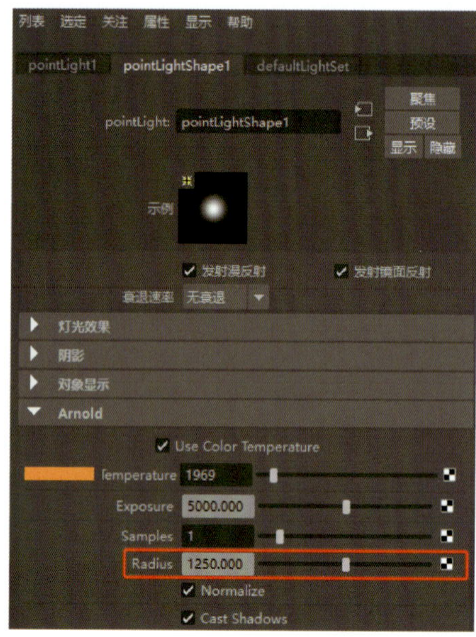

图 3-1-10　调整光源半径

另外，在属性编辑器中，还可以将点光源修改为其他类型光源，如图 3-1-11 所示。在“类型”下拉菜单中，光源名称以 Ai 开头的是 Arnold 光源，这些光源下面的是 Maya 软件自带光源。

2. 区域光的创建及编辑

在菜单栏选择“创建 > 灯光 > 区域光”，即可创建区域光。区域光创建后，中间有一条线，线的方向就是光照的方向，在光源创建时可根据需要调整其方向，如图 3-1-12 所示。

区域光的光照颜色、强度的调整方法与点光源的类似。可单击状态行中的“IPR 渲染当前帧”图标，打开实时渲染窗口，在菜单栏选择“渲染器 >Arnold Renderer”，通过调整属性值随时观察光源变化情况，如图 3-1-13 所示。

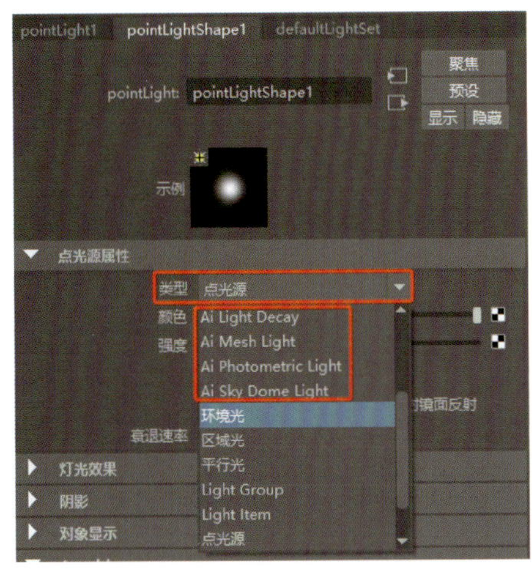

图 3-1-11　光源类型修改以及区域光

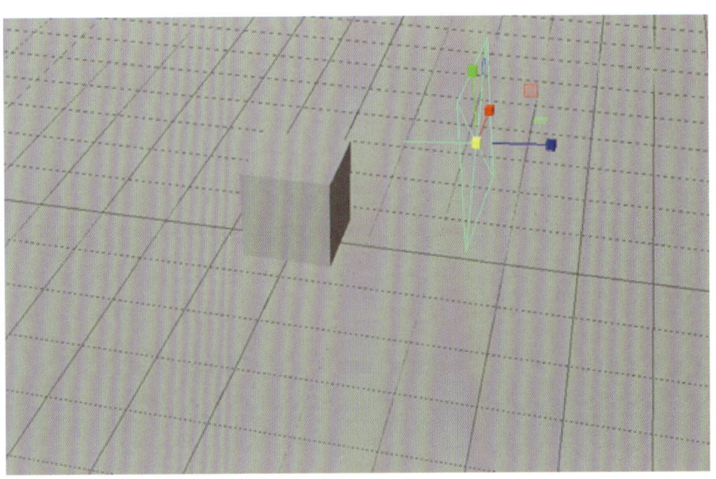
图 3-1-12　区域光

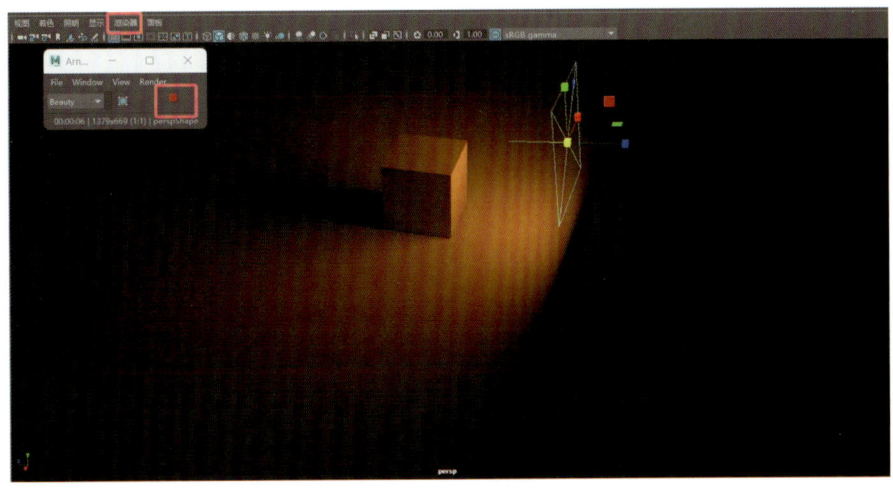
图 3-1-13　实时渲染

在“Arnold”卷展栏下有一个名为“Normalize”（标准化）的参数，系统默认该参数复选框处于勾选状态，如勾选其复选框，则意味着灯光强弱与灯光面积无关（在真实的物理世界，灯光面积越大，灯光强度越大），在场景制作时，可通过该参数调整光源面积。图 3-1-14 所示为该参数复选框勾选和未勾选状态下区域光面积对比（左图：勾选；右图：未勾选）。

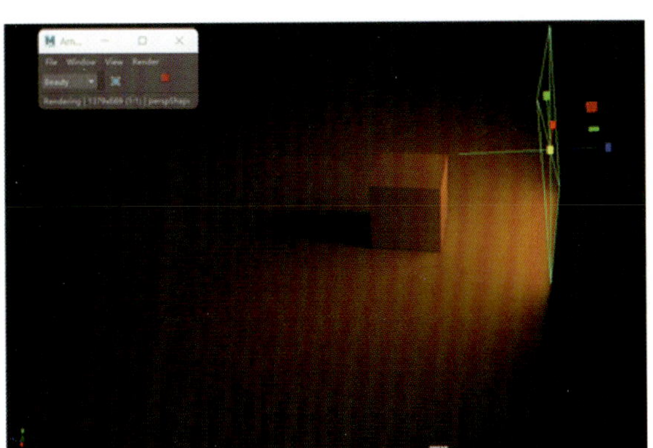

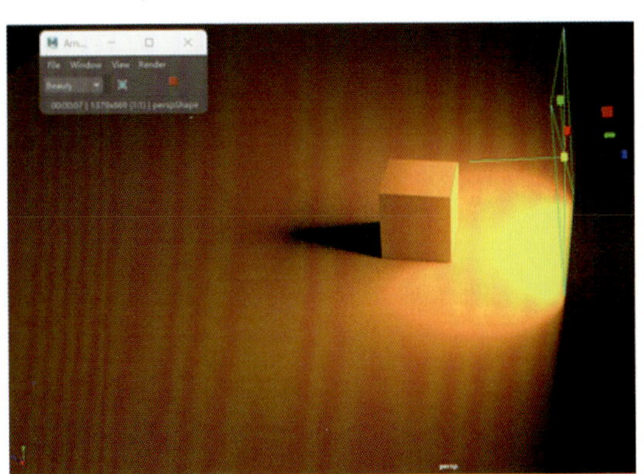

图 3-1-14　区域光面积对比

3. 平行光的创建及编辑

平行光是一种具有明确方向的光源类型，主要用于模拟来自无限远处的光，如太阳光或月光。在菜单栏选择“创建 > 灯光 > 平行光”，即可创建平行光。

平行光的属性仅与光的照射方向有关，对光源进行放大、缩小或位置上的调整，均不会影响其照明效果。平行光具有明确的方向性限制，但不受特定区域的限制，图 3-1-15 所示为改变平行光照射方向的前后效果对比。

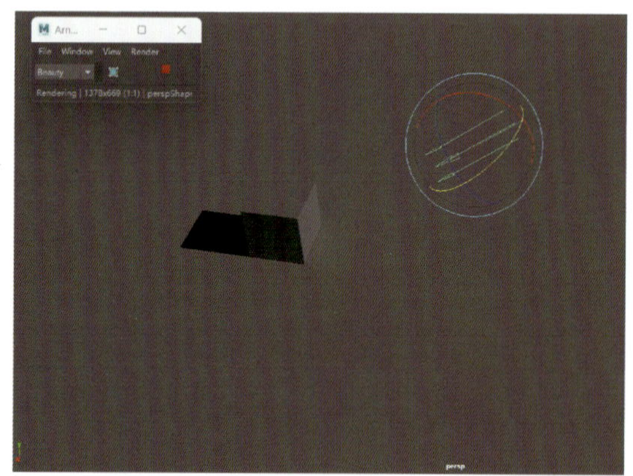

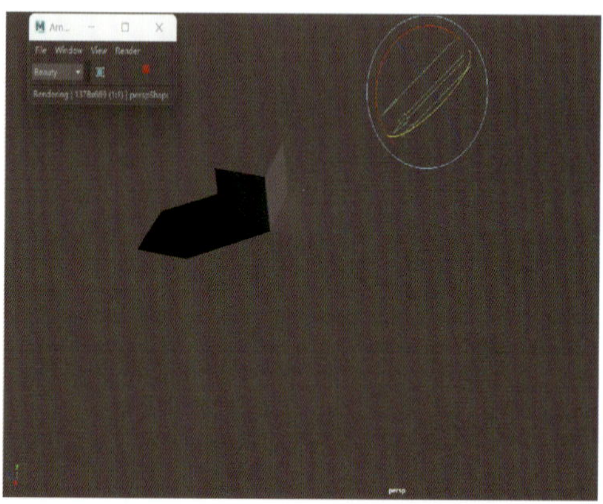

图 3-1-15　改变平行光照射方向的前后效果对比

4. Arnold Area Light（Arnold 区域光）的创建及编辑

在菜单栏选择“Arnold>Lights>Area Light”，即可创建 Arnold 区域光（也称 Arnold 面光）。虽然 Arnold 区域光和 Maya 软件自带区域光类似，但也有不同之处。在前边区域光创建的基础上，在属性编辑器中，将区域光修改为 Aiarealight，可以看到 Arnold 区域光和 Maya 软件自带区域光的卷展栏略有不同。

卷展栏中的“Spread”（扩散）表示从光源投射出来的光线的聚集程度，该参数默认值为“1”，扩展光线的方向为 180°。图 3-1-16 所示为“Spread”为“0”时的渲染效果图。

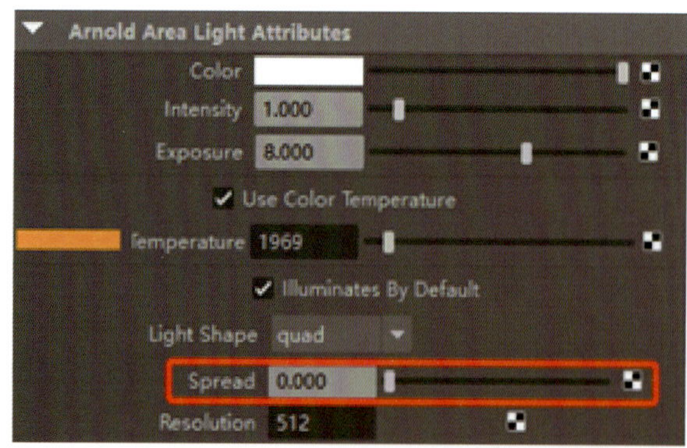

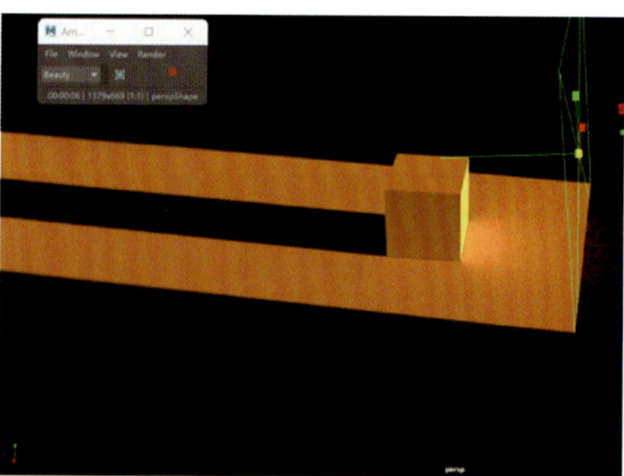

图 3-1-16　“Spread”为“0”时的渲染效果

卷展栏中的“Soft Edge”（软化边）表示灯光边缘的模糊程度，即灯光的衰减程度。该参数默认值为“1”，此时其边缘最硬，如图 3-1-17 所示。该参数值越小，边缘越模糊。

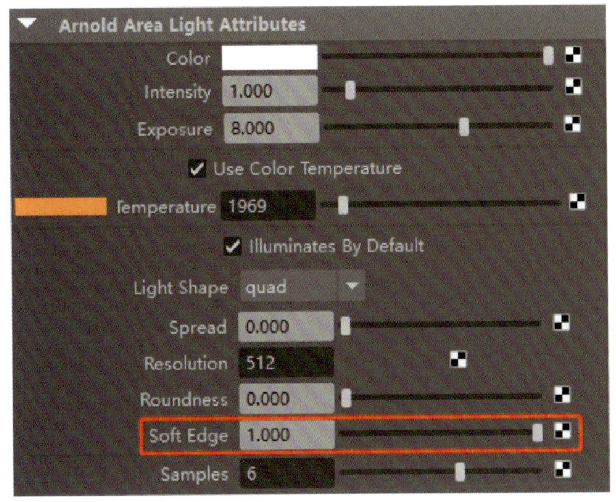

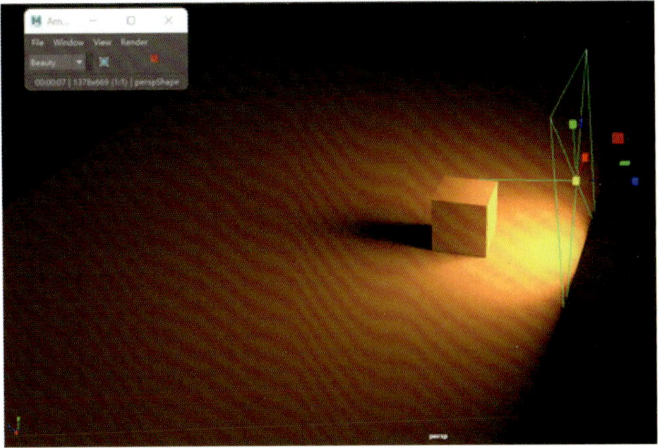

图 3-1-17　“Soft Edge”为“1”时的渲染效果

5. Arnold 环境光的创建及编辑

Arnold 灯光系统提供了多种环境光创建方式，其中最常见的是使用 Skydome Light 或 HDRI 贴图。

（1）Skydome Light。在菜单栏选择“Arnold>Lights>Skydome Light”，即可创建 Skydome Light，如图 3-1-18 所示，光源创建之后场景会被一个球体包裹。图 3-1-19 所示为 Skydome Light 默认状态下场景渲染效果。光源创建完成后，可在属性编辑器中修改相关参数来调整灯光效果。

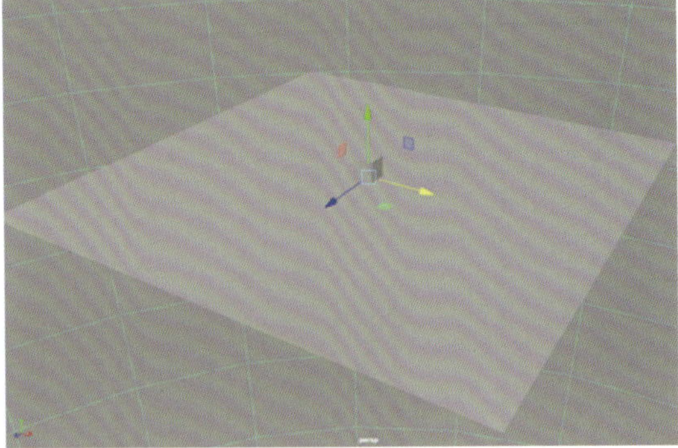

图 3-1-18　创建 Skydome Light

图 3-1-19　Skydome Light 默认状态下场景渲染效果

（2）HDRI 贴图。HDR 贴图是一种用于在计算机图形学中模拟真实世界光照效果的技术，能记录更广泛的亮度和颜色范围，并将信息传递给场景。若使用 HDRI 贴图作为环境光，可以将 HDRI 贴图加载到 Skydome Light 的背景贴图属性中，然后调整贴图的分辨率和映射方式以获得最佳效果。

下面以前边创建的 Skydome Light 为基础讲解 HDRI 贴图方法。如图 3-1-20 所示，单击“Color”后面的棋盘格图标，在弹出的窗口中选择文件，然后在属性编辑器中，单击“文件属性”卷展栏中“图像名称”后的文件夹图标，打开 HDRI 文件，最后在材质编辑器中调整 HDRI 贴图的属性，最终效果如图 3-1-21 所示。

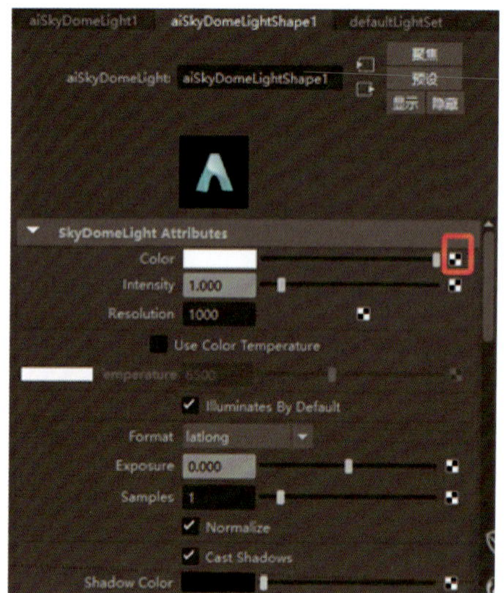

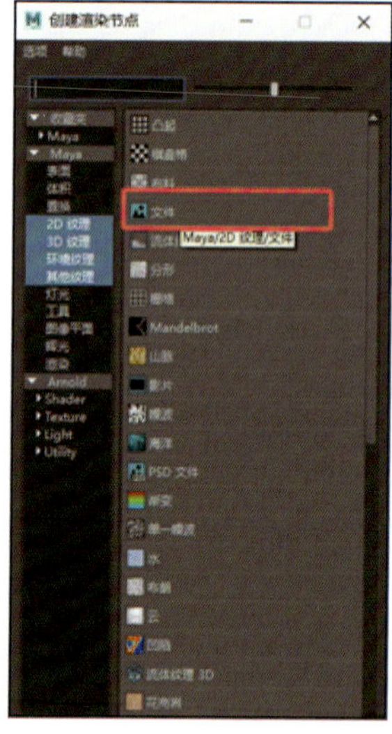

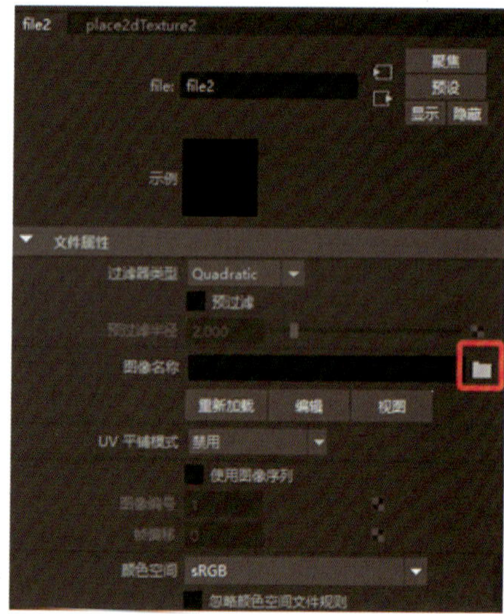

图 3-1-20　HDRI 贴图步骤

图 3-1-21　HDRI 贴图渲染效果

四、灯光调整注意事项

（1）光照的颜色和强度一定要符合预期的设定，色温调整要符合场景氛围，不要出现色彩不协调的情况。

（2）不同类型的灯光用来模拟不同的光源，制作的时候要选择合适的灯光类型，如不能用点光源来模拟太阳光。

（3）要根据实际情况调整区域光的 Normalize、Spread、Roundness（粗糙度）和 Soft Edge 等参数，使得光照效果符合预期。

（4）一个场景中经常运用到不同类型的灯光，它们之间的强度、颜色、阴影等属性一定要相互协调、主次分明。

任务实施

1. 导入场景

在菜单栏选择“文件 > 打开场景”，选择本书配套素材“小球灯光 .mb”，导入室内场景，如图 3-1-22 所示。

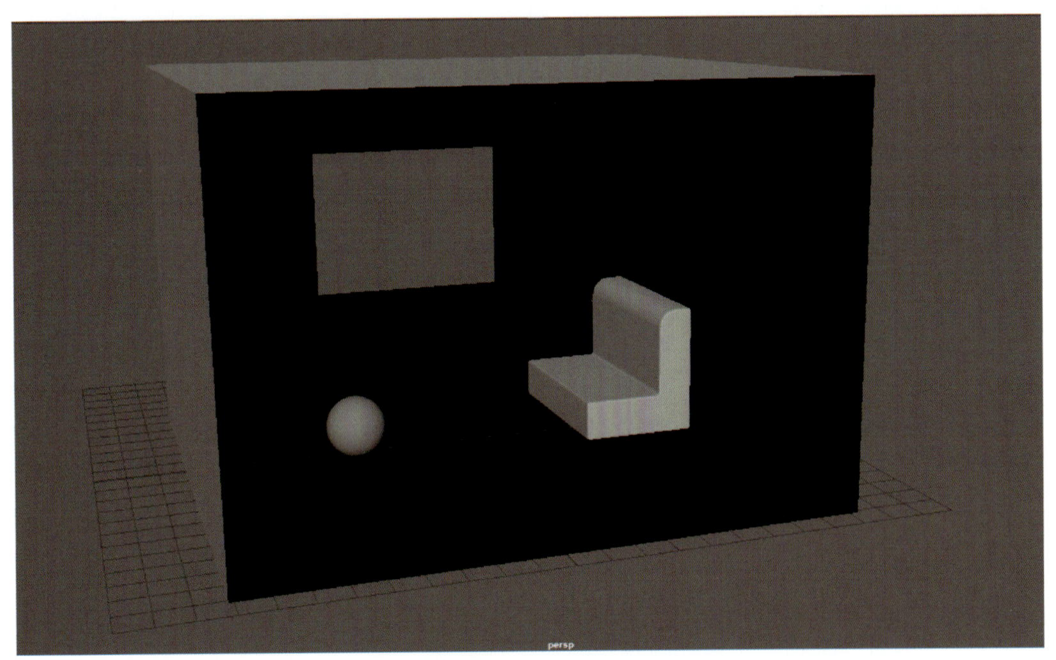

图 3-1-22　导入室内场景

2. 材质赋予

分别选中球体和沙发，右击，在弹出的菜单中选择“指定现有材质 >aiStandardSurface1”，如图 3-1-23 所示。然后单击“分辨率门”图标，视图窗口框出来的区域就是渲染区域，如图 3-1-24 所示。

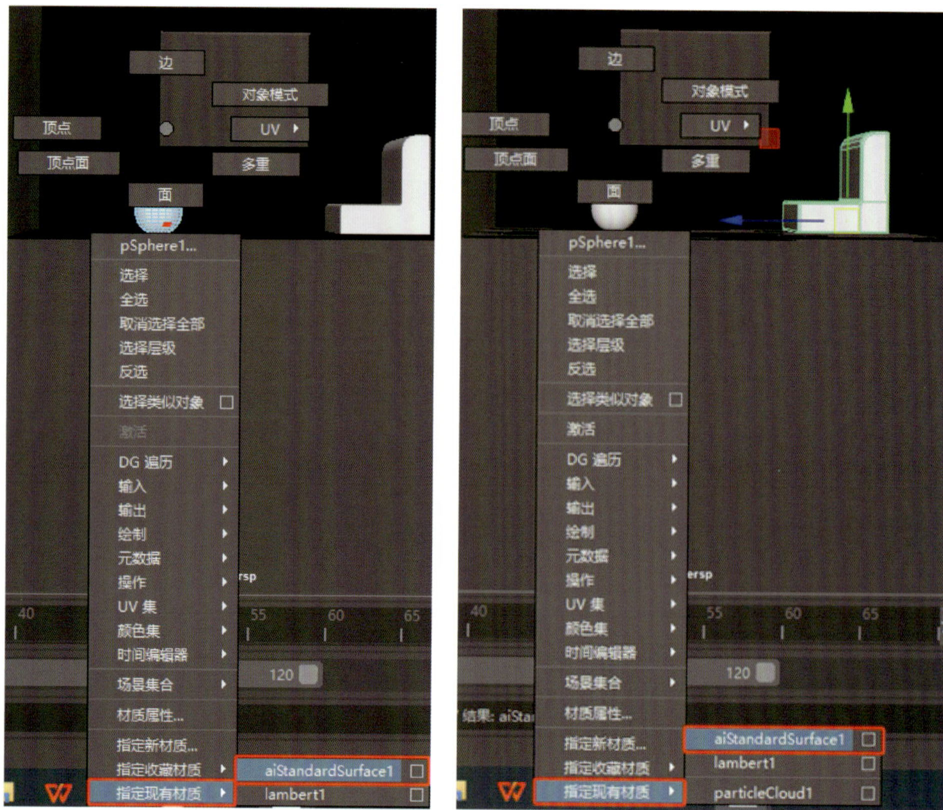

图 3-1-23　材质赋予

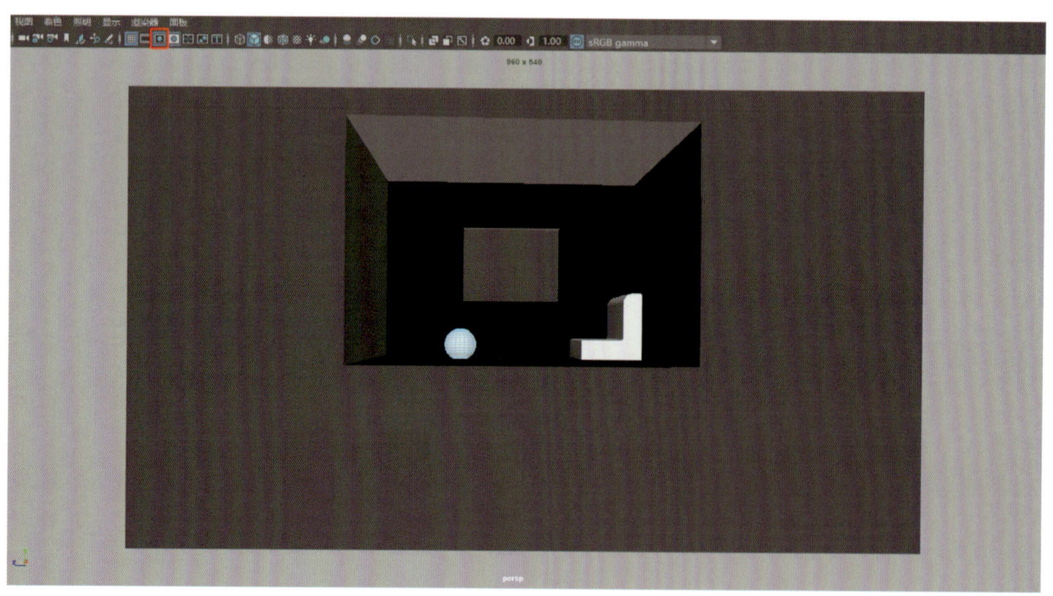

图 3-1-24　渲染区域

3. 创建平行光

为确保灯光可穿过窗户，可在场景中创建平行光以模拟太阳光从窗户照射进房间的效果。在菜单栏选择“创建 > 灯光 > 平行光”，在工作区菜单栏选择“面板 > 沿选定对象观看”，如图 3-1-25 所示，查看光线照射位置，调整灯光角度，使光线能够照射到沙发的边缘。

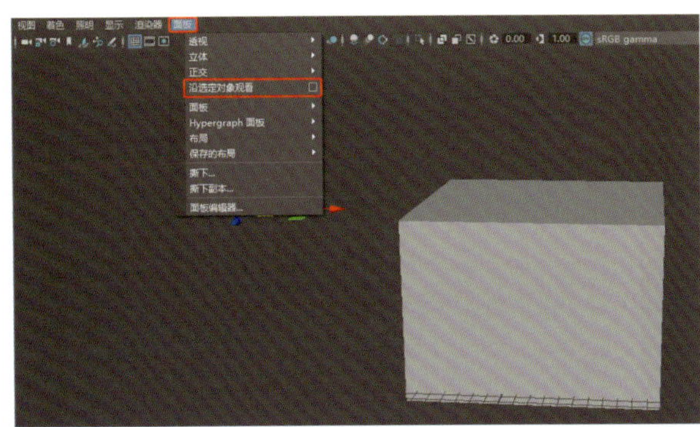

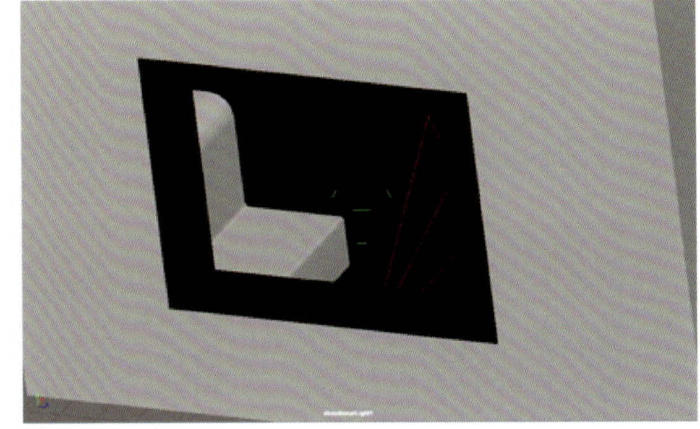

图 3-1-25　创建平行光并调整灯光角度

在属性编辑器中对各项参数进行调整，单击“渲染当前帧”图标，即可查看渲染效果，如图 3-1-26 所示。需要注意，需要勾选“Normalize”前的复选框才能显示灯光效果。

图 3-1-26　调整平行光参数及渲染效果

4. 创建补光

为了模拟真实光线经过多次反射的效果，并让光照显得更加自然，可在窗口位置增加一盏区域光，作为平行光的补充。区域光沿特定方向投射，并带有衰减特性，非常适合用作补光。如图 3-1-27 所示，在菜单栏选择“Arnold > Lights > Area Light”，使用“旋转工具”调整区域光的透射方向，最后调整区域光的色温和曝光度等参数。

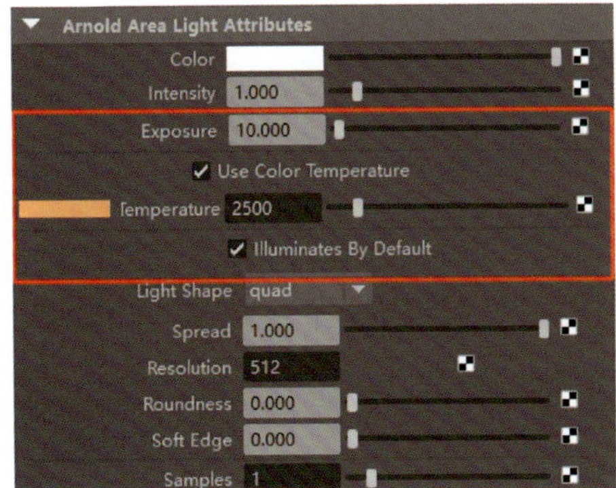

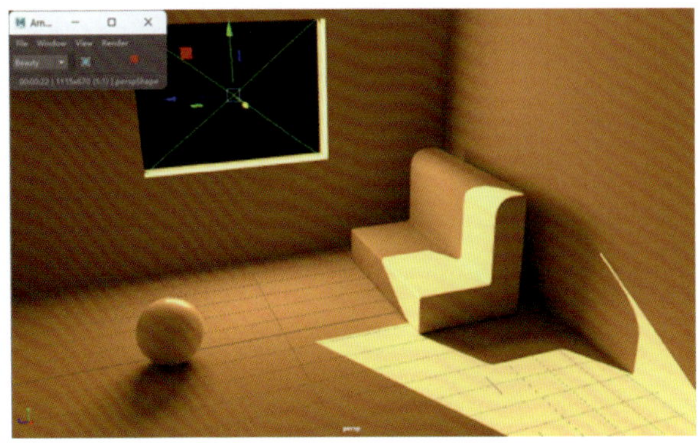

图 3-1-27　增加一盏区域光及渲染效果

5. 创建窗口辉光

复制区域光并在水平方向将其旋转 180°，然后调整其位置，使其贴近窗口，最后调整曝光度等，使窗口处产生一定的辉光效果，如图 3-1-28、图 3-1-29 所示。

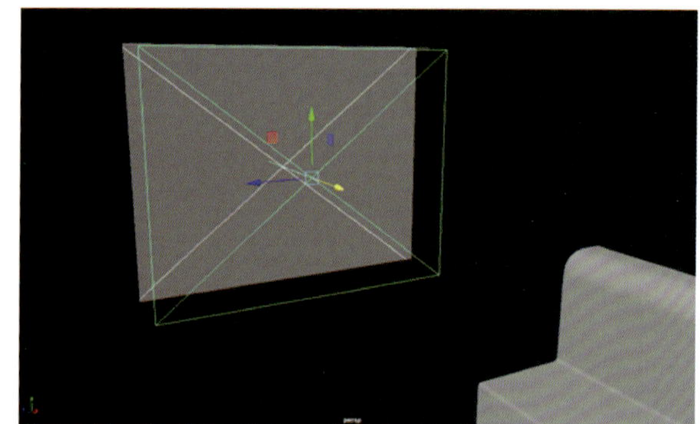

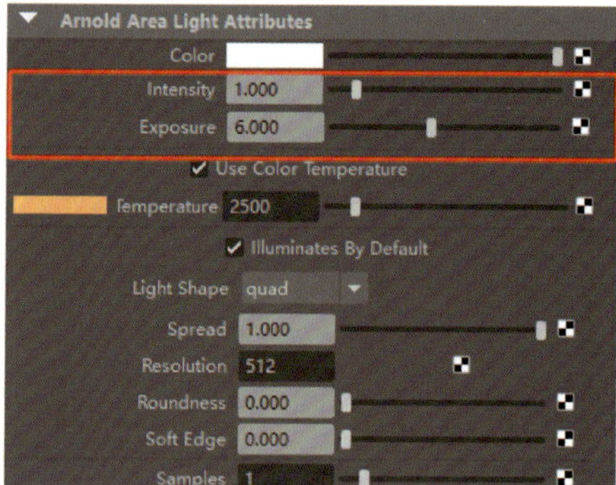

图 3-1-28　创建窗口辉光

图 3-1-29　创建窗口辉光后渲染效果

6. 创建地面补光

从整体照明效果来看，室内光线略显不足，因此可在地面上创建区域光作为补充光源，以增强室内光线的真实感和舒适度，如图 3-1-30 所示。

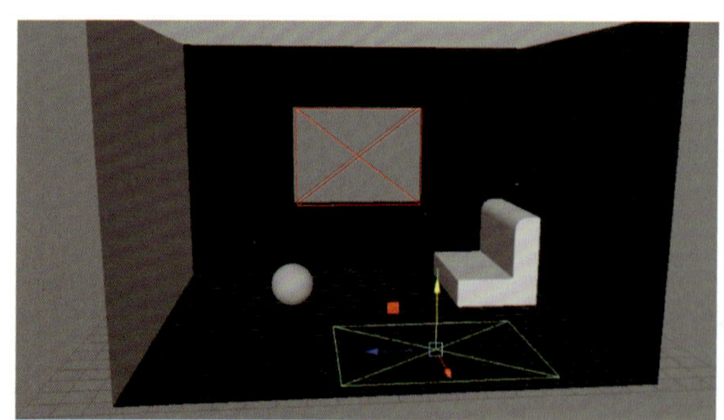

图 3-1-30　在地面上创建区域光及渲染效果

练习题

运用本任务所学知识制作月光下的卧室场景。

任务 2　玻璃杯渲染制作

任务目标：

- 了解 Maya 软件的材质及其类型，以及不同材质的适用对象。
- 熟悉 Hypershade 窗口及其使用方法。
- 掌握在渲染进程中灵活调整面光角度、强度等的方法。
- 学会通过调整 Arnold 标准材质的透射属性，实现玻璃材质多样化的透明效果。
- 通过玻璃杯的实例制作，能举一反三地做好一系列透明物体的渲染效果处理工作。

任务引入

使用 Arnold 材质进行图 3-2-1 所示以玻璃杯为主体的静物组合的制作和渲染。

图 3-2-1　静物组合渲染效果图

相关知识

在三维动画制作中，材质赋予不仅是创造场景真实感的关键，还是塑造动画风格、增强视觉表现力的重要手段。材质能够赋予三维模型真实的外观属性，如颜色、纹理、光滑度、透明度、反射率、折射率等。这些属性使得三维模型在视觉上更加接近现实世界中的物体，从而增强场景的真实感。

一、材质

材质是模拟物体表面外观特性的属性集合，它决定了模型在渲染时的颜色、纹理、光泽和反射效果等。

1. 材质类型

Maya 软件提供了多种材质类型以及灵活的材质赋予方法，以满足不同的渲染需求。材质包括 Lambert、Blinn、Phong 等基本材质和高级材质，如图 3-2-2 所示。

图 3-2-2　Lambert、Blinn、Phong 的默认效果图

（1）Lambert。Lambert 是最简单的着色模型，不包含任何镜面属性，不反映周围环境，适用于创建天然材质，如岩石、木材、砖等。

（2）Blinn。Blinn 类似于 Lambert，但增加了高光效果，适用于制作具有高光的一些物体，如金属、人体皮肤等，具有高质量的镜面高光效果。

（3）Phong。Phong 是更高级的着色模型，能够模拟复杂的高光和反射效果，适用于制作湿滑、表面光泽的物体，如玻璃、水等。

（4）高级材质。Maya 软件除了提供上述基本材质外，还支持多种高级材质和特效的创建，如体积材质、置换材质、层叠材质等。这些高级材质和特效可以通过 Hypershade 窗口进行创建和编辑，以满足更复杂的渲染需求。

2. 基本材质赋予的方法

方法一：选中对象，右击，在热盒的菜单中选择图 3-2-3 中的几个选项，即可为对象赋予材质并对材质属性进行简单编辑。使用 Maya 软件建模时，新创建的对象的默认材质是 Lambert。

方法二：选中对象，单击“渲染”工具架上的材质图标，即可为对象赋予基本材质，如图 3-2-4 所示。

3. 材质属性的编辑方法

使用 Maya 软件创建场景时，材质的属性大多时候在属性编辑器中即可修改，如需复杂修改，可在 Hypershade 窗口中进行修改。

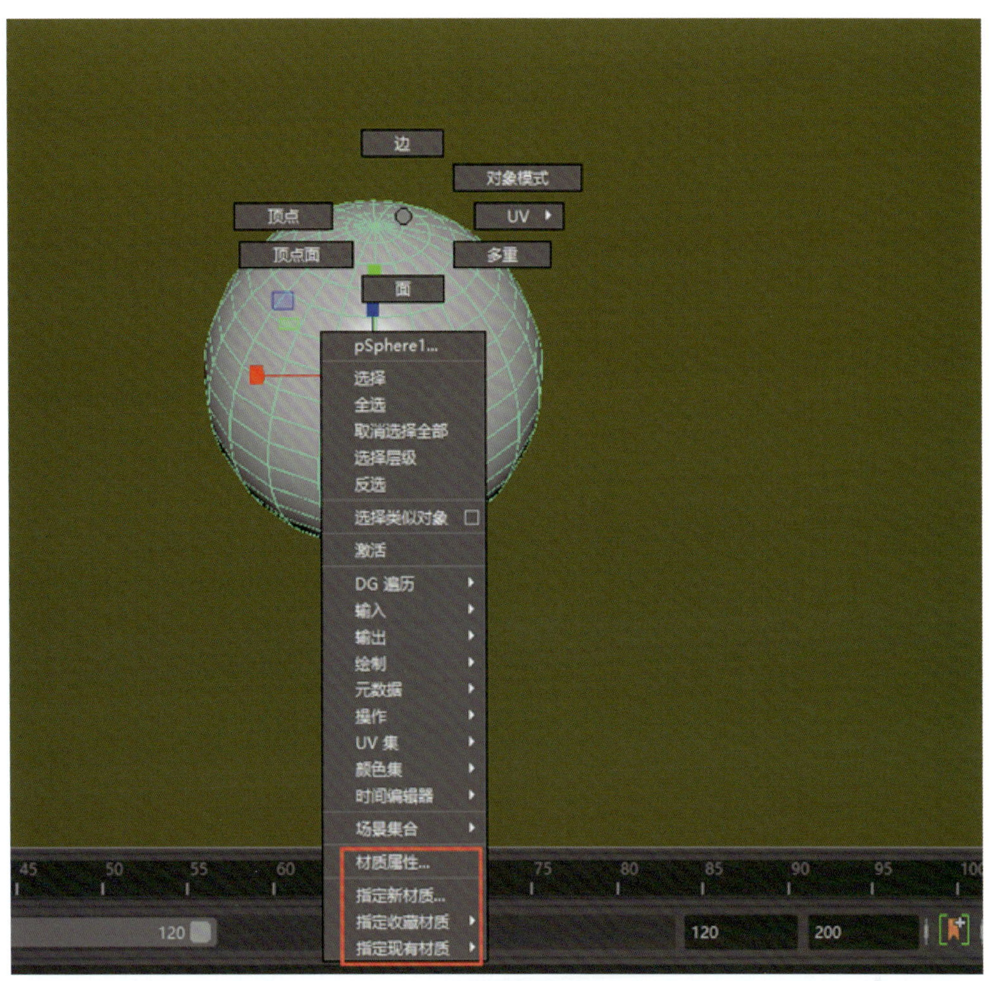

图 3-2-3　基本材质的赋予方法

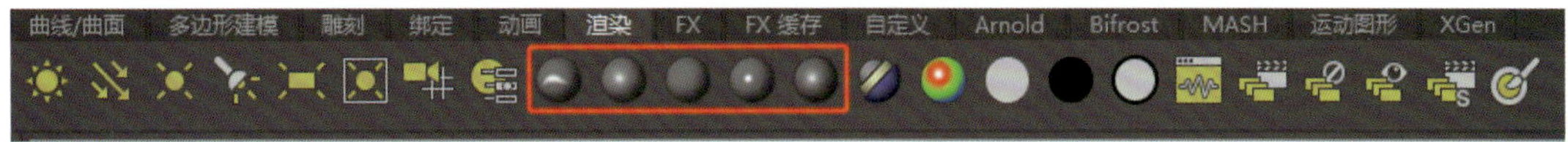

图 3-2-4　“渲染”工具架上的材质图标

二、纹理

1. 纹理的概念和类型

材质定义了物体表面的基础属性及其与光线的交互方式，而纹理则赋予了物体表面精细的图案与细节特征。在三维模型渲染过程中，材质与纹理相辅相成，共同塑造物体表面的整体视觉效果。

在 Maya 软件中，纹理可以根据其来源和应用方式分为两大类：程序纹理（Procedural Textures）和文件纹理（Image Textures）。程序纹理是由算法生成的纹理，不依赖于外部图像文件。文件纹理是基于图像文件的纹理，它们可以是位图或矢量图，通常具有更丰富的细节和更强的真实感。Maya 软件中集成了大量的程序纹理，如图 3-2-5 所示。

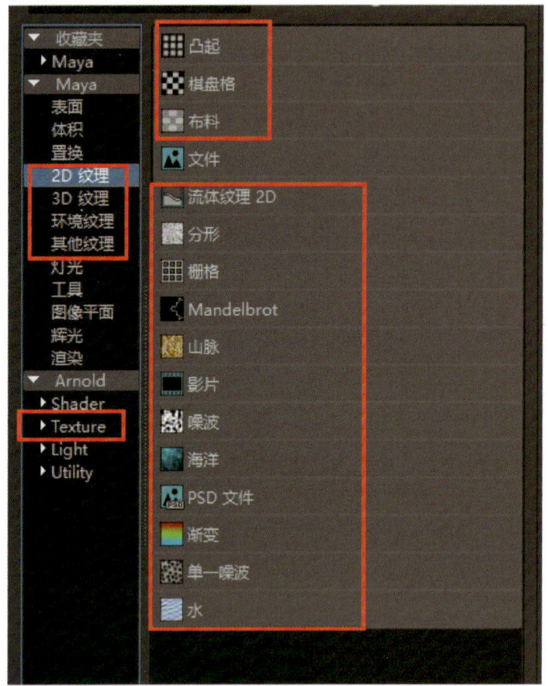

图 3-2-5 程序纹理节点

2. 纹理的创建与编辑

在 Maya 软件中，选中对象，在属性编辑器“公共材质属性”卷展栏下单击“颜色”参数后的棋盘格图标，即可打开“创建渲染节点”窗口。另外，也可以通过 Hypershade 窗口来创建纹理，在菜单栏选择“窗口 > 渲染编辑器 >Hypershade”，即可打开 Hypershade 窗口，Hypershade 窗口中包含“创建”选项卡，其功能与“创建渲染节点”窗口功能相同。选择“创建”选项卡下的纹理相关选项，然后选择所需的纹理类型即可创建纹理。选择纹理类型后，可以在属性编辑器中编辑其属性，如颜色、对比度、UV 坐标等，如图 3-2-6 所示。按快捷键“6”，可在工作区中显示纹理创建效果。

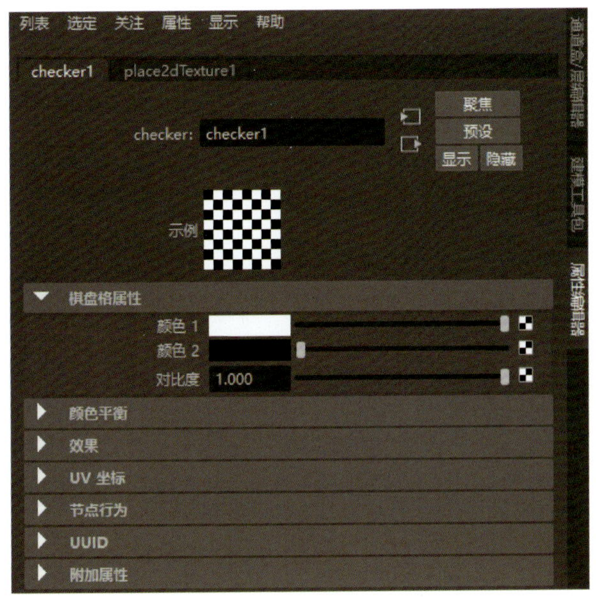

图 3-2-6　纹理的创建与编辑

三、Arnold 标准材质

Arnold 标准材质（aiStandardSurface）是 Maya 软件中 Arnold 渲染器的一个核心材质类型，它提供了丰富的参数和选项，允许用户创建高度逼真的表面材质。

Arnold 标准材质具有一系列基本属性，包括基础（Base）、镜面（Specular）、透射（Transmission）、次表面散射（Subsurface）、涂层（Coat）、光泽（Sheen）、薄膜（Thin Film）、自发光（Emission）、几何体（Geometry）、ID、高级（Advanced）等。每个属性都可以根据需要进行调整，这一特性使得 Arnold 标准材质能够模拟更复杂的材质效果，如皮肤、玉石、金属等。

Arnold 标准材质球支持节点连接和材质网络构建。用户可以通过将不同的纹理节点（如颜色纹理、凹凸纹理、反射纹理等）连接到 Arnold 标准材质球的相应属性上，来创建复杂的材质效果。这种节点连接的方式使得 Arnold 标准材质球具有极高的灵活性和可定制性。

Arnold 标准材质球在影视特效、游戏开发、产品设计等领域有着广泛的应用。例如，在影视特效中，可以使用 Arnold 标准材质球来制作逼真的角色皮肤、金属装备外观等；在游戏开发中，可以使用它来制作游戏场景中的各种物体材质；在产品设计中，则可以通过它来展示产品的外观和质感。

在场景创建时，选中对象，右击，在弹出的菜单中选择“指定新材质”，然后在弹出的窗口中选择“Arnold>aiStandardSurface”，即可为对象赋予 Arnold 标准材质。

任务实施

1. 玻璃杯及其衬托物、场景模型创建

如图 3-2-7 所示，先创建互相垂直的地面和墙面，给玻璃杯及其衬托物一个背景环境，然后创建玻璃杯及其衬托物的模型。为了呈现一定的折射效果，本案例制作的是双层玻璃杯。

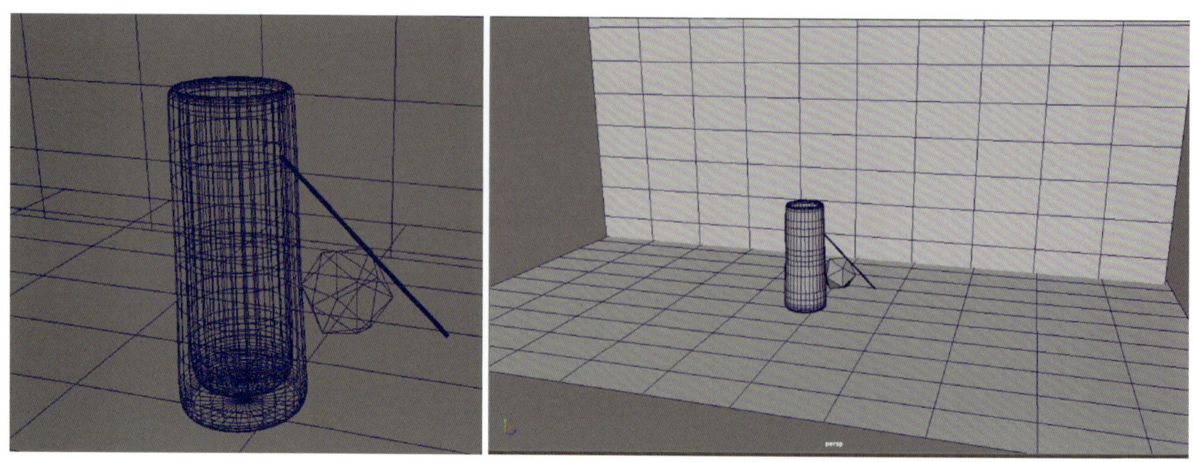

图 3-2-7　创建双层玻璃杯及其衬托物场景模型

2. 材质和纹理赋予

（1）选中地面和墙面，右击，在菜单栏中选择“指定收藏材质 >Lambert”赋予地面和墙面 Lambert 材质，然后单击属性编辑器中“颜色”参数后的棋盘格图标，在弹出的窗口中选择“2D 纹理 > 棋盘格”，如图 3-2-8 所示。

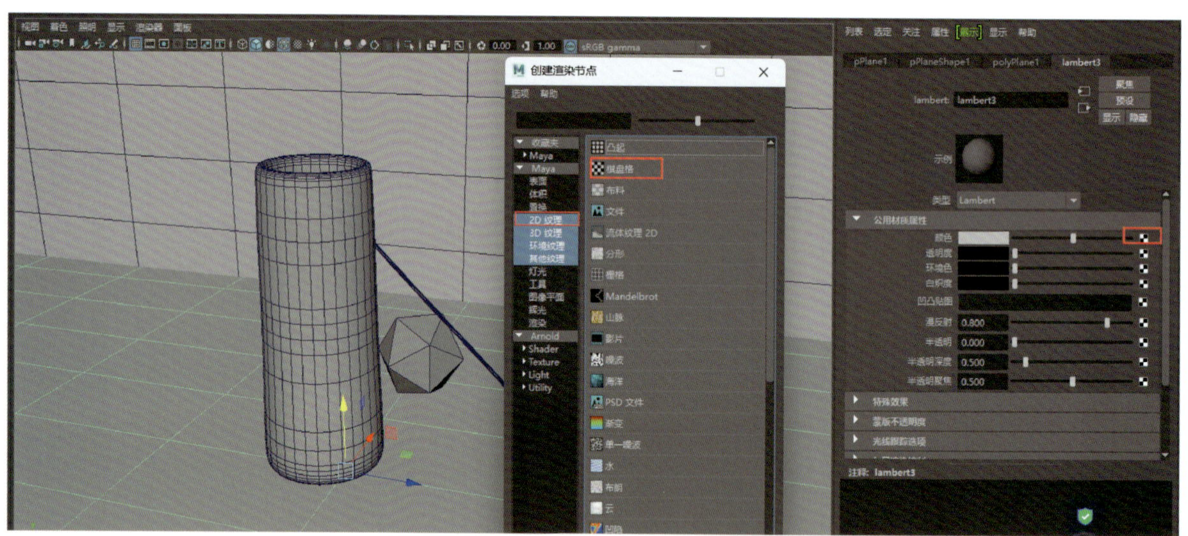

图 3-2-8　地面、墙面材质和纹理赋予

（2）选中玻璃杯及其衬托物，右击，在弹出的菜单中选择“指定新材质”，在弹出的窗口中选择“Arnold>aiStandardSurface”，为玻璃杯及其衬托物赋予 Arnold 标准材质，如图 3-2-9 所示。

3. 创建灯光

在菜单栏选择“Arnold>Lights>Skydome Light”，给场景赋予一个环境光，并进行 HDRI 贴图，使得渲染效果比较自然。然后在菜单栏选择“Arnold> Lights >Area Light”，在场景中引入区域光，该光源不仅能有效聚焦于玻璃杯上，还能与周围平行光线实现平滑过渡。同时，适当调整区域光的强度（Intensity）和曝光度（Exposure），如图 3-2-10 所示。

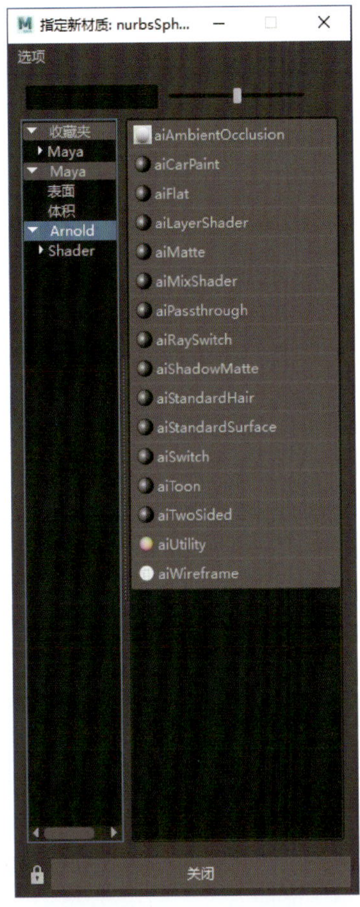

图 3-2-9　为玻璃杯及其衬托物赋予 Arnold 标准材质

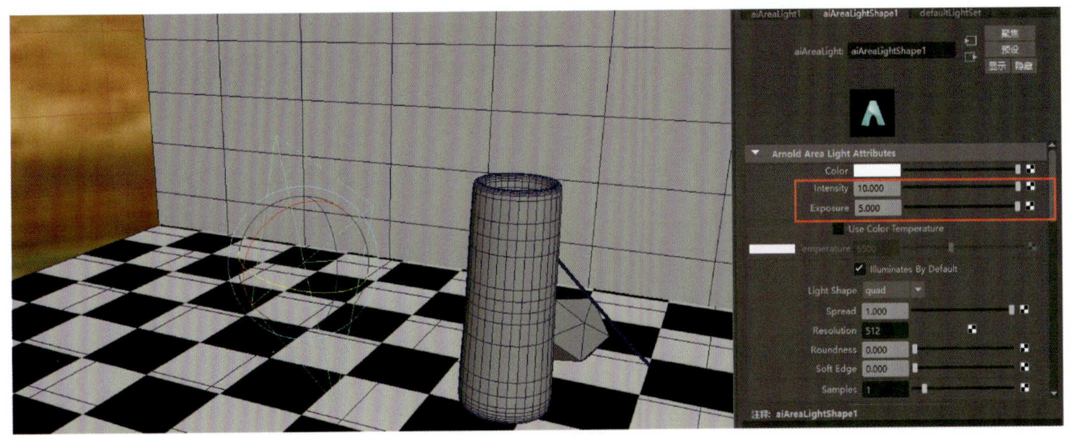

图 3-2-10　创建灯光

4. 调整玻璃杯材质

（1）玻璃材质的模拟主要通过调整其“Transmission”属性来实现。首先，在属性编辑器中将玻璃杯基础属性中的“Weight”（权重）和“Color”（颜色）的值调至最低，以确保不赋予玻璃杯任何基础颜色，因为添加颜色可能会影响玻璃效果的呈现。接着，选中玻璃杯，在属性编辑器中的“Arnold”卷展栏下取消勾选“Opaque”（透明）的复选框，这样光线就能完全穿透玻璃，实现逼真的玻璃效果，如图 3-2-11 所示。

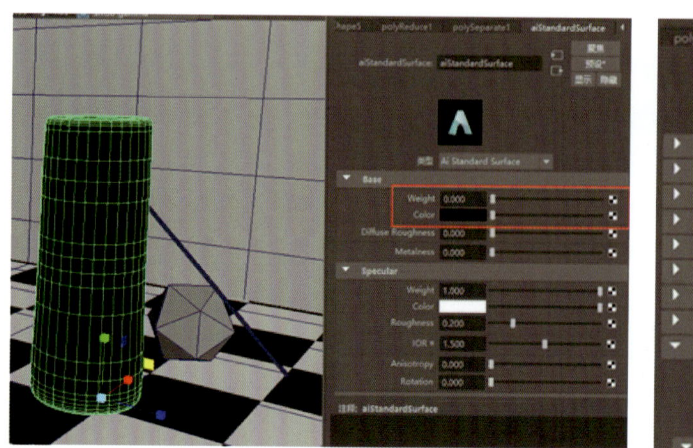

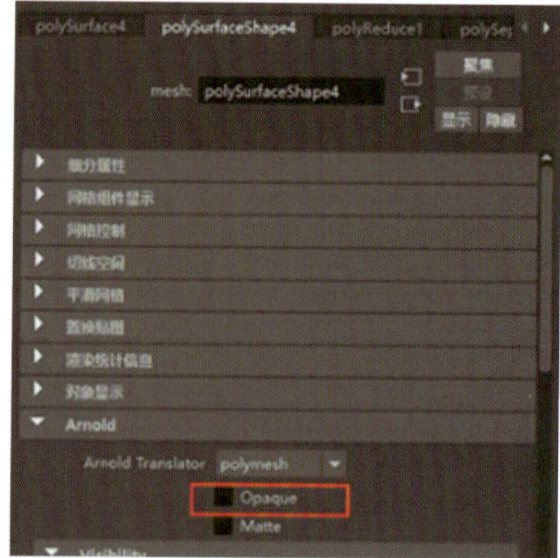

图 3-2-11　调整玻璃杯基础属性

（2）将“Transmission”的值调整为“1”，此时杯子完全透明，如图 3-2-12 所示，但是此时玻璃呈现磨砂玻璃的效果。

图 3-2-12　磨砂玻璃效果

（3）调整“Specular”卷展栏下“Roughness”的值，即可控制玻璃的粗糙程度，如图 3-2-13 所示。

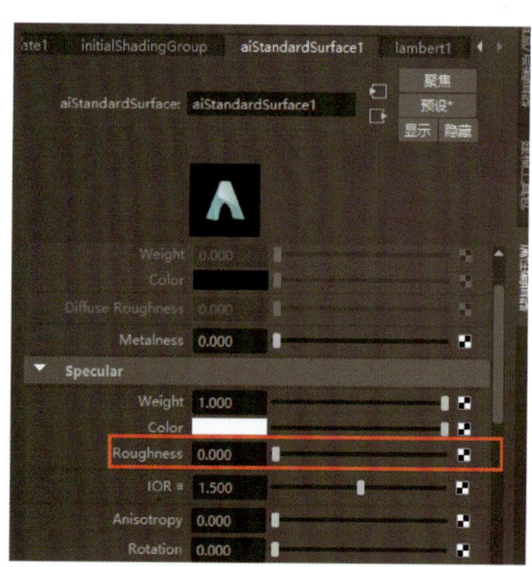

图 3-2-13　光滑玻璃效果

运用本任务所学知识完成有多种玻璃制品的场景的制作。

任务3 黄瓜制作

任务目标：

- 学会通过调整节点属性来实现所需视觉效果。
- 掌握渐变纹理的创建方法，并使用这些纹理来丰富材质的颜色和凹凸细节。
- 学会使用 bump2d 节点来创建凹凸效果，运用凹凸贴图模拟物体表面的不规则效果。

任务引入

使用材质、纹理等相关知识制作图 3-3-1 所示黄瓜。

图 3-3-1 黄瓜渲染效果图

相关知识

一、Hypershade

Hypershade 是 Maya 软件用于渲染的中心工作区域，用于创建、编辑和连接渲染节点（如纹理、材质、灯光、渲染工具和特殊效果等），以及构建着色网络。

在菜单栏选择“窗口 > 渲染编辑器 > Hypershade”或单击状态行中“显示 Hypershade 窗口”图标，即可打开 Hypershade 窗口，如图 3-3-2 所示。

1. Hypershade 窗口的界面组成

Hypershade 窗口由多个部分组成，包括浏览器、“创建”选项卡、工作区、材质查看器、特性编辑器等，如图 3-3-3 所示。

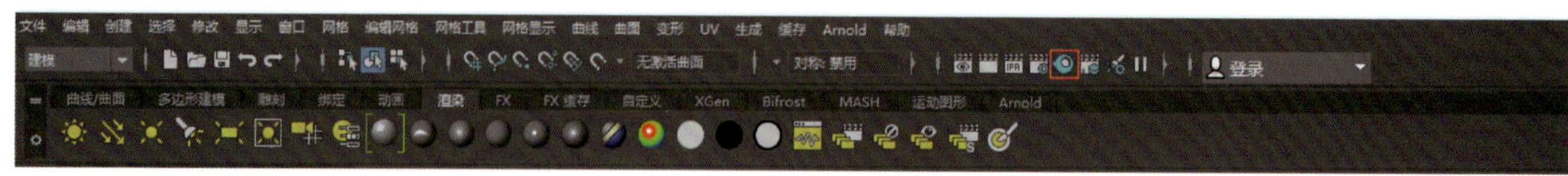

图 3-3-2 “显示 Hypershade 窗口”图标

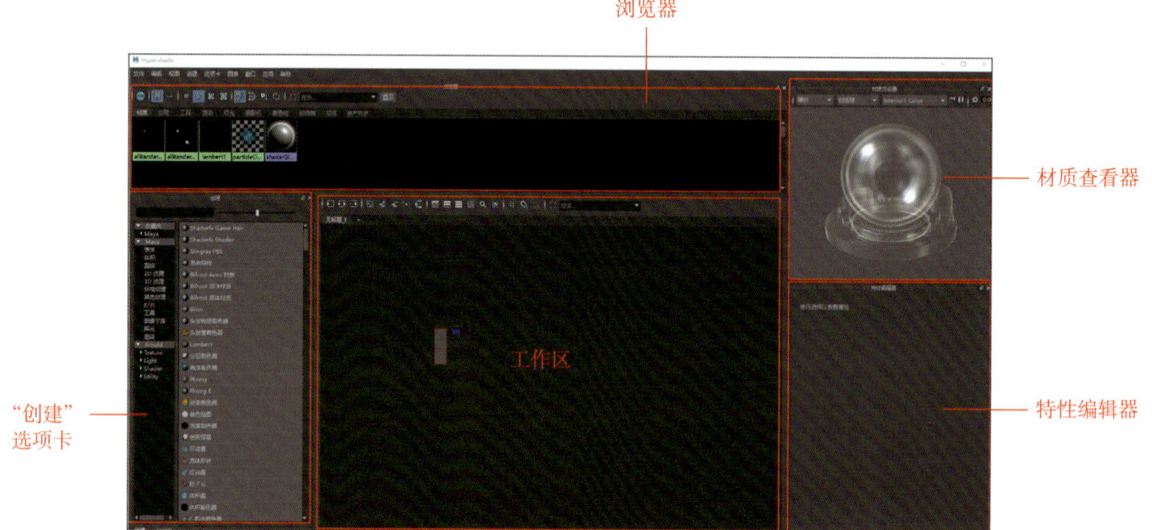

图 3-3-3 Hypershade 窗口

（1）浏览器：位于菜单栏的下方，由工具栏和样本分类区两部分组成。工具栏中的工具用来编辑和调整材质节点在样本分类区中的显示方式。样本分类区通过“材质”“纹理”“工具”“灯光”“摄影机”等多个选项卡将节点网络分类，方便查找相应的节点。

（2）“创建”选项卡：用于创建节点。单击“创建”选项卡中的节点，可以创建节点并将其添加到节点图表中。也可以通过按空格键，然后输入节点的类型，或者将节点从“创建”选项卡拖放到工作区来创建节点。

（3）工作区：用于创建节点并构建着色器网络（通过节点编辑界面）。可以在同一视图模式下（简单、已连接、完全和自定义 4 种模式）显示各种节点。默认情况下，Hypershade 窗口中的节点在自定义模式（仅显示常用的属性）下显示。

（4）材质查看器：位于 Hypershade 窗口的右上方，用于渲染着色器或已单放的材质。

（5）特性编辑器：用于查看着色节点属性，使用时也可以切换到属性编辑器查看更多属性。

2. Hypershade 的使用方法

（1）创建节点。节点是创建和编辑材质的基本单元。在“创建”选项卡中，选择所需的材质类型（如 Lambert、Phong 等），然后将其拖放到工作区；也可以在“浏览器”面板中找到并拖动所需的材质类型。

（2）编辑材质属性。选择刚创建的材质节点，然后在特性编辑器中调整其属性。例如，可以更改材质的颜色、透明度、反射等属性。

（3）连接纹理节点和材质节点。如果需要为材质添加纹理，可以在浏览器或“创建”选项卡中找

到并拖动所需的纹理节点到工作区。然后，将纹理节点的输出端口连接到材质节点的相应属性端口上（如颜色属性端口）。

二、复杂材质的编辑方法

在 Maya 软件中，复杂材质编辑主要通过节点网络来实现。节点可以处理数据、执行计算任务或生成图像，通过连接不同的节点，可以创建复杂的材质效果。例如，颜色节点、纹理节点、混合节点等都可以被连接起来，生成具有多层贴图、颜色渐变、高光反射等效果的材质。通过 Hypershade 窗口编辑复杂材质的方法如下：

1. 创建及显示节点

（1）创建节点。在工作区右击，选择“创建节点”，即可创建一个新节点。

（2）显示节点。选择创建对象的材质球，单击“输入和输出连接”图标，工作区会显示该材质球上的节点，如图 3-3-4 所示。

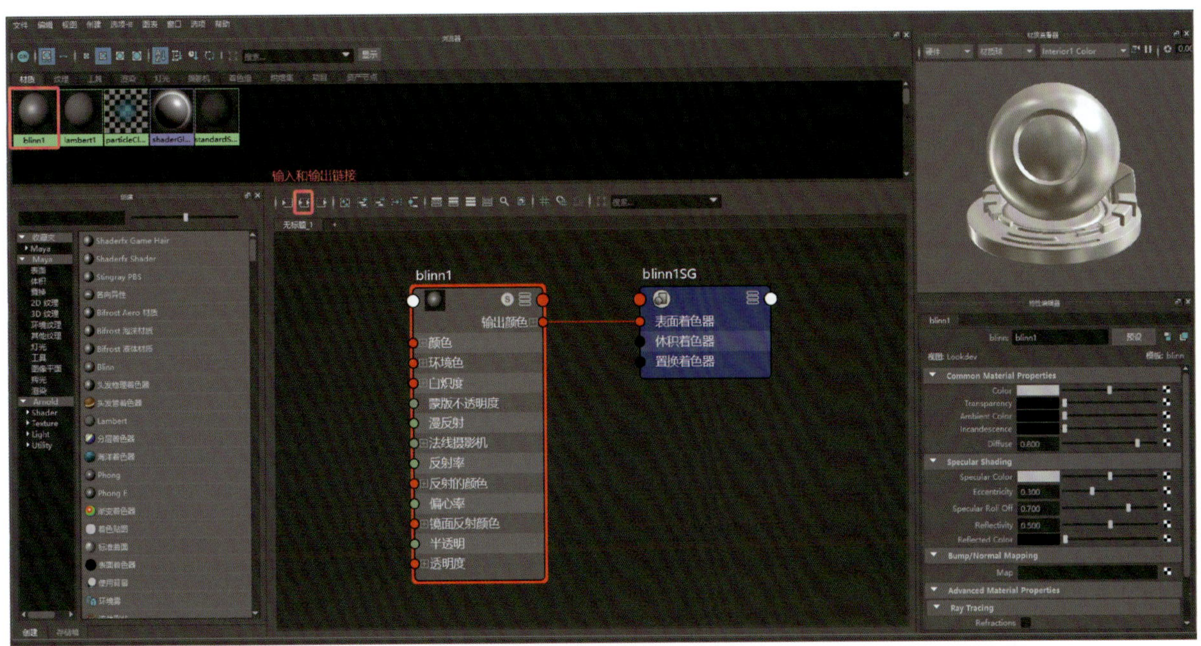

图 3-3-4 工作区显示材质球上的节点

2. 编辑节点

（1）调整节点属性。选中节点后，在属性编辑器或特性编辑器中会显示该节点的属性。可根据需要调整这些属性，如更改颜色、透明度、纹理映射方式等，如图 3-3-5 所示。

（2）连接节点和断开连接。在工作区中，单击并拖动连接线，可以将一个节点的输出端口连接到另一个节点的输入端口上。如果要断开节点之间的连接，可以选择连接线并按“Delete”键。

（3）使用鼠标中键操作。鼠标中键在 Hypershade 窗口中非常有用。例如，可以使用鼠标中键将节点从“创建”选项卡拖动到工作区，也可以使用鼠标中键在工作区中拖动节点以重新排列它们。

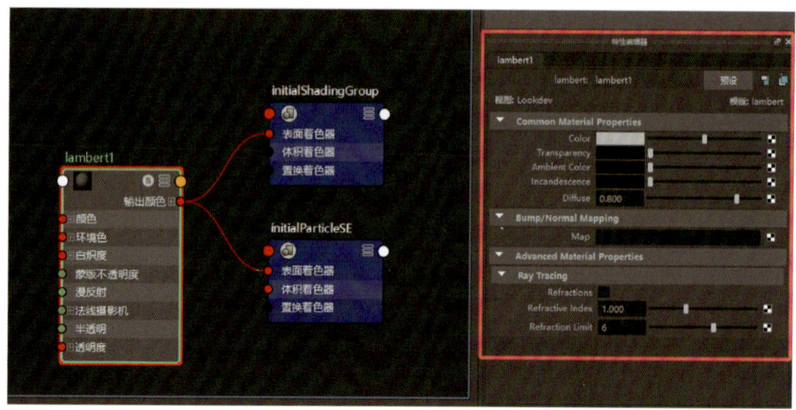

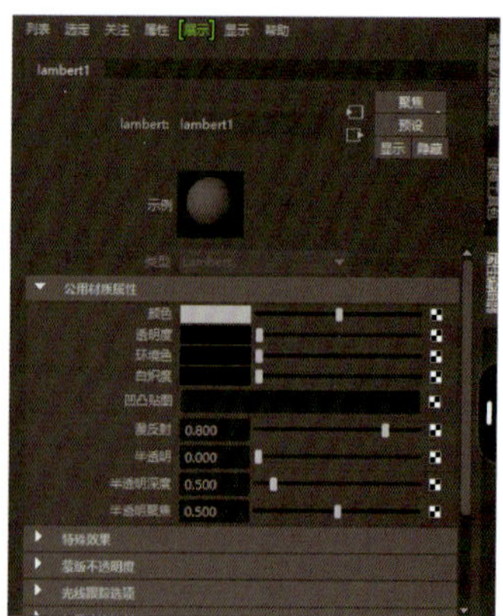

图 3-3-5　调整节点属性

三、凹凸贴图

在 Maya 软件中，凹凸贴图是一种技术，它通过改变表面法线的方向来模拟物体表面的不规则感或凹凸感，而不实际改变几何体的形状。这种技术在渲染时可打造更加真实的光照和阴影效果。

1. bump2d 节点的概念

在 Maya 软件中，bump2d 节点是一种用于将 2D 纹理转化为凹凸贴图的材质节点，使用该节点可将 2D 纹理转化为凹凸贴图，从而在平滑物体表面产生凹凸感，模拟出如岩石、木头等材质的表面质感。

2. bump2d 节点的创建

在对象的 Hypershade 窗口的工作区中，在 2D 纹理节点上长按鼠标中键，将该节点拖动到对象属性编辑器中的“凹凸贴图”参数上，即可创建 bump2d 节点。

任务实施

1. 创建黄瓜的模型

在球体模型创建的基础上创建黄瓜模型，并为其赋予 Blinn 材质，如图 3-3-6 所示。

图 3-3-6　创建黄瓜模型

2. 创建新节点

在状态行中单击“显示 Hypershade 窗口”图标，在 Hypershade 窗口工作区中右击，选择“创建节点”，如图 3-3-7 所示；在弹出的窗口中选择“2D 纹理 > 渐变”，然后将“ramp1”（渐变）节点中的“输出颜色”连接到“blinn1”节点的“颜色”上，最后单击“重新排列图表”图标，重新排列节点图表，如图 3-3-8 所示。

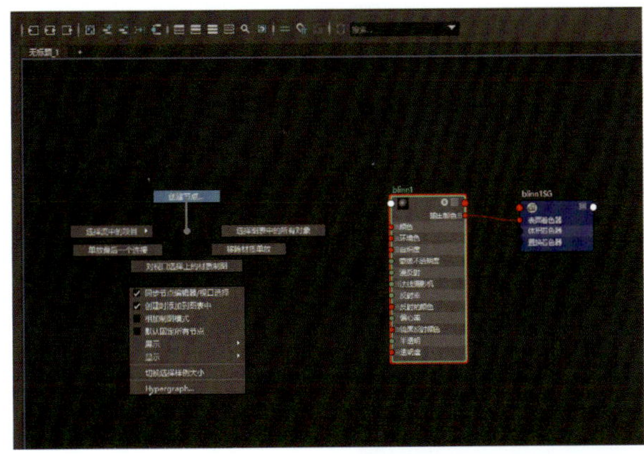

图 3-3-7　创建新节点

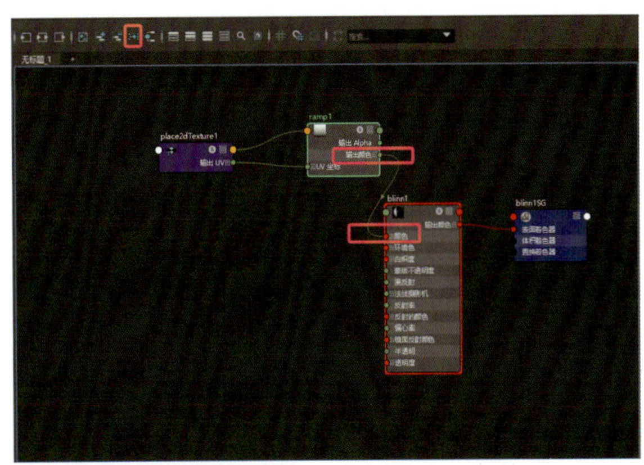

图 3-3-8　连接“ramp1”节点和“blinn1”节点

3. 调整渐变属性

双击“ramp1”节点，在特性编辑器中修改渐变属性，“类型”修改为“U Ramp”（U 向渐变），使渐变以环绕黄瓜一周的方式进行，“插值”（该参数控制颜色渐变的方式）修改为“Bump”（凹凸），如图 3-3-9 所示。

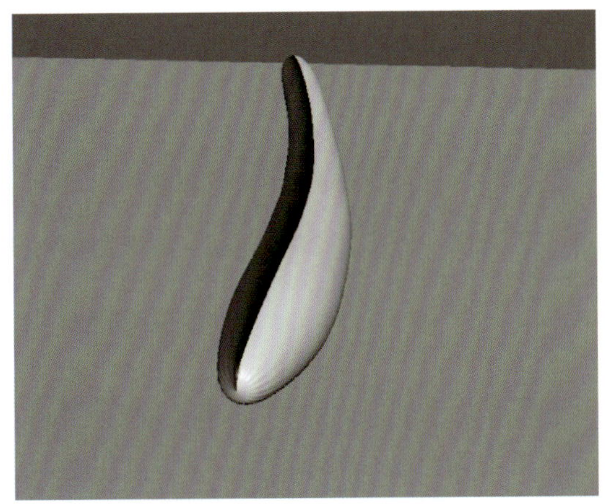

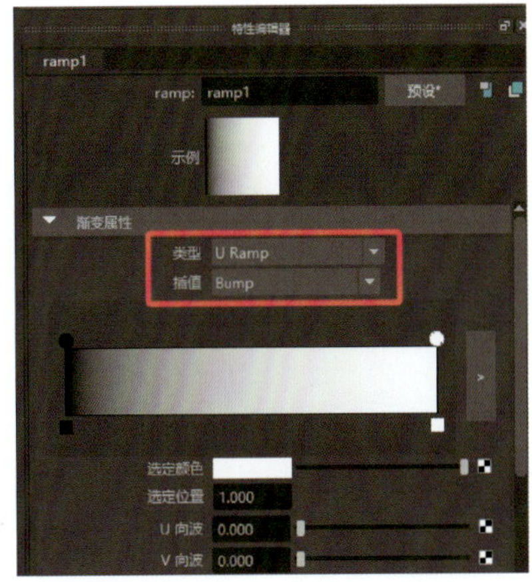

图 3-3-9　调整渐变属性

4. 修改“ramp1”节点的颜色

（1）如图 3-3-10 所示，单击特性编辑器中颜色色块的中上部位增加位置标记（单击下面的■图标可以删除位置标记）并设置“选定颜色”为白色，再单击颜色色块两边的位置标记，设置“选定颜色”为黑色，使颜色渐变方式为“黑—白—黑”。

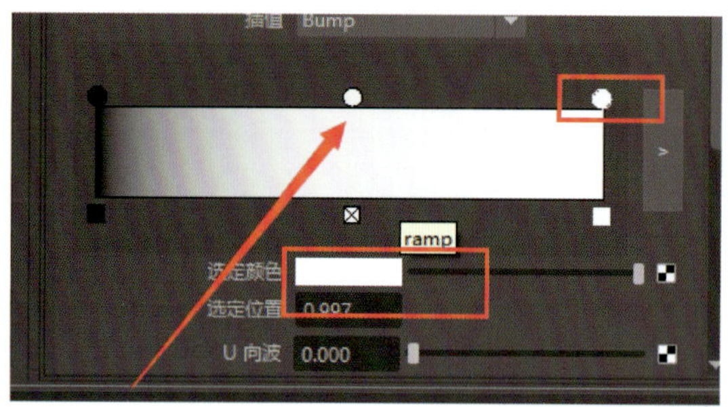

图 3-3-10 调整颜色渐变方式

（2）修改“噪波”“噪波频率”的值，以让颜色变化不规律，增强颜色渐变的随机性，如图 3-3-11 所示。

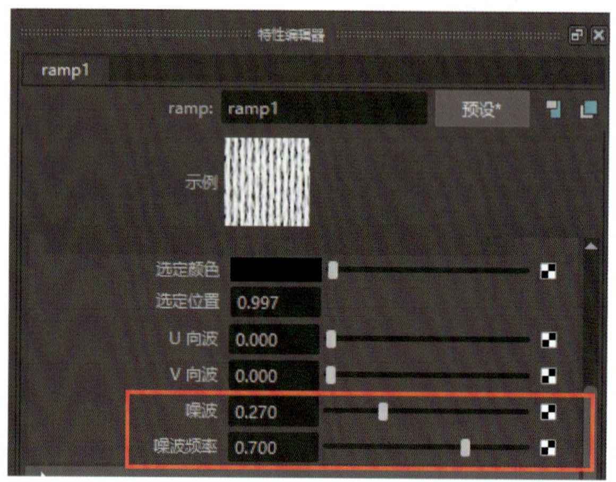

图 3-3-11 增强颜色渐变的随机性

（3）双击“ramp1”节点的“place2dTexture1”（二维纹理坐标）节点，在特性编辑器中，修改“UV 向重复”的值为“12”“5”，即在 U 方向（横向）重复 12 次，在 V 方向（竖向）重复 5 次，以控制渐变颜色变化的重复性，制作出黄瓜的纹理，如图 3-3-12 所示。

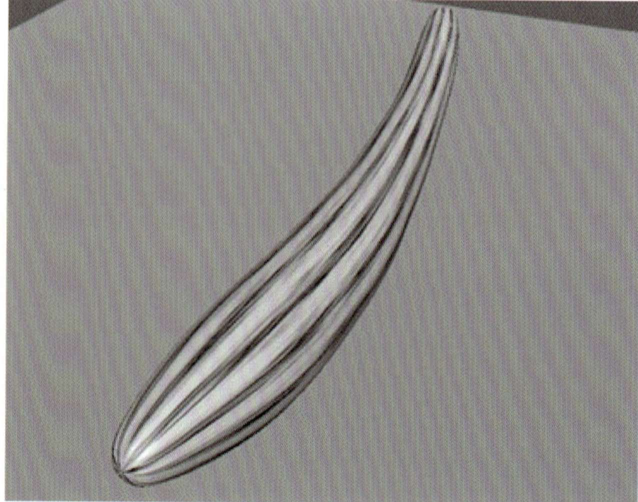

图 3-3-12 修改“UV 向重复”的值

5. 通过“ramp1”节点调整“blinn1”节点的凹凸属性

双击“blinn1”节点，打开其属性编辑器，将鼠标光标放到“ramp1”节点上，按住鼠标中键不放，拖拽鼠标光标到“blinn1”节点的“凹凸贴图”参数上，在“ramp1”节点和“blinn1”节点之间就会出现一个“bump2d1”节点，从而使“ramp1”节点的属性体现在“blinn1”节点的凹凸属性上，如图 3-3-13 所示。

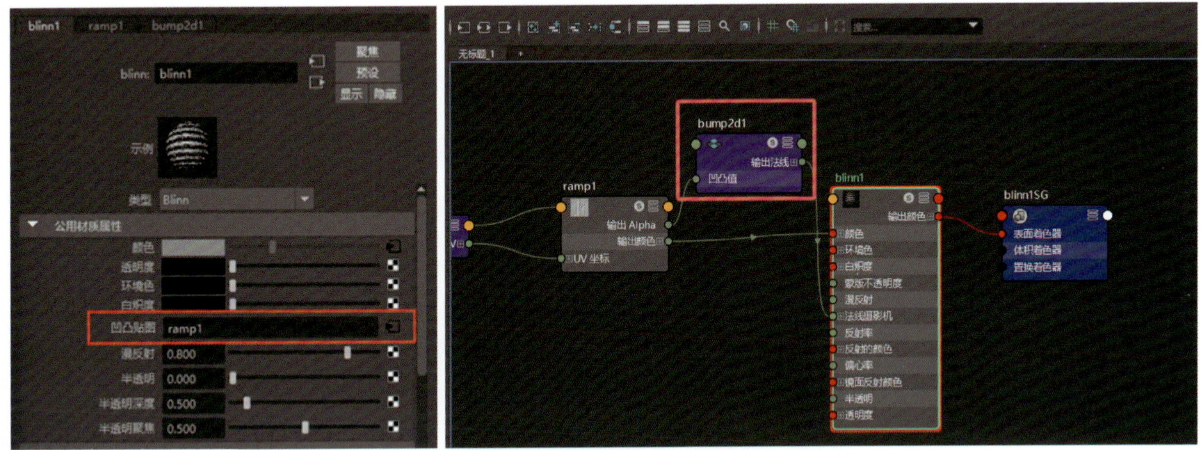

图 3-3-13 创建“bump2d1”节点

在场景中增加一盏平行光以观看增加凹凸贴图之前和增加凹凸贴图之后的对比效果，从对比中能看出明显的凹凸变化，如图 3-3-14 所示。

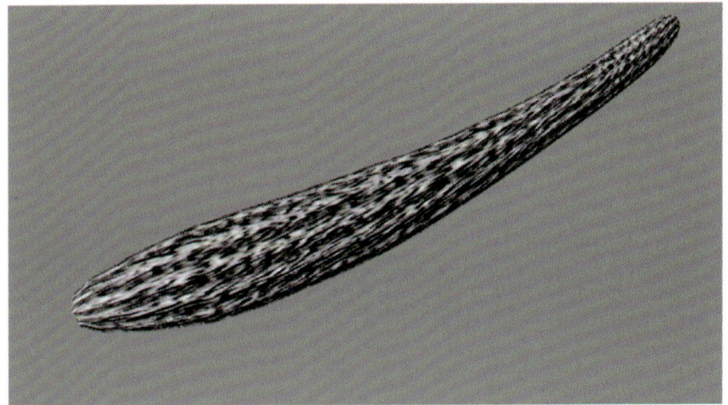

图 3-3-14 增加凹凸贴图前后效果对比

6. 调整黄瓜顶部形态

为了准确模拟实物黄瓜表面特征——底部应呈现平滑无凹凸的状态，而中部和顶部则需展现出凹凸的质感，需要进行以下操作：

（1）在工作区右击，在弹出的窗口中选择“2D 纹理 > 渐变”，新建“ramp2”节点，双击“ramp2”节点，设置其属性，如图 3-3-15 所示。

（2）选中图 3-3-16 中的绿色的连接线，按“Delete”键删除，移除“ramp1”节点对凹凸效果的控制；为实现凹凸贴图效果，按鼠标左键，将“ramp2”节点的“输出 Alpha”和“bump2d1”节点的“凹凸值”连接，然后重新排列各个节点，如图 3-3-16 所示。

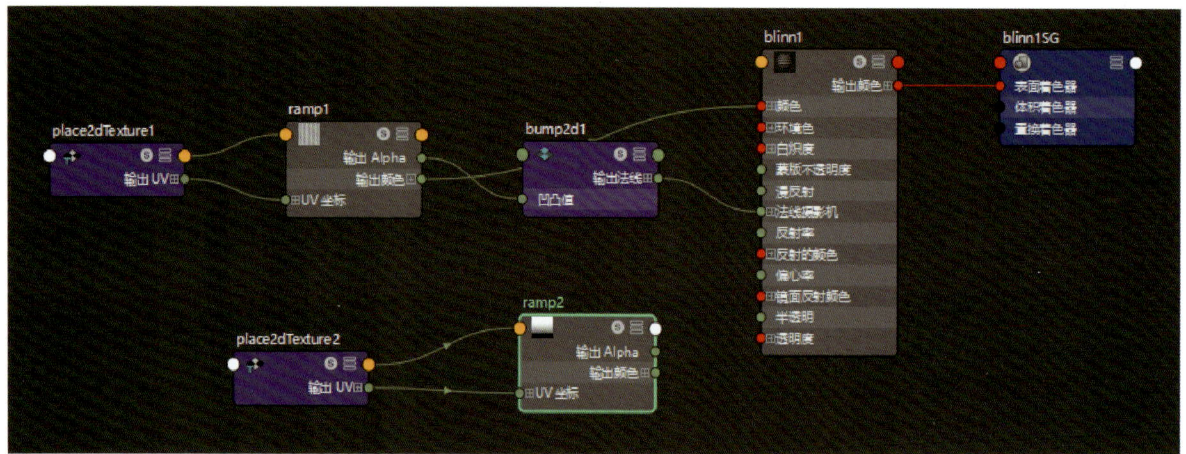

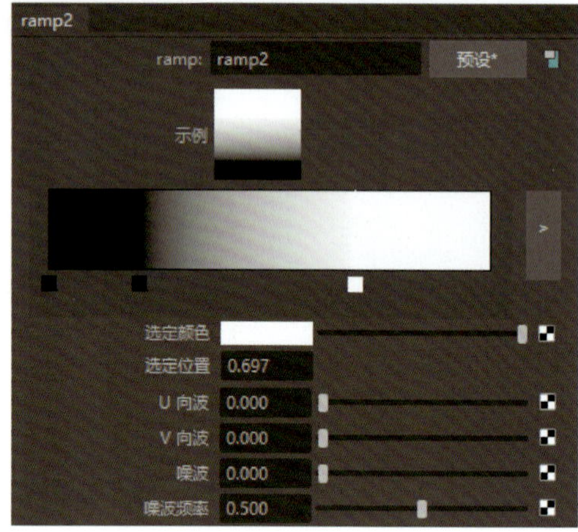

图 3-3-15　设置“ramp2”节点属性

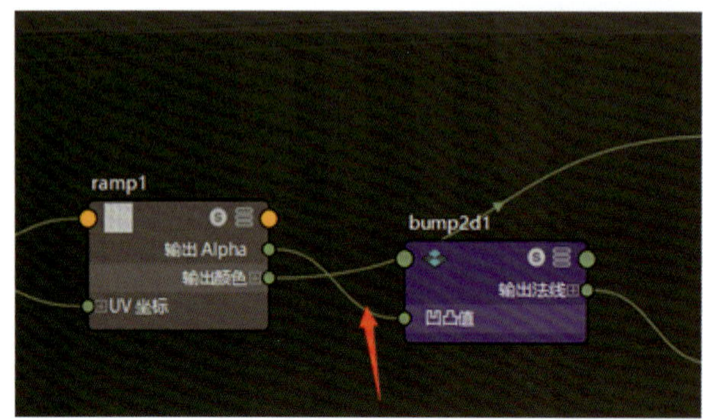

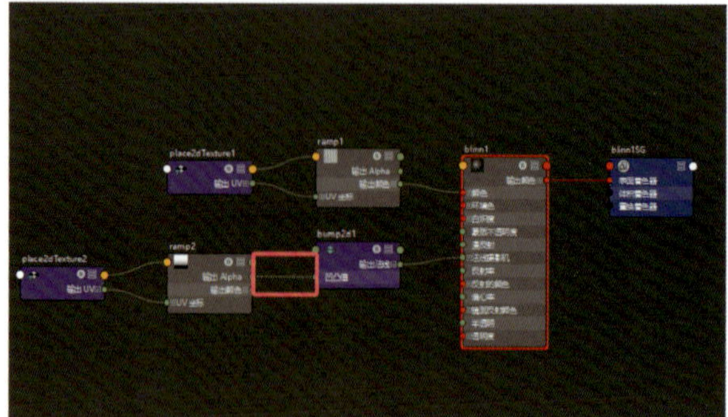

图 3-3-16　重新连接节点

（3）单击“ramp2”节点，在“ramp1”节点上按住鼠标中键，并将鼠标光标拖动到“ramp2”节点的“选定颜色”参数的色块上，如图 3-3-17 所示，能明显看到黄瓜的底部凹凸效果不再明显。

7. 调整黄瓜的颜色

（1）在工作区右击，在弹出的窗口中选择“2D 纹理 > 渐变”，新建“ramp3”节点，删除“ramp1”节点和“blinn1”节点之间的颜色连接线，建立“ramp3”节点和“blinn1”节点之间的颜色连接关系，如图 3-3-18 所示。

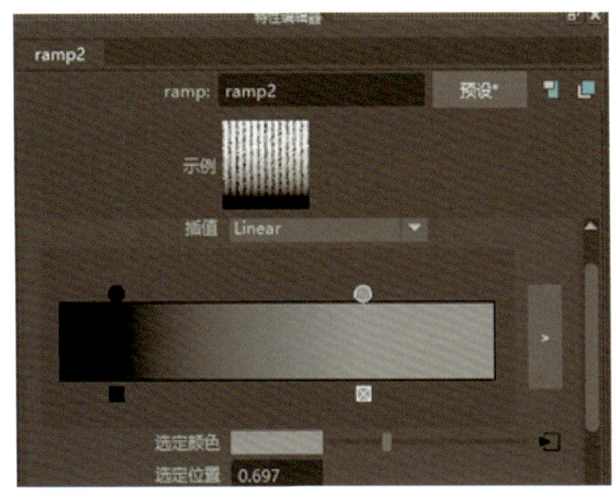

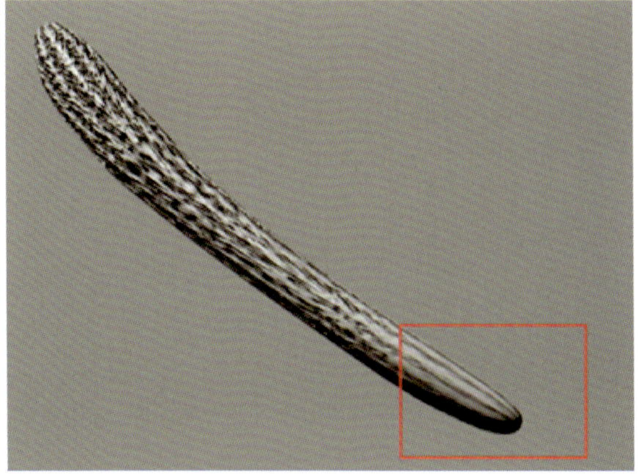

图 3-3-17　调整“ramp2”节点的“选定颜色”参数

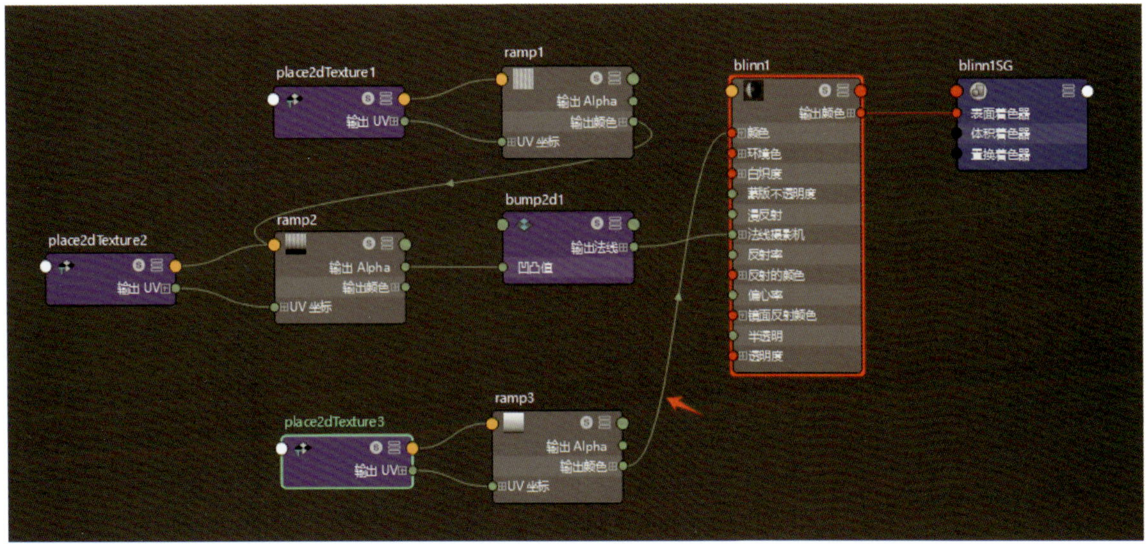

图 3-3-18　建立“ramp3”节点和“blinn1”节点之间的颜色连接关系

（2）单击“ramp3”节点，通过增加位置标记和设置颜色调整颜色渐变效果，使其接近黄瓜的颜色，如图 3-3-19 所示，最后渲染即可。

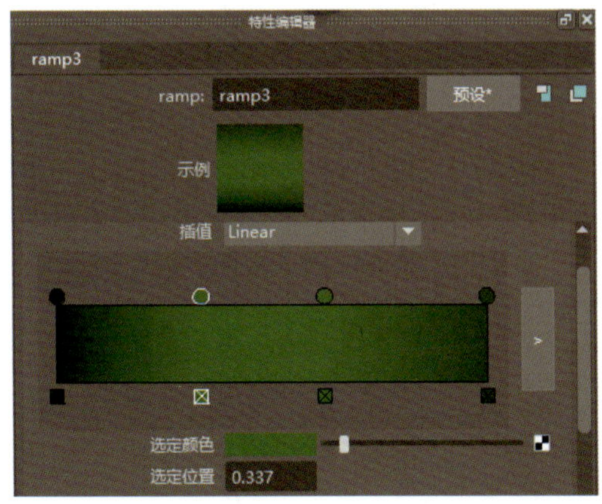

图 3-3-19　调整颜色渐变效果

练习题

运用本任务所学知识制作一个表面有凹凸效果、红黄相间的皮球。

任务4　苹果制作

任务目标：

- 掌握三点布光法的使用方法，能使用经典的三点布光技术设置光源（主光源、辅光源和背光源）。
- 掌握程序纹理分形节点的使用方法以及技巧。

任务引入

使用材质编辑、灯光渲染等技术制作图 3-4-1 所示的苹果。

图 3-4-1　苹果渲染效果图

相关知识

一、三点布光法

三点布光法作为一种经典的照明技术，在影视制作、摄影艺术及舞台呈现中得到了广泛应用，其核心目的在于营造出均衡且富有层次感的画面效果。具体而言，“三点布光”并非简单地布置三盏灯光，而是指精心配置主光源、辅光源以及背光源。

主光源作为照明体系的核心，负责为场景或物体提供主要的光照，奠定画面整体的光影基调。辅光源则起到补充光照和柔化主光效果的作用，通过调整其位置与强度，可以细腻地勾勒出物体的轮廓，增强画面的立体感。背光源则置于物体背后，用以分离物体与背景，突出物体的轮廓，进一步增加画面的空间深度。

在实际操作中，通过精准布局这三种光源，并细致调整它们的光照强度（Intensity），可以巧妙地塑造出物体的立体形态，营造丰富多变的光影效果，从而大幅提升画面的视觉表现力与感染力。

三种光源的位置、功能以及效果见表 3-4-1。

表 3-4-1　三种光源的位置、功能以及效果

光源类型	位置	功能	效果
主光源	通常位于摄像机一侧，与被摄物体保持 45° 的角度	提供场景的主要照明，突出人物或物体的形状和轮廓	形成明显的阴影，增强画面的纵深感和立体感
辅光源	位于主光的对面，用来照亮因主光照射而产生的阴影区域	弱化主光产生的强烈阴影效果，使画面更加柔和，但不会完全消除阴影	平衡画面的光线，增加细节的可见度
背光源	位于被摄物体的背后，通常高于物体	分离被摄物体和背景，增强画面的层次感	在被摄物体的边缘打造明亮的轮廓，使其更加突出

二、分形节点

1. 分形节点的概念和作用

在 Maya 软件中，分形节点是一种用于生成复杂纹理的节点，它基于数学上的分形理论。分形节点通过对简单的形状不断重复缩放和旋转来生成复杂的纹理。使用分形节点，可以生成各种形状和纹理，如山脉、云彩、水波等。

2. 分形节点的使用方法

创建对象后，打开 Hypershade 窗口，在“创建”选项卡中选择“2D 纹理 > 分形”，即可在工作区中创建分形节点。连接分形节点和材质节点，即可在材质上应用该节点。

任务实施

1. 灯光创建

在菜单栏选择“文件 > 打开场景”，打开该任务配套素材“苹果 .mb”；在菜单栏选择“Arnold> Lights> Area Light”，使用三点布光法设置光源，其属性设置如图 3-4-2 所示。

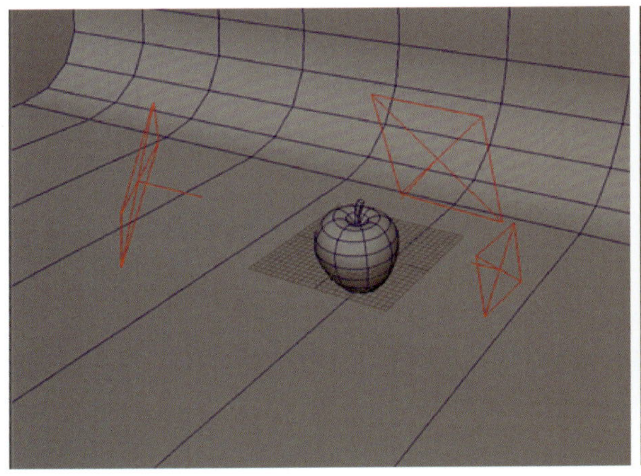

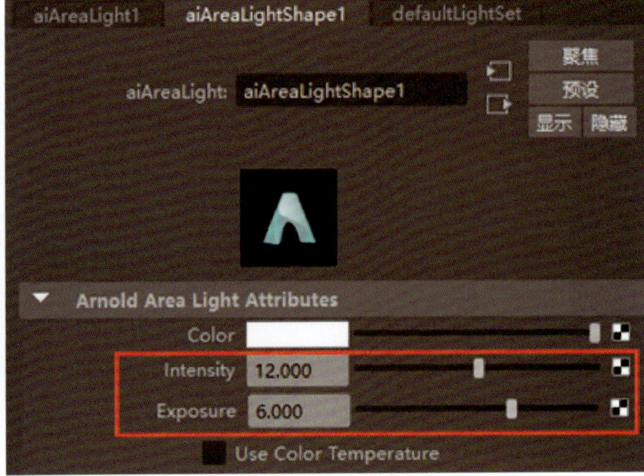

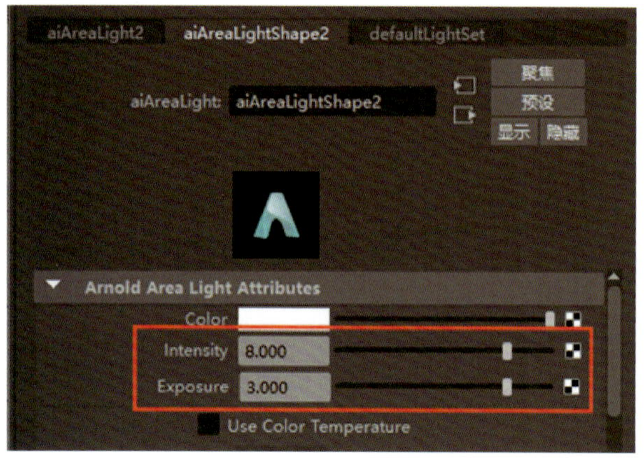

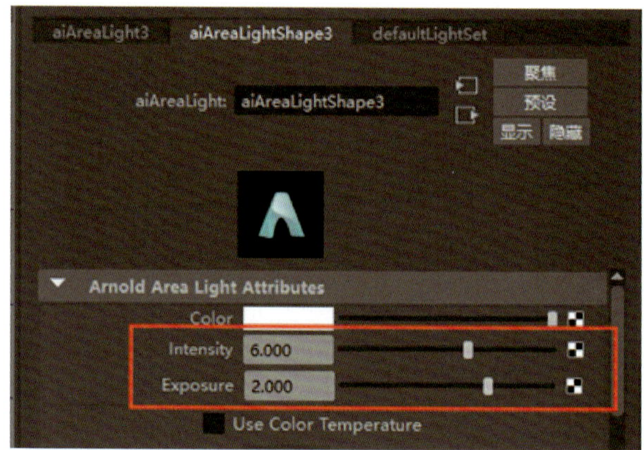

图 3-4-2　创建灯光

2. 苹果材质以及纹理赋予

（1）苹果表面具有一定的反光性，会呈现出柔和的高光效果，但并不会过于强烈。因此，为苹果赋予 Blinn 材质。打开 Hypershade 窗口，在“创建”选项卡中选择“2D 纹理 > 渐变”，创建渐变节点“ramp3”，并连接“ramp3”节点和材质节点的颜色属性。单击“ramp3”节点，在其特性编辑器中设置渐变“类型”为“U Ramp”，“插值”为“Smooth”（平滑），同时选定颜色，使得苹果从上到下由粉红变浅黄，如图 3-4-3 所示。

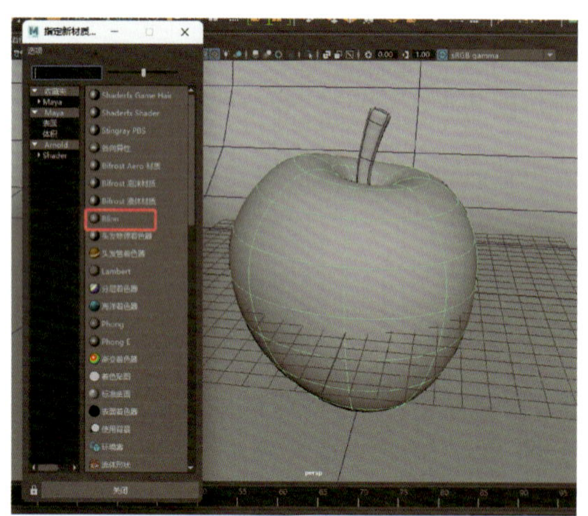
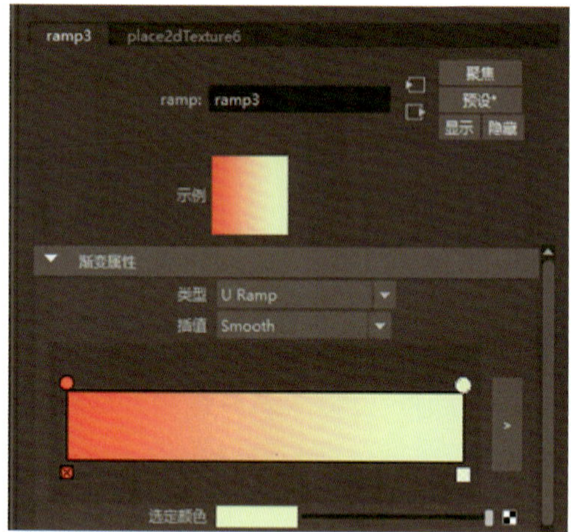

图 3-4-3　设置颜色渐变

（2）选中苹果，在属性编辑器“镜面反射着色”卷展栏下调整“偏心率”“镜面反射衰减”“反射率”等参数，降低苹果表面的光滑度；苹果把儿为木质的，无反光性，因此为其赋予 Lambert 材质，并对其进行木材纹理贴图，如图 3-4-4 所示。

3. 为苹果表面添加斑点效果

（1）在 Hypershade 窗口“创建”选项卡中选择“2D 纹理 > 分形”，创建分形节点“fractal1”，然后单击“ramp3”节点，按住鼠标中键并拖动“fractal1”节点至“ramp3”节点“颜色平衡”卷展栏下“颜色增益”参数上，如图 3-4-5 所示。

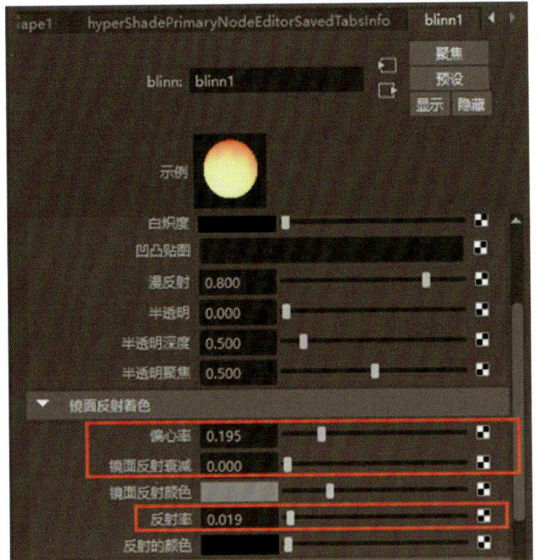

图 3-4-4　调整反射相关参数并制作苹果把儿效果

图 3-4-5　为苹果表面添加斑点效果

（2）由于斑点过于凌乱，所以要调整参数为苹果表面制作合理的纹理效果。单击“place2dTexture8”节点，调整“UV 向重复”值，如图 3-4-6 所示。

（3）单击“fractal1”节点，在属性编辑器“分形属性”卷展栏中调整“振幅”“阈值”“比率”等参数，如图 3-4-7 所示（这个过程可根据实际需要进行，参数设置合理即可），调整过程中可借助实时渲染功能，不断观看调试的效果。

（4）在“颜色平衡”卷展栏下调整“颜色增益”“颜色偏移”等参数，最终效果如图 3-4-8 所示。

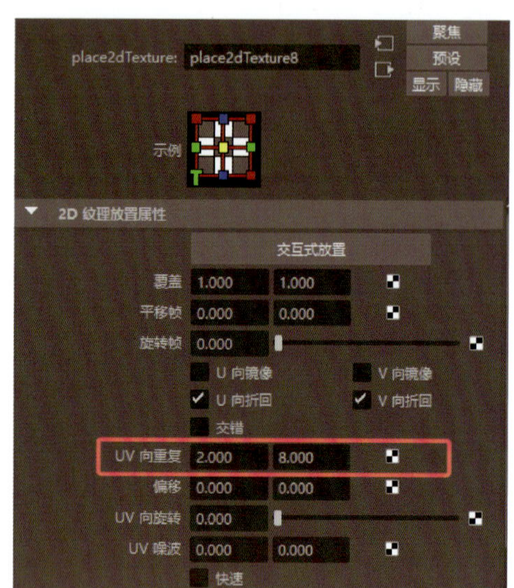

图 3-4-6　为苹果表面制作合理的纹理效果

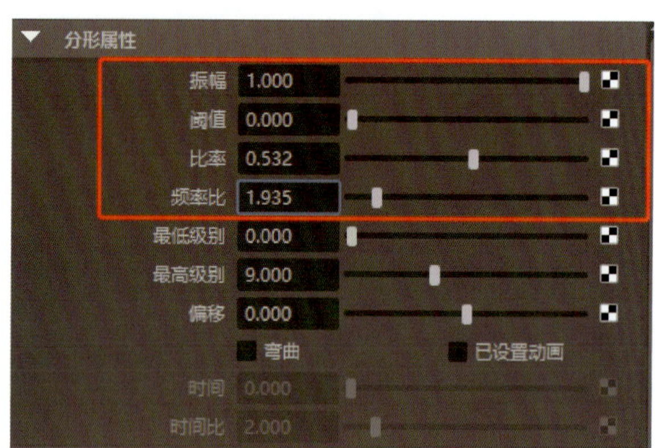

图 3-4-7　调整“fractal1”节点属性

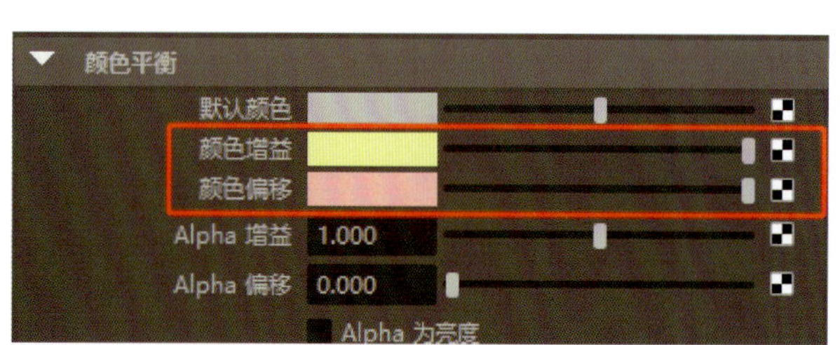

图 3-4-8　调整“颜色增益”“颜色偏移”等参数

运用本任务所学知识制作一个青苹果。

任务 5　香烟盒贴图制作

任务目标：

- ◆ 了解 UV 坐标与纹理图像之间的关系。
- ◆ 学习和掌握 UV 编辑的相关技巧。
- ◆ 学习通过 UV 编辑器对 UV 进行剪切、缝合、展开和排布的方法。

任务引入

使用给定素材，通过 UV 编辑制作图 3-5-1 所示的烟盒。

图 3-5-1　烟盒渲染效果图

相关知识

一、UV 纹理映射概念

在 Maya 软件中，每个顶点不仅拥有其在三维空间中的位置信息（即 X、Y、Z 坐标），还被赋予了相应的 UV 坐标。与描述空间位置的三维 XYZ 坐标系统不同，UV 坐标系统是一个二维坐标系统，它专门用于确定纹理在三维模型表面的精确位置。现实世界的物体表面丰富多样，而 UV 坐标正是实现将二维纹理准确无误地“贴合”到三维模型表面的关键。

在三维建模的语境下，UV 纹理映射可以理解为将二维纹理“包裹”并“固定”在三维模型表面的过程。例如，要确保一个产品的商标能够精确地出现在模型的预期位置上，就必须将 UV 纹理坐标精确设定。如图 3-5-2 所示，通过合理的 UV 布局与映射，可以实现二维纹理与模型表面的完美匹配。

图 3-5-2　二维纹理与模型表面完美匹配

二、UV 编辑

1. UV 编辑器的启动

Maya 软件中的 UV 编辑器有一个专门的界面，用于展开、编辑和查看模型的 UV 坐标。用户只需在菜单栏“UV”菜单中选择第一个命令，即可轻松启动 UV 编辑器。为便于理解，我们以一个简单的立方体为例进行说明。启动 UV 编辑器后，界面如图 3-5-3a 所示，其中白色框线勾勒出的图案即为立方体的默认 UV 展开图，这可以直观理解为将立方体剪开并平铺展开的视图。相对地，图 3-5-3b 中立方体上的白色线条，则代表了在实际剪开操作中的边线位置。

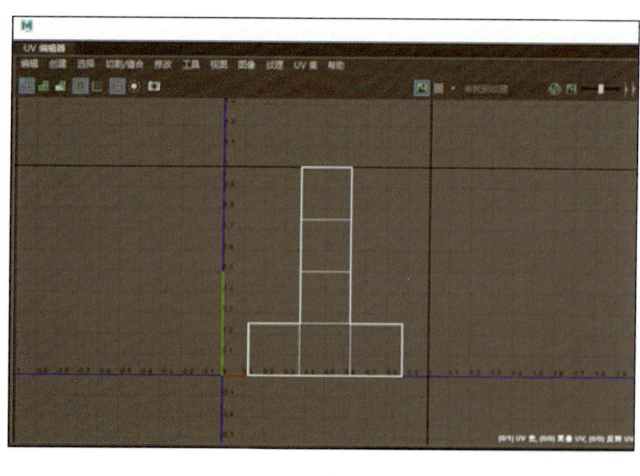

a）

b）

图 3-5-3　UV 编辑器

选中对象，单击“公共材质属性”卷展栏下“颜色”后面的棋盘格图标，在弹出的窗口中选择“2D 纹理 > 棋盘格”，按快捷键“6”，即可看到立方体表面被贴上了棋盘格纹理，如图 3-5-4 所示。

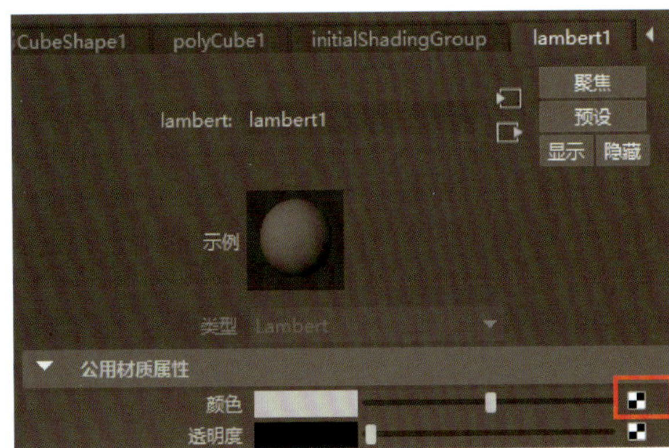

图 3-5-4　棋盘格纹理贴图

2. UV 空间

在 UV 编辑器中能够看到，棋盘格纹理被加载到了图 3-5-5 所示红色区域内，此区域也称 UV 空间，是指模型表面展开后的二维空间，UV 空间采用 0 到 1 的坐标系进行度量，这意味着所有的 UV 坐标值都将落在这个范围内，唯有在 UV 空间内，模型的 UV 坐标才是有效且可被正确解析的。简而言之，UV 空间是模型纹理映射与编辑的核心区域。

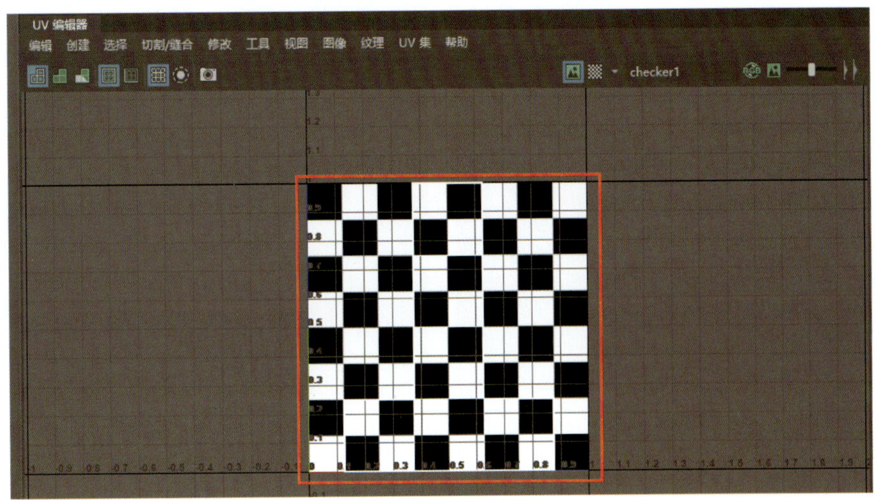

图 3-5-5　UV 空间及其大小

3. UV 展开在模型处理中的必要性

在纹理映射过程中，一个关键的检验标准是纹理在模型表面的表现。当棋盘格纹理在模型上均匀展开、黑白相间、无变形现象时，这表明 UV 展开是恰当的，如图 3-5-6 所示。然而，当对模型进行一定程度的变形操作时，如果 UV 空间内的 UV 展开方式未做相应调整，那么棋盘格纹理在模型表面就会出现变形现象，如图 3-5-7 所示。

图 3-5-6　纹理均匀展开

图 3-5-7　纹理变形

因此，为了确保纹理能够准确地贴合在变形后的模型表面上，就必须对原有的 UV 布局进行编辑和调整。这一编辑工作主要在 UV 编辑器中进行，它是调整和优化 UV 布局、确保纹理映射质量的关键工具。通过精细的 UV 布局编辑，可以确保模型在各种形态下其表面都能呈现出理想的纹理效果。

4. UV 的编辑方法及注意事项

UV 的编辑是对边进行剪切和缝合。打开 UV 编辑器后，先右击，选择“边”，然后长按“Shift”键并右击快速访问剪切、缝合等工具，如图 3-5-8 所示。

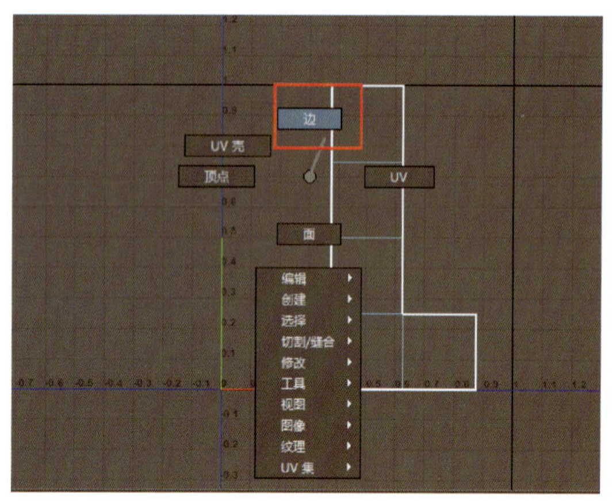

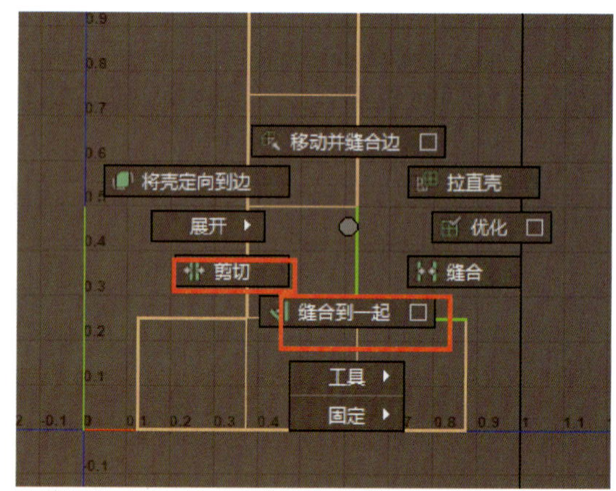

图 3-5-8　UV 的编辑方法

UV 编辑注意事项如下：

（1）为处理纹理接缝，应选取物理世界中较为隐蔽的位置进行 UV 切割与拼接，以确保最终视觉效果不受影响，即切割位置的选择需避免引起视觉上的不连续性。

（2）在展开 UV 之前，必须删除模型的历史操作记录，否则会导致 UV 比例失调。

5. UV 壳的编辑

UV 壳，也称为 UV 片（UV Patch），代表模型表面上的一个单独区域或部分展开区域。模型经过剪切处理后，会根据剪切线被拆分成多个部分，每个部分即对应一个 UV 壳。在 Maya 软件中，可以

对这些 UV 壳进行移动、缩放和旋转等操作，操作方式与在场景中操作的方式相同。在 UV 编辑器中右击，选择“UV 壳”，即可对其进行下一步的操作和编辑，如图 3-5-9 所示。

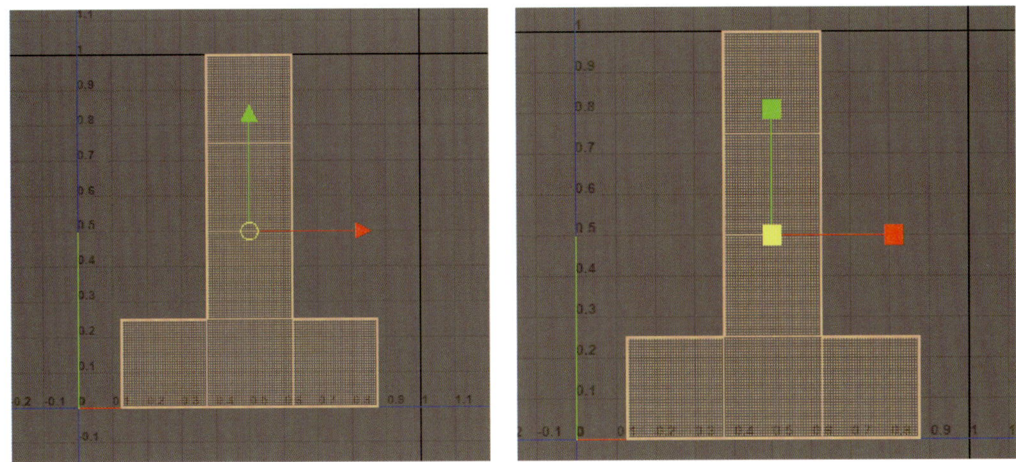

图 3-5-9　UV 壳

三、“冻结变换”命令

在 Maya 软件中，“冻结变换”是一个极为实用的命令，它能将对象的当前变换属性（包括位移、旋转和缩放）重置，同时确保对象在场景中的视觉位置、方向和大小保持不变。如图 3-5-10 所示，圆柱体在经过多次编辑后，其变换属性调整次数较多，这会给后续操作带来不便。此时，在菜单栏选择“修改 > 冻结变换”，即可将圆柱体的所有变换属性数值重置。

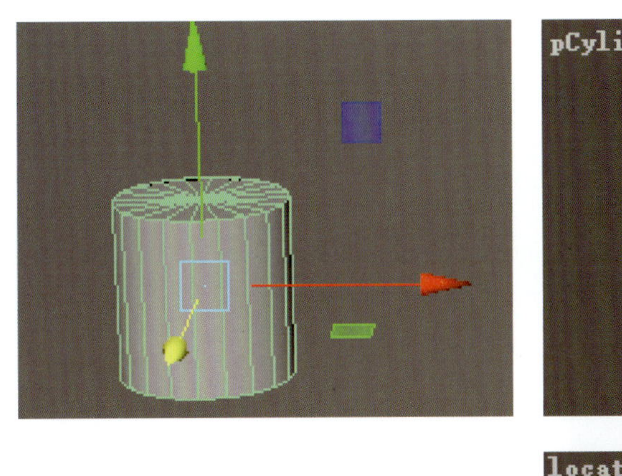

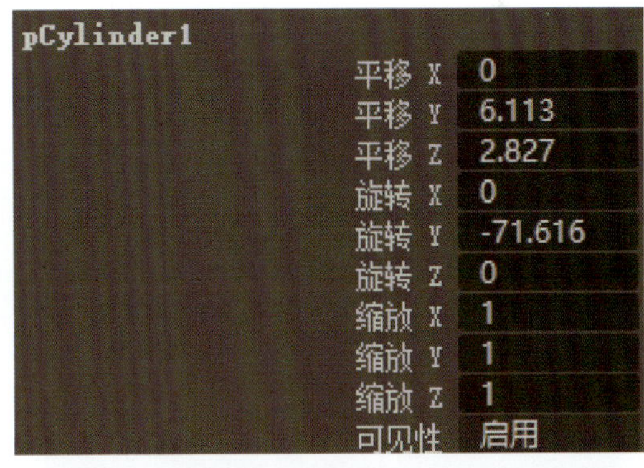

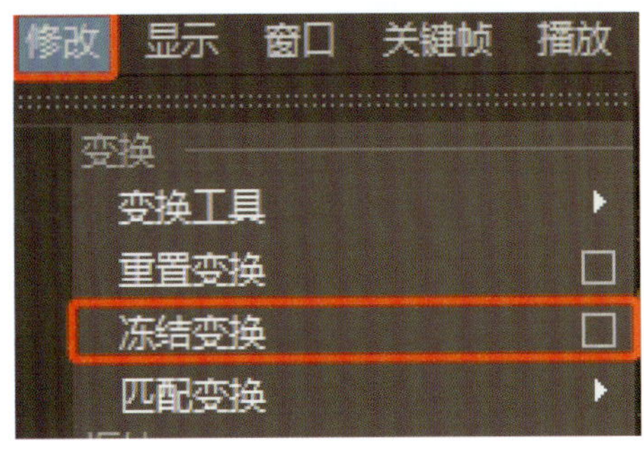

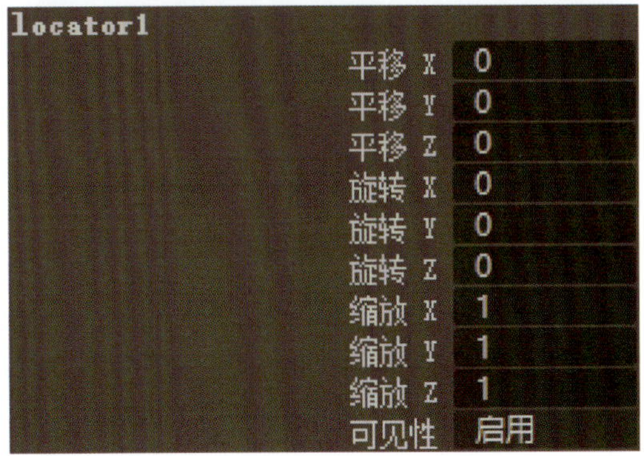

图 3-5-10　执行“冻结变换”命令

任务实施

1. 创建模型并赋予材质

使用多边形建模工具创建香烟盒模型，在菜单栏选择“编辑网格 > 倒角”，设置合适的“分数”“分段”，并赋予其 Arnold 标准材质，如图 3-5-11 所示。

图 3-5-11　创建香烟盒模型

2. UV 拆分

（1）在菜单栏选择“编辑 > 按类型删除 > 历史”，删除模型历史操作记录，然后再使用“冻结变换”命令使对象坐标恢复默认值。在菜单栏选择“UV>UV 编辑器”，右击，选择“边”，框选所有边，长按“Shift”键并右击，选择“缝合到一起”，将默认的分割边缝合起来，如图 3-5-12 所示。

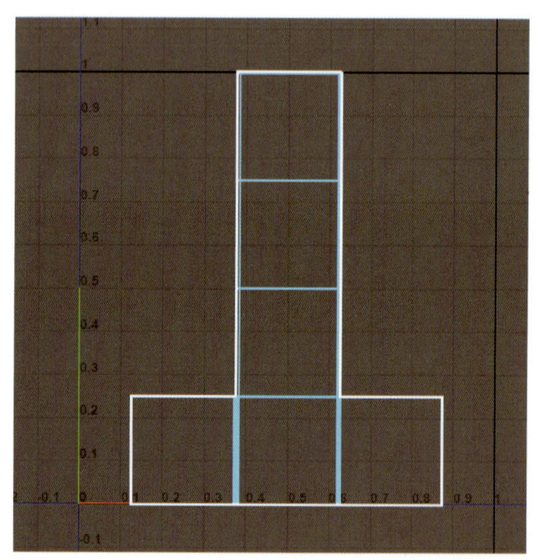

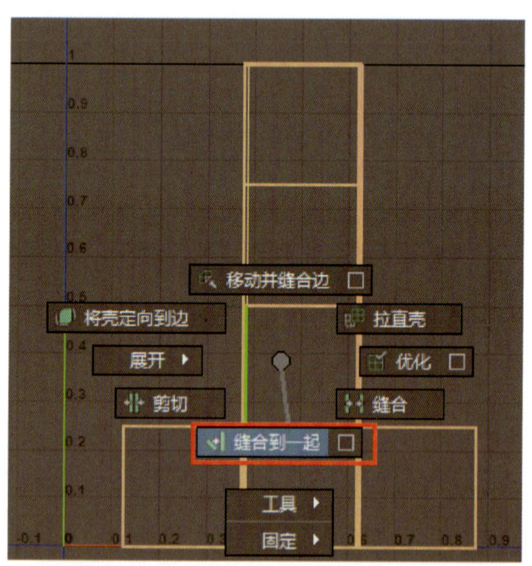

图 3-5-12　UV 缝合

（2）选择合适的缝隙进行分割，在本任务中，由于 6 个面都有贴图，所以采取将盒子剪开并平铺的方法。选择顶面和底面各 3 条边（相对应的）和中间 1 条边，模拟真实剪盒过程，确保分割均匀，在 UV 编辑器界面，长按“Shift”键并右击，选择“剪切”，如图 3-5-13 所示。

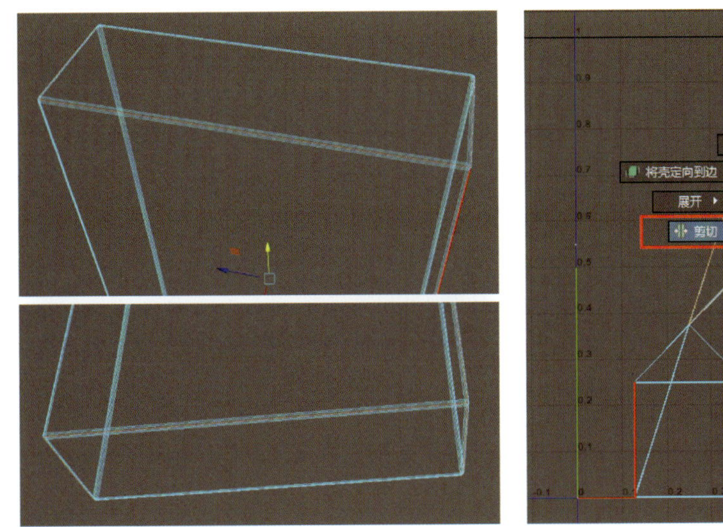

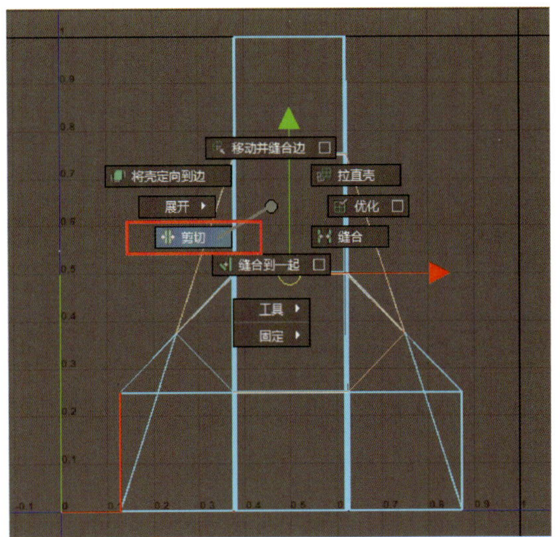

图 3-5-13　沿边线剪开

3. UV 展开

在 UV 编辑器界面中右击，选择“UV 壳”，框选所有的 UV 壳，长按“Shift”键并右击，选择“展开 > 展开”，即可将 UV 按照切割线进行展开，如图 3-5-14 所示。

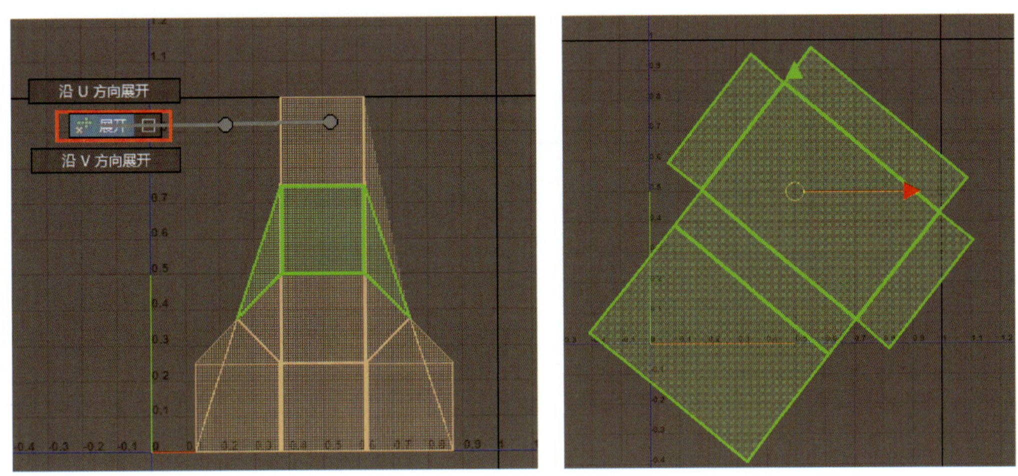

图 3-5-14　UV 展开

4. UV 排布

从展开图中能看出 UV 壳并没有完全在有效的编辑区域内。框选所有 UV 壳，长按“Shift”键并右击，选择“排布 > 排布 UV”，如图 3-5-15 所示。

5. 将 UV 排列整齐

针对 UV 壳角度不正的问题，可通过旋转工具调整。为了调整得更加准确，可以选择图中的一条边线，在 UV 工具包“排列和布局”卷展栏下选择“定向到边”，如图 3-5-16 所示。通过多次尝试和调整，使 UV 排列整齐，如图 3-5-17 所示。

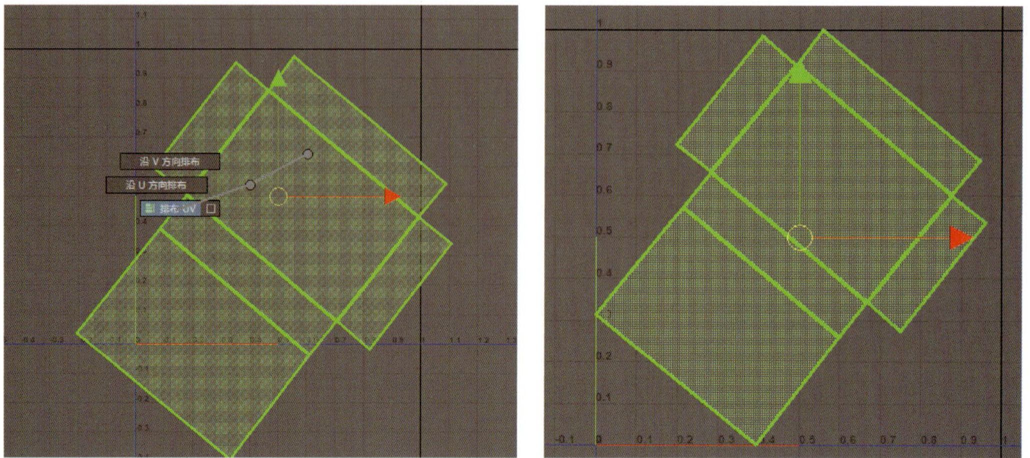

图 3-5-15　UV 排布

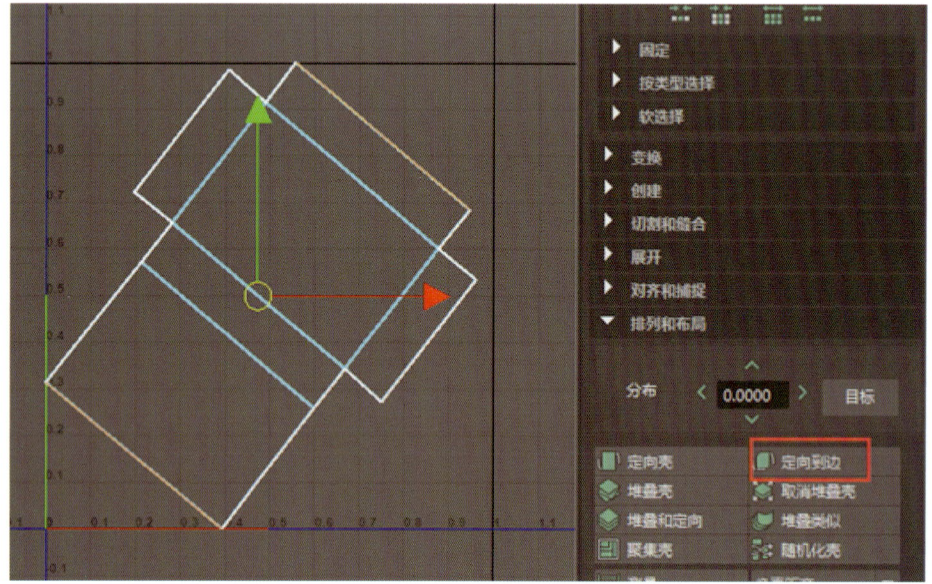

图 3-5-16　调整 UV 壳角度

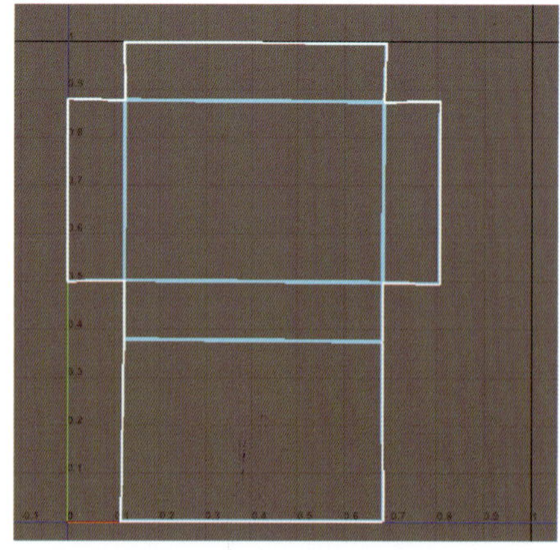

图 3-5-17　最终 UV 排布图

6. 导出 UV 快照

切换到对象模式，选中香烟盒模型，单击 UV 编辑器界面的“UV 快照”图标，导出 UV 快照，如图 3-5-18 所示。

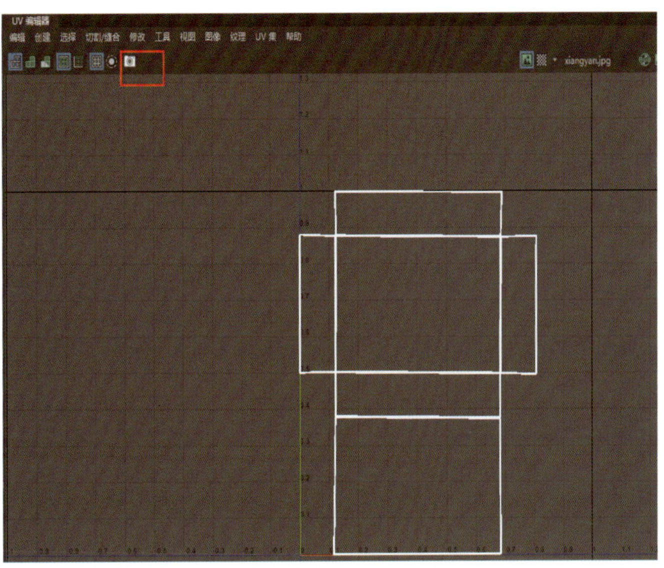

图 3-5-18　导出 UV 快照

7. 贴图的赋予

在 Photoshop 软件中打开 UV 快照，根据轮廓线添加底色，并依据香烟盒设计将图案（配套素材“香烟盒外包装”）对齐至相应位置，如图 3-5-19、图 3-5-20 所示，然后以 PNG 格式导出贴图文件。

图 3-5-19　在 Photoshop 软件中打开 UV 快照

图 3-5-20　贴图效果

8. 赋予贴图

在 Maya 软件中选中香烟盒模型，在属性编辑器中单击“Color”后的图标，选择 PNG 格式的贴图文件，按快捷键“6”显示贴图效果，如图 3-5-21 所示。

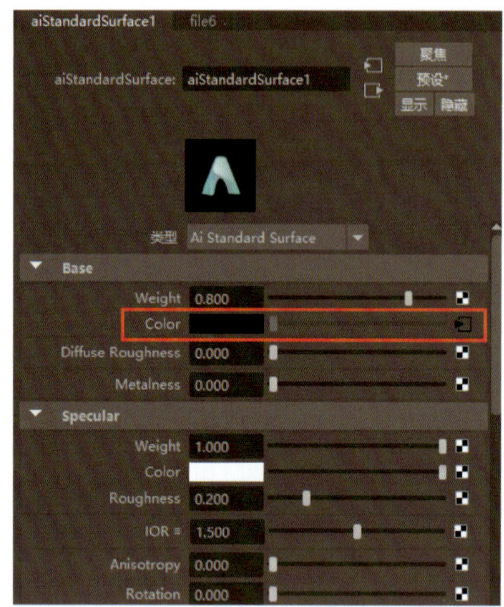

图 3-5-21　加载贴图及效果

练习题

运用本任务所学知识为矿泉水瓶贴包装图。

任务 6　静物组合模型渲染

任务目标：

- ◆ 掌握 Maya 软件中实时区域渲染功能的使用方法。
- ◆ 学会无缝贴图的制作技术。
- ◆ 熟悉 Arnold 标准材质预设的使用方法。

任务引入

使用 Arnold 渲染器为图 3-6-1 中三维静物组合模型赋予材质并渲染。

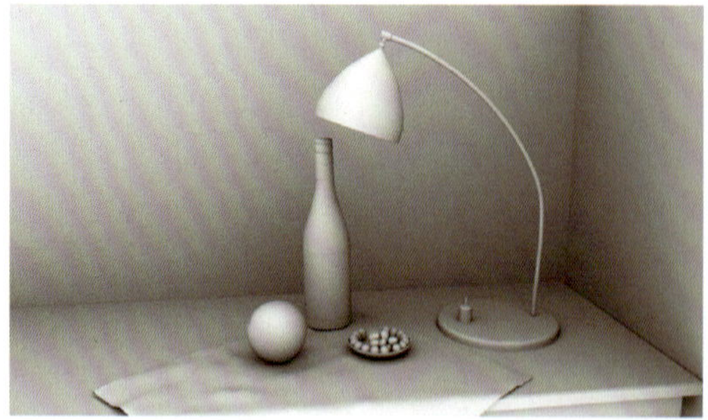

图 3-6-1　三维静物组合模型及最终渲染效果

相关知识

一、实时区域渲染

在 Maya 软件中，实时区域渲染是一项极为强大的功能，它使得用户能够即时查看并渲染场景中的特定区域，无须等待整个场景渲染完毕，极大地提升了用户工作效率。

在复杂的综合场景中，由于物体众多，全面渲染往往耗时颇长。为了显著提升工作效率并有效节约时间，可以采用局部渲染的方法。具体操作如下：如图 3-6-2 所示，首先，在菜单栏选择“Arnold> Open Arnold RenderView”；接着，单击“Crop Region”（裁剪区域）图标，通过此功能框选出需要渲染的特定区域。这样，在后续调整各项渲染参数的过程中，用户能够实时地观察到所选区域的渲染效果，从而迅速评估并确定渲染质量是否达到了预期。

图 3-6-2 实时区域渲染

二、Arnold 节点

在 Arnold 渲染器中，aiBump2d 节点、aiNoise 节点、aiUserDataFloat 节点和 aiRange 节点是四种功能各异的节点，它们能够相互连接，共同实现复杂的视觉效果。

1. 节点的功能和特点

（1）aiBump2d 节点。aiBump2d 节点是一个用于模拟表面细微不平（如凹痕、划痕）的二维凹凸节点，它在不改变几何体实际结构的情况下，通过 2D 贴图创造视觉上的凹凸感。

（2）aiNoise 节点。aiNoise 节点专用于生成噪波纹理，能够产生无序的噪点，模拟自然和随机的纹理效果。此节点不仅可用于创建纹理，还能作为凹凸贴图的控制源，调整凹凸效果的分布与强度。

（3）aiUserDataFloat 节点。aiUserDataFloat 节点是一个用户自定义的浮点数据节点，它允许用户存储并在渲染过程中使用浮点值。这些数据可被传递至材质或几何体上，用于动态控制颜色值、偏移量等。

（4）aiRange 节点。aiRange 节点用于调整输入值的范围，通过设定最小值和最大值，它能够精确控制材质或纹理的最终效果。例如，在调整黑白对比时，使用该节点可实现更加鲜明的色彩过渡。

2. 节点之间的关系

（1）aiNoise 节点与 aiBump2d 节点。aiNoise 节点连接 aiBump2d 节点，通过噪波纹理控制凹凸效果的分布与强度，从而模拟出更加真实的表面质感。

（2）aiRange 节点与 aiNoise 节点。aiRange 节点可置于 aiNoise 节点与 Base Color（或

Roughness）之间，用于调整噪点的分布范围与对比度，实现更为细腻的纹理控制。

（3）aiUserDataFloat 节点与材质属性。可通过连接 aiUserDataFloat 节点和 aiStandardSurface 节点的颜色等属性，实现材质颜色值的动态控制，增强渲染灵活性与个性。

（4）aiRange 节点与 aiNoise 节点的高级连接。在某些特定情况下，aiRange 节点的输出端也可连接 aiNoise 节点，进一步微调噪点的对比度和分布，满足更为复杂的纹理制作需求。

通过结合使用这些节点，可以创建出丰富多样的材质和纹理效果。例如，在创建熔岩材质时，aiNoise 节点可用于模拟熔岩的不规则表面，aiRange 节点可用于控制颜色的对比度，aiUserDataFloat 节点可用于传递自定义的参数值（如偏移量或颜色值等），以实现更复杂的效果。

三、Arnold 标准材质预设

Arnold 标准材质是一种极为通用的材质类型，能够模拟出日常生活中几乎所有可见的材质效果。在 Maya 软件中，该材质不仅功能强大，还提供了一系列预设材质，便于用户在进行材质调整时直接参考，从而有效节省工作时间。

如图 3-6-3 所示，单击“预设”按钮，系统会弹出各类不同的材质选项。

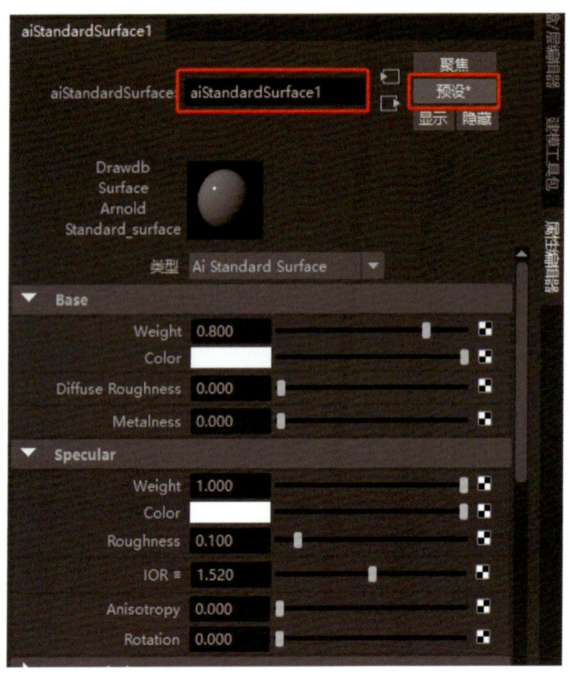

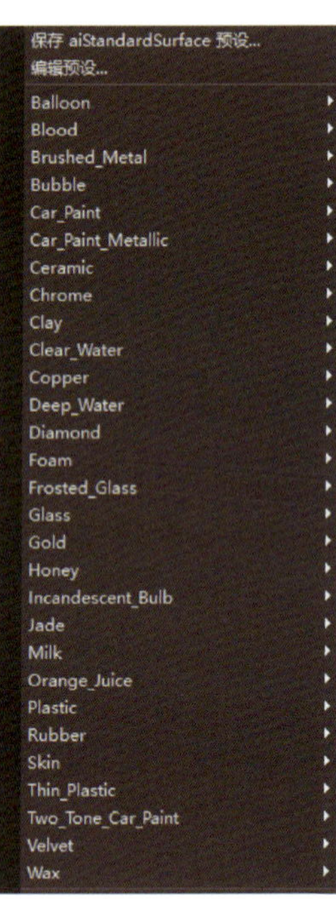

图 3-6-3　预设材质

任务实施

1. 导出素材并创建灯光

导入本任务配套素材“静物组合 .mb”，然后给整个场景赋予 Arnold Skydome Light（参数保持默认值）和 Area Light（向右侧照射，曝光度为 7），以方便观看各个物体的材质赋予效果和贴图效果，然后在右侧创建一盏补光灯（曝光度为 3），如图 3-6-4 所示。

图 3-6-4　灯光创建效果

2. 葡萄的材质赋予

（1）在原有灯光基础上，在葡萄两侧各增设一盏 Arnold Area Light，左侧的为主光源，曝光值为 4，右侧的为辅光源，曝光值为 2，然后选中葡萄，右击，选择“指定新材质”，在弹出的窗口中选择“Arnold>aiStandardSurface”，赋予葡萄以 Arnold 标准材质，如图 3-6-5 所示。

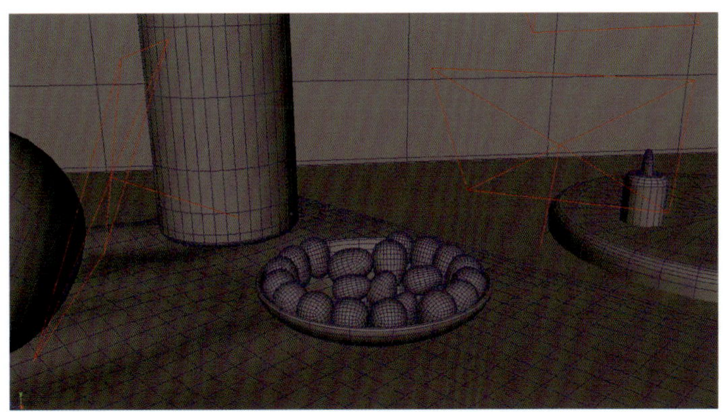

图 3-6-5　葡萄材质灯光的初步设定

（2）赋予葡萄基本底色，并调整“Specular”卷展栏下的相关参数，使得反射效果不过于死板；其中，“Anisotropy”（各向异性）的调整是为了使得葡萄反射的片光的形状不至于太明显，如图 3-6-6 所示。然后，在菜单栏选择“Arnold> Open Arnold RenderView”，单击“Crop Region”图标，框选葡萄区域，观察调整效果。

图 3-6-6　调整葡萄的属性

（3）因葡萄不是透明的物体，“Transmission”不用调整。葡萄有着次表面散射的特性，因此要调整“Subsurface”卷展栏下相关参数，以模拟光线在物体内部散射后的效果，参数设置以及效果如图 3-6-7 所示。

图 3-6-7　调整“Subsurface”卷展栏下相关参数

（4）为了打造葡萄由绿变红的效果，在“Coat”卷展栏下赋予葡萄颜色，同时调整其权重值，使葡萄像被披上一层外衣，如图 3-6-8 所示。

图 3-6-8　调整“Coat”卷展栏下相关参数

（5）为葡萄表面赋予斑点，使其更加真实。选中葡萄，打开 Hypershade 窗口，单击“输入和输出连接”图标，在“创建”选项卡中选择“2D 纹理 > 分形”，创建分形节点，然后在分形节点上按住鼠标中键拖动鼠标光标至葡萄“Base”卷展栏下的“Color”处，并调整分形节点的“颜色增益”和“颜色偏移”属性，使葡萄恢复基本色，如图 3-6-9 所示。

（6）单击“place2dTexture6”节点，在属性编辑器中调整“UV 向重复”的值，以降低分形节点在 UV 上的排布比例，在葡萄表面形成絮状效果，然后根据需要调整“Specular”的权重值，渲染效果如图 3-6-10 所示。

3. 橙子的材质以及贴图赋予

（1）赋予橙子 Arnold 标准材质，并将材质重命名为“chengzi1”；打开 Hypershade 窗口，单击“chengzi1”材质球，然后单击“输入和输出连接”图标，此时工作区会显示该材质的节点，如图 3-6-11 所示。

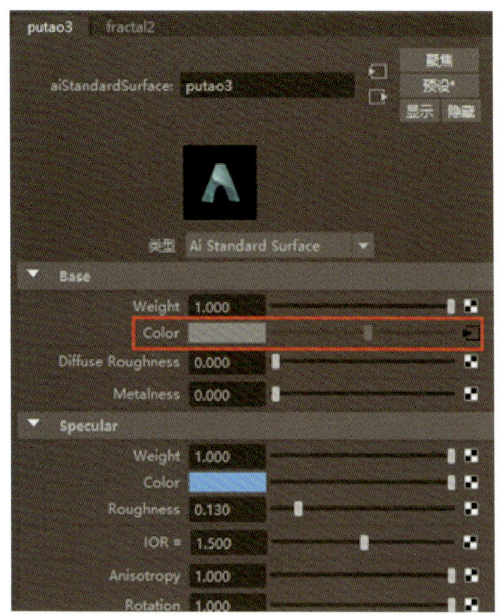

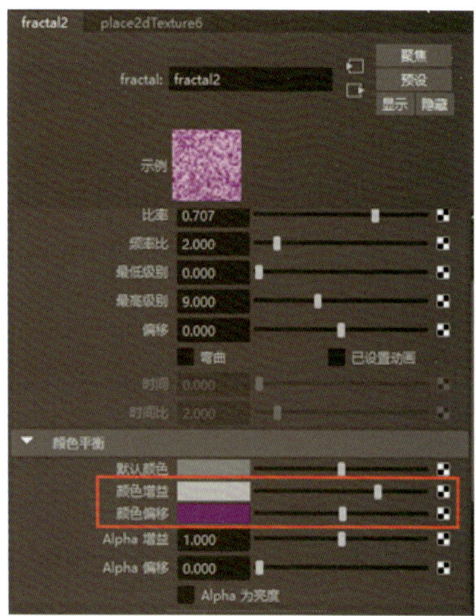

图 3-6-9　调整分形节点

图 3-6-10　在葡萄表面形成絮状效果

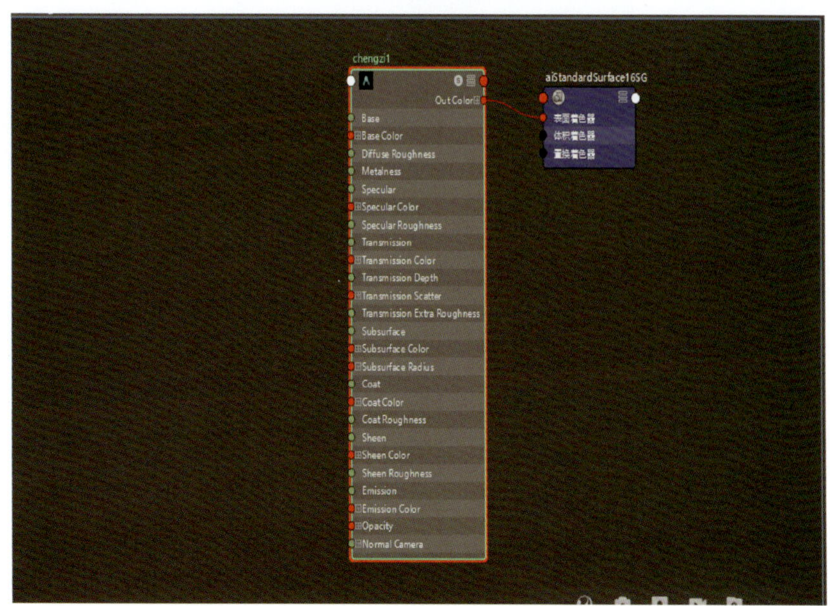

图 3-6-11　橙子材质的节点

（2）按空格键，分别创建 aiBump2d 节点、aiNoise 节点、aiUserDataFloat 节点、aiRange 节点等 Arnold 节点，如图 3-6-12 所示。

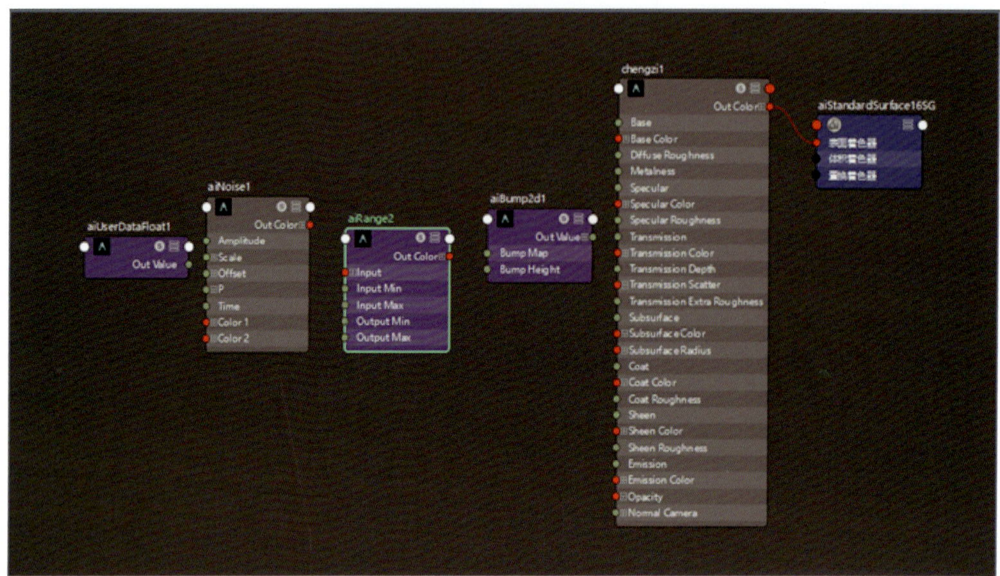

图 3-6-12　创建 Arnold 节点

（3）连接“aiUserDataFloat”节点的“Out Value”和“aiNoise”节点的“ScaleX”“ScaleY”“ScaleZ”，“aiNoise1”节点的“Out Color”和“aiRange2”节点的“Input”，“aiRange2”节点的“Out ColorR”和“aiBump2d1”节点的“Bump Map”，“aiBump2d1”节点的“Out Value”和“chengzi1”节点的“Normal Camera”，如图 3-6-13 所示。

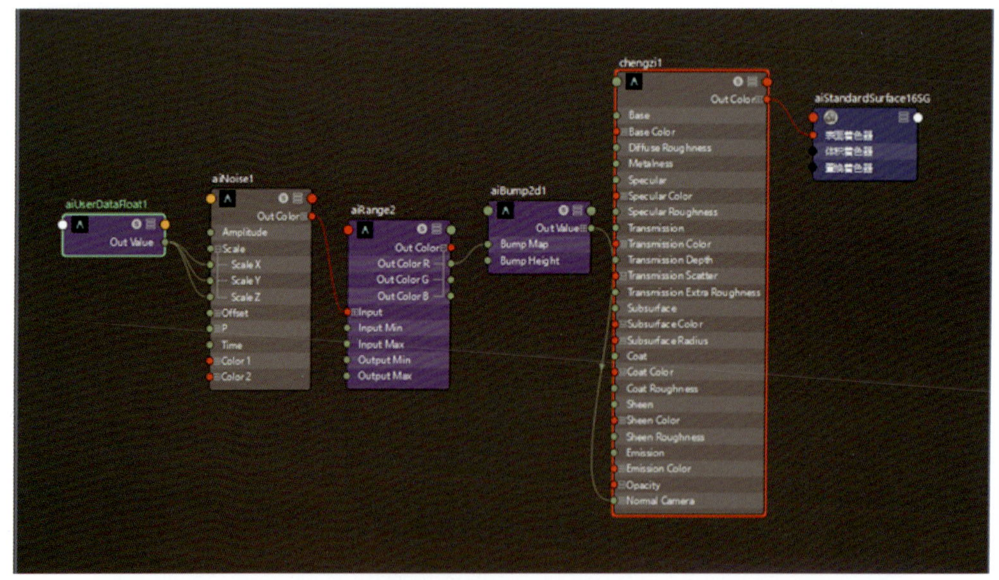

图 3-6-13　节点网络图

（4）单击“aiUserDataFloat1”节点，在特性编辑器中，设置“Default Value”（默认值）为“100”（根据模型的大小以及想要达到的效果调整）；单击“aiRange2”节点，设置“Input Max”

（输入数据最大值）为“6”，如图 3-6-14 所示。

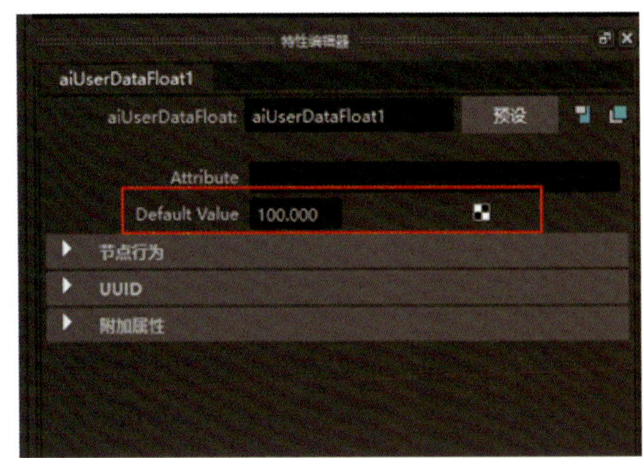

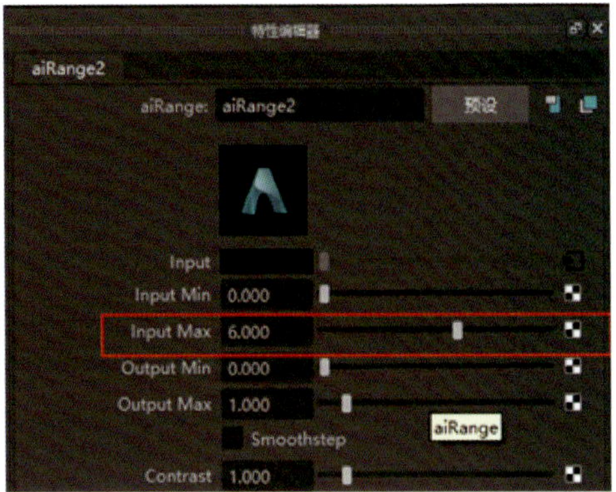

图 3-6-14 调整节点参数

（5）使用实时区域渲染功能查看橙子表面的纹理效果，如图 3-6-15 所示。如对效果不满意，可继续调整上一步中的两个参数值。

4. 果盘的材质赋予

果盘为透明塑料材质的，其材质赋予可参考本项目任务 2 中玻璃杯的材质赋予方法。透明塑料材质赋予时需要降低“Specular”的权重及增大“Roughness”的值以打造粗糙的效果，如图 3-6-16 所示。

图 3-6-15 橙子的渲染效果

图 3-6-16 果盘的渲染效果

5. 红酒瓶的材质赋予

红酒瓶由瓶体、瓶内液体、瓶口、标签等不同部分组成，因此要分别进行材质赋予。

（1）瓶体部分的材质赋予可参考本项目任务 2 中玻璃杯的材质赋予方法，然后调整“Transmission”卷展栏下“Color”即可。

（2）参照本项目任务 5 中的贴图方法，使用本任务配套素材（见图 3-6-17），在瓶子标签处赋予贴图，然后降低“Specular”的权重，使得标签的反光不是特别强烈即可。

（3）对瓶口进行材质赋予，主要是降低“Specular”的权重以及增大“Roughness”的值等，参数设置如图 3-6-18 所示，渲染效果如图 3-6-19 所示。

图 3-6-17　酒瓶标签

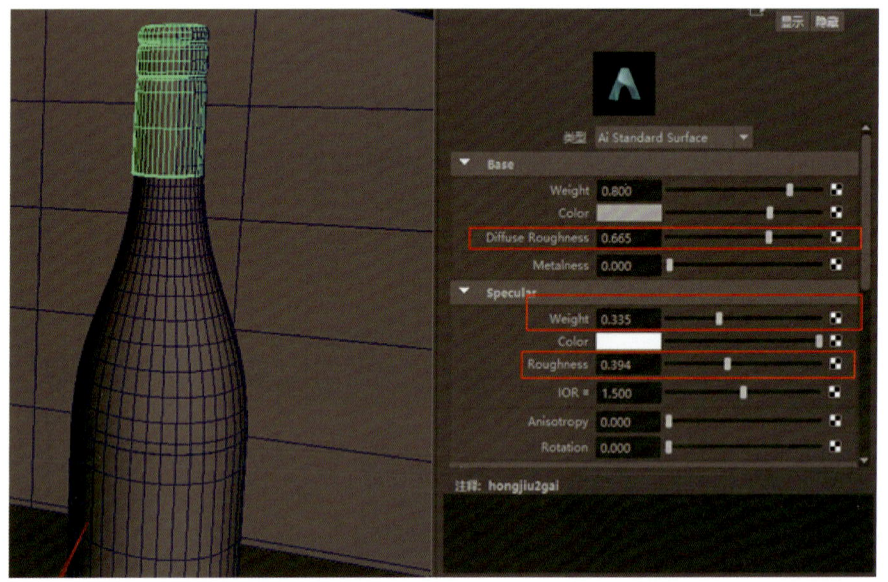

图 3-6-18　调整瓶口材质的参数

图 3-6-19　红酒瓶渲染效果

6. 台灯的材质赋予

选中台灯，右击，在菜单中选择“指定新材质”，在弹出的窗口中选择“Arnold>aiStandardSurface”。灯架上有金属材质的零件，如图 3-6-20 所示，选中这两个部位，在属性编辑器中单击“预设”按钮，在菜单中选择“Brushed_Metal”（拉丝金属），然后进行参数调整和实时区域渲染，渲染效果如图 3-6-21 所示。

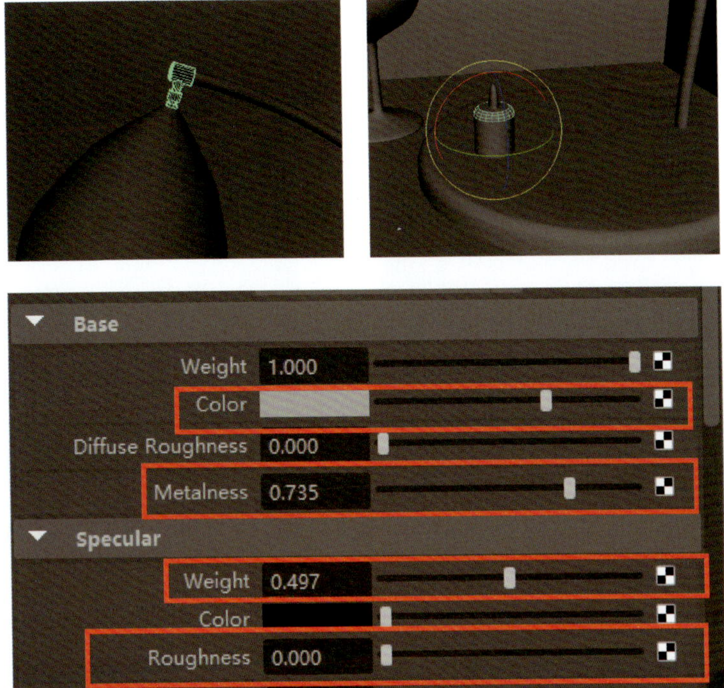

图 3-6-20　为金属零件赋予材质

图 3-6-21　台灯局部渲染效果

7. 墙体和桌面的 UV 拆分与贴图

（1）墙体的 UV 拆分和贴图。赋予墙体 Lambert 材质，在菜单栏选择“编辑 > 按类型删除历史”，删除墙体历史操作记录，然后在菜单栏选择“修改 > 冻结变换”，对墙体进行冻结变换操作，确保 UV 拆分正确。

选中墙体，选择“UV>UV 编辑器”，在 UV 编辑器界面中右击，选择“UV 壳”，如图 3-6-22a 所示；按住“Shift”键并右击，在弹出的菜单中选择“展开 > 展开”，结果如图 3-6-22b 所示；切换到边模式，在 UV 工具包中选择“定向到边”，将 UV 摆正，如图 3-6-22c 所示，摆正效果如图 3-6-22d 所示；最后，切换到 UV 壳模式，按住“Shift”键并右击，在弹出的菜单中选择“排布 > 排布 UV”，使得整个 UV 放置在正确的区域范围内，最终效果如图 3-6-22e 所示。

在属性编辑器中，单击“公共材质属性”卷展栏下“颜色”后的棋盘格图标，在弹出的窗口中选择“2D> 文件”，进行墙体贴图（本任务配套素材“墙体贴图”），如图 3-6-23 所示。

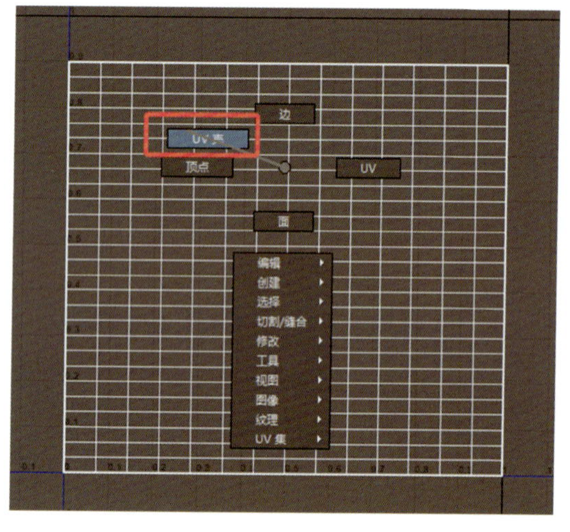

a）

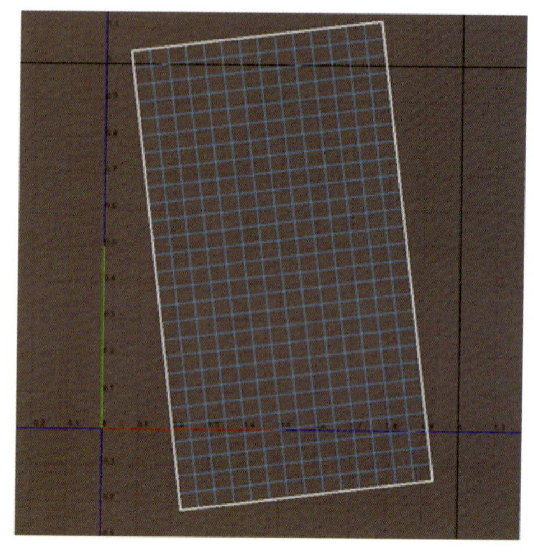

b）

c）

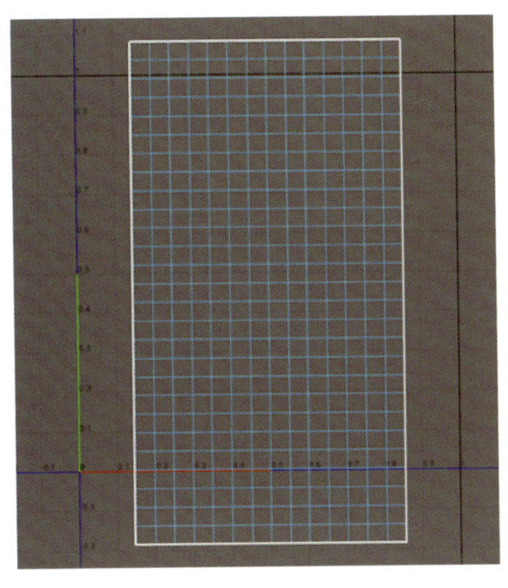

d)

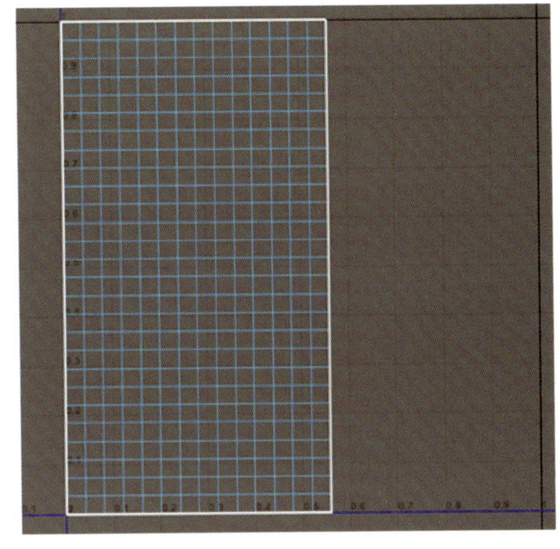

e)

图 3-6-22 墙体的 UV 拆分

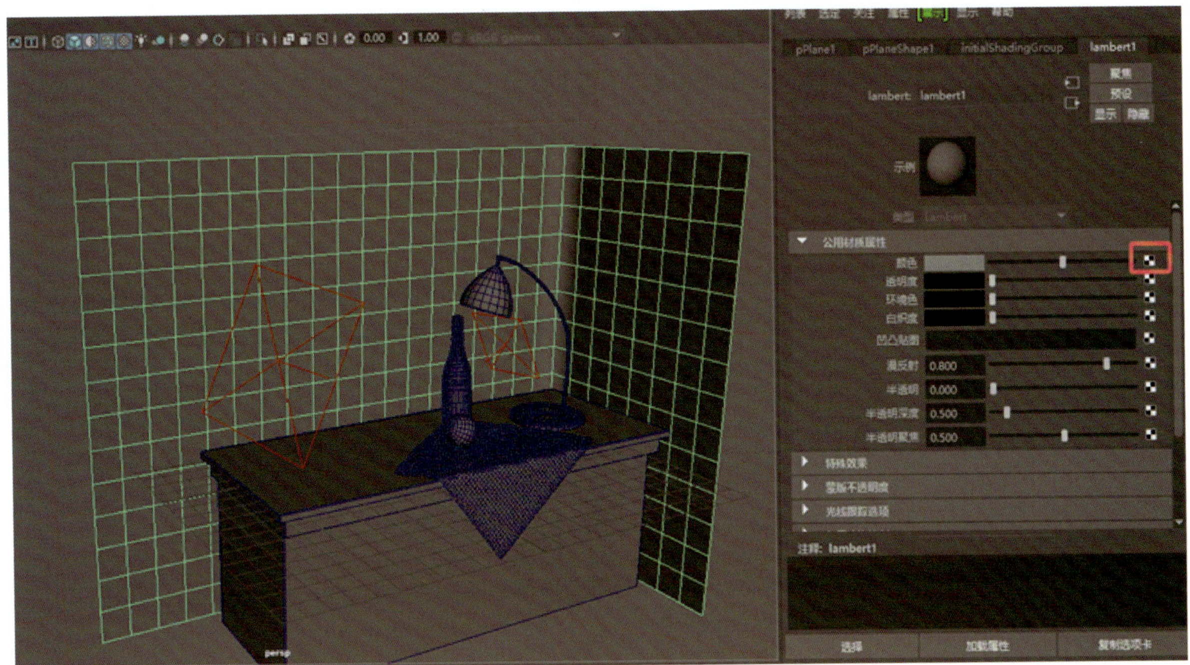

图 3-6-23 墙体贴图

加载贴图的效果如图 3-6-24a 所示，在 UV 编辑器中选择墙体的 UV 壳，按住“Shift”键并右击，在弹出的菜单中选择“旋转壳 > 逆时针旋转”，旋转效果如图 3-6-24b 所示。

在属性编辑器中单击“公共材质属性”卷展栏下“颜色”后的图标，找到其上一级的节点链接，修改“UV 向重复”的值，如图 3-6-25 所示。

（2）桌面的 UV 拆分和贴图。

首先，为桌面赋予 Arnold 标准材质。

其次，进行 UV 的拆分，拆分的边线和在 UV 编辑器中的拆分效果如图 3-6-26 所示。

a）

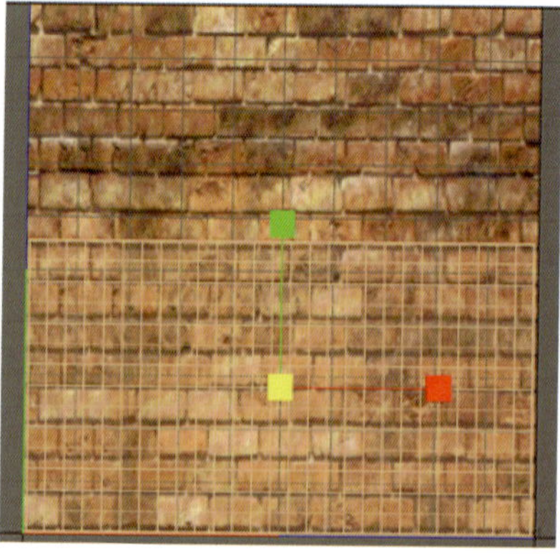
b）

图 3-6-24　墙体 UV 壳的旋转

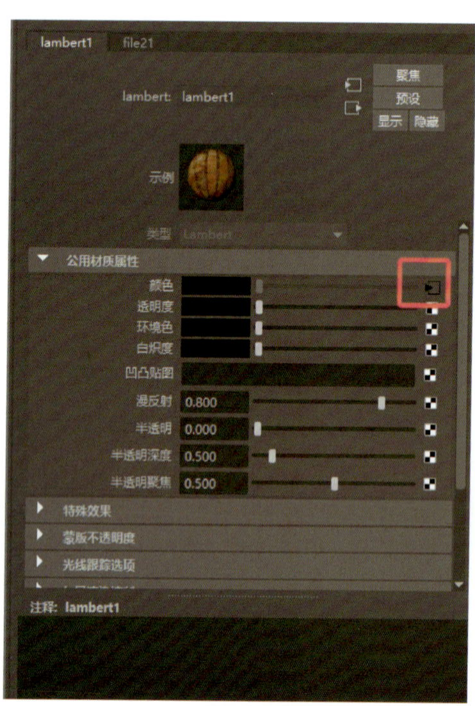

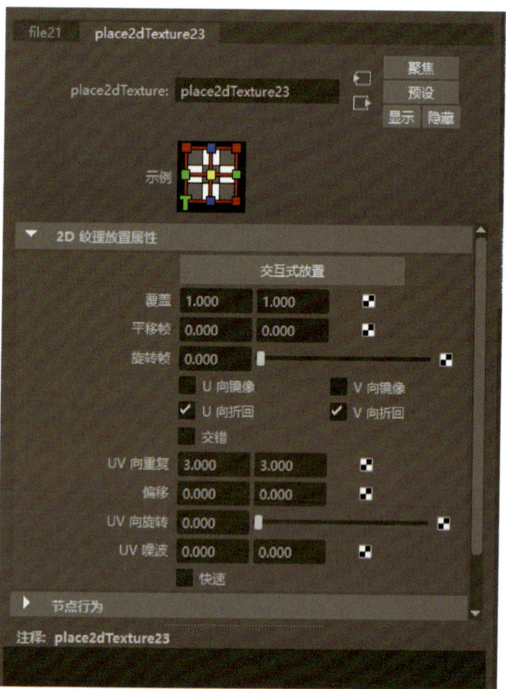

图 3-6-25　修改墙体贴图“UV 向重复”的值

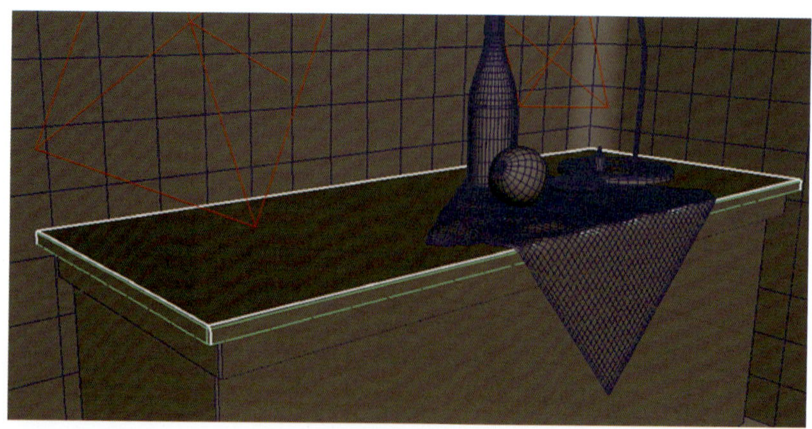

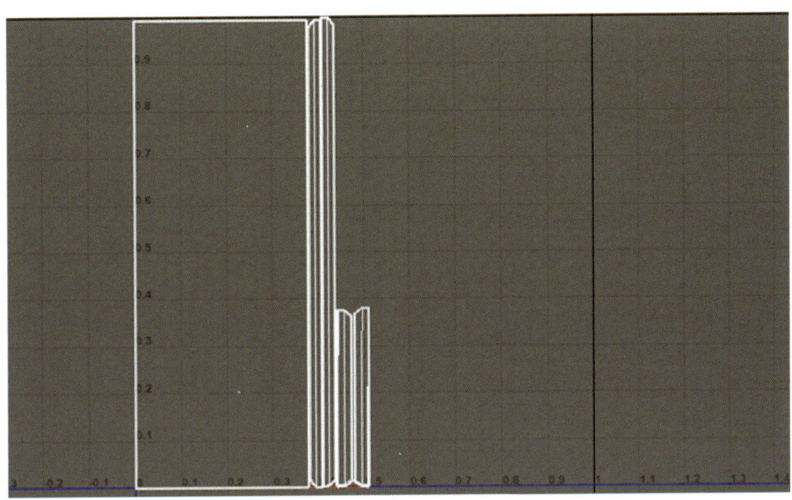

图 3-6-26 桌面的 UV 拆分

再次，在属性编辑器中单击“Color”右侧的棋盘格图标，在弹出的窗口中选择“2D> 文件”，进行桌面贴图（本任务配套素材“桌面贴图”），如图 3-6-27 所示。

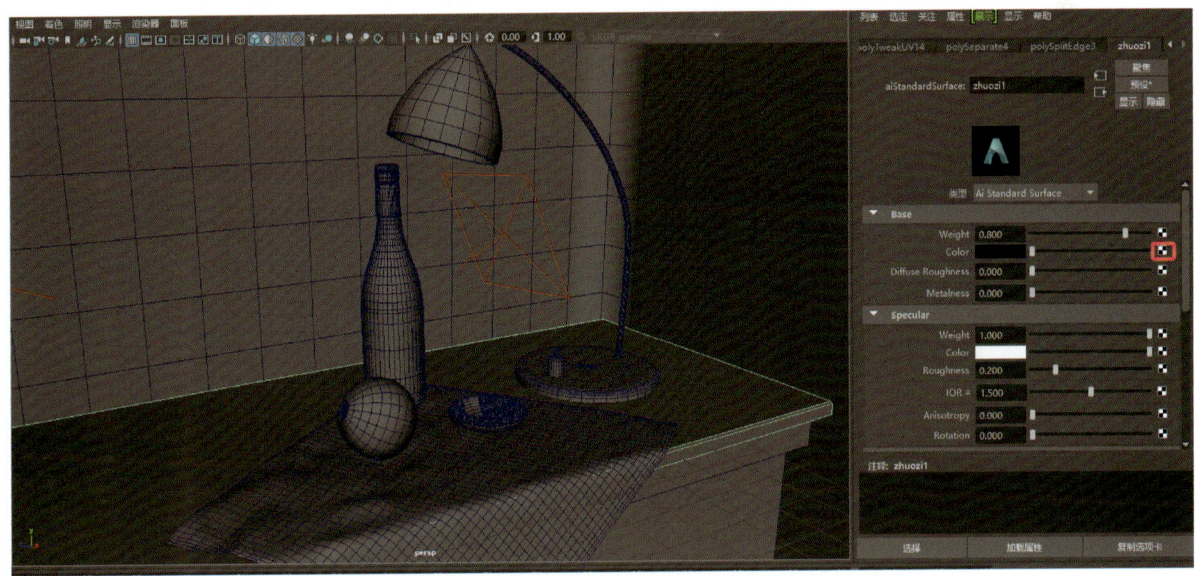

图 3-6-27 桌面贴图

最后，在属性编辑器中单击“Color”右侧图标，找到其上一级的节点链接，修改“UV 向重复”的值，如图 3-6-28 所示。

8. 桌布的材质赋予

为桌布赋予 Anorld 标准材质，在属性编辑器中单击“预设”按钮，在弹出的菜单中选择“Velvet”，设置“Base”卷展栏下“Color”为白色并调整其灰度值，然后调整“Sheen”（光泽度）卷展栏下“Color”为白色，“Weight”为“1”（权重为 100%），最后根据需要调整“Roughness”的值，如图 3-6-29 所示。

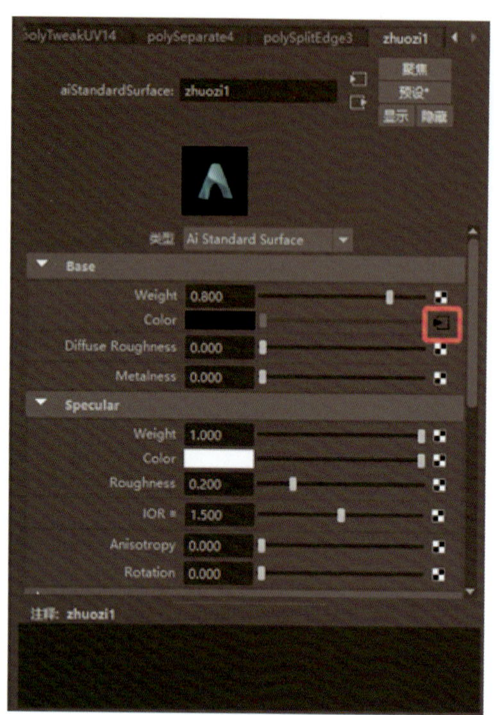

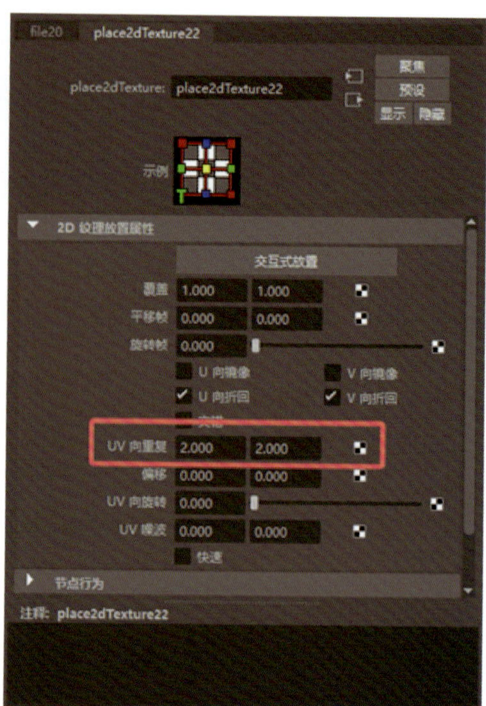

图 3-6-28　修改桌面贴图“UV 向重复”的值

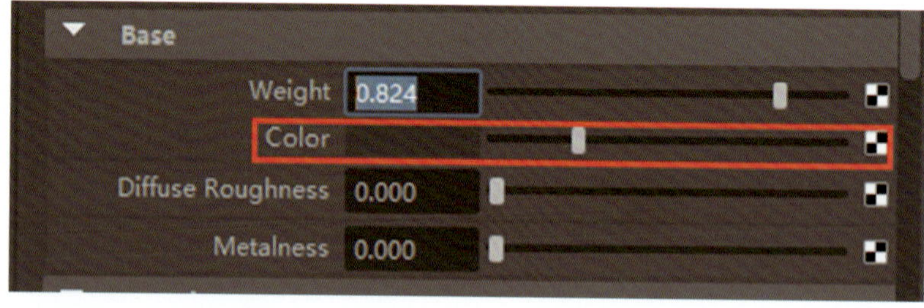

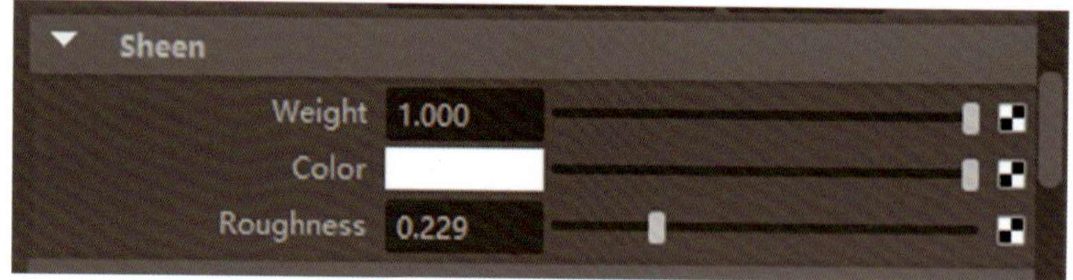

图 3-6-29　桌布材质赋予

运用本任务所学知识制作夜晚的室内角落。

项目四

动画制作

动画是三维制作的灵魂，可赋予模型以动态的生命力。本项目从基础的小球弹跳动画到复杂的路径动画和驱动关键帧动画，逐步讲解 Maya 软件动画模块的核心功能。通过关键帧的设置、曲线编辑器的精细调整、路径动画的创建以及驱动关键帧的巧妙应用，学生将能够制作出流畅自然的动画效果。

任务1　小球弹跳动画制作

任务目标：

- ◆ 认识动画模块及时间轴。
- ◆ 掌握曲线编辑器的使用方法。
- ◆ 学会制作小球弹跳的小动画。
- ◆ 通过制作小球弹跳动画掌握使用 Maya 软件制作动画的基本方法。

任务引入

图 4-1-1 所示是小球弹跳动画中的一个画面，请应用 Maya 软件动画模块相关命令制作小球弹跳动画。

图 4-1-1　小球弹跳动画画面

相关知识

制作关键帧动画是使用 Maya 软件制作三维动画的基础。简而言之，制作关键帧动画就是在物体动画的关键时间点上设置相关数据，这些数据记录着物体在该时刻的状态信息，包括位置、旋转、缩放等，然后 Maya 软件以强大的计算能力，根据这些关键时间点上的数据，精准地计算出中间时间段内的动画变化数据，从而呈现出一段流畅、自然的三维动画。

一、时间轴

时间轴位于界面的底部，是控制动画、显示动画的关键帧和时间范围的关键部分。它是创建与编辑动画的关键所在，并且允许用户执行多项重要操作：创建和编辑关键帧、设定动画的起始帧与结束帧以及播放和预览动画效果，如图 4-1-2 所示。

图 4-1-2　时间轴

二、帧的概念

在 Maya 软件中，帧是用于衡量和控制动画时长和变化的基本单位，例如，关键帧是用户设定的具有特定属性的帧，用于定义动画中的关键动作或状态的变化。

帧速率是每秒内播放的帧数，常用的帧速率有 24 帧 / 秒（fps）、25 帧 / 秒、30 帧 / 秒等。帧速率越高，动画看起来越流畅。创作动画时，单击界面右下角的“动画首选项”标签，在弹出的窗口“类别”列表中选择“时间滑块”，即可设定“帧速率”，电影一般设定为“24 fps”，如图 4-1-3 所示。

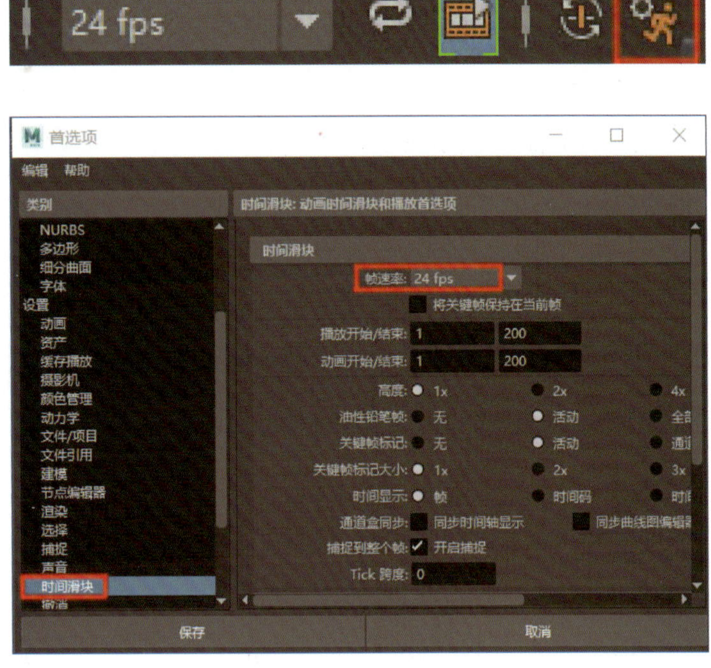

图 4-1-3　设置帧速率

三、创建关键帧的方法

在 Maya 软件中，创建关键帧的方法主要有三种：

第一种方法是使用快捷键创建关键帧。操作时，先调整好指定对象的状态，然后在时间轴上找到要设置关键帧的位置，按快捷键“S”，此时时间轴上出现一条红色竖线，这代表关键帧已成功创建。如图 4-1-4 所示，当调整好小球的位置和大小后，在时间轴的第 5 帧位置上按快捷键“S”，即可在第 5 帧处创建一个关键帧。

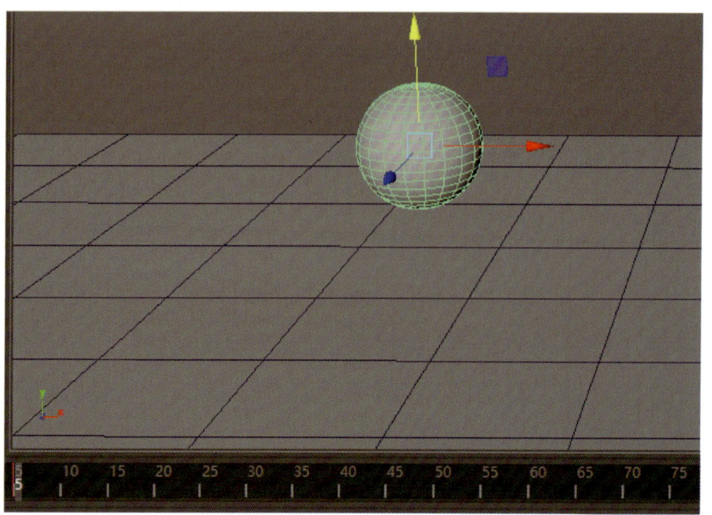

图 4-1-4　使用快捷键创建关键帧

第二种方法是使用自动关键帧功能创建关键帧。“自动关键帧”的图标位于界面右下角“动画首选项”标签旁边，如图 4-1-5 所示。单击此图标，当其变为红色时，即表示自动关键帧功能已被激活。此后，在动画制作过程中，对界面上的指定对象进行任何操作，Maya 软件都会自动在时间轴上创建一个关键帧。但需要注意的是，第一个关键帧通常需要手动创建以激活自动关键帧功能。

图 4-1-5　激活自动关键帧功能

第三种方法是通过通道盒来创建关键帧。首先，在通道盒中选择需要设置关键帧的属性，然后右击该属性值，在弹出的菜单中选择“为选定项设置关键帧”，如图 4-1-6 所示。这样，Maya 软件便会为指定的属性创建一个关键帧。此方法允许用户对指定对象的某个或某些属性（甚至所有属性）进行精细的关键帧创建。

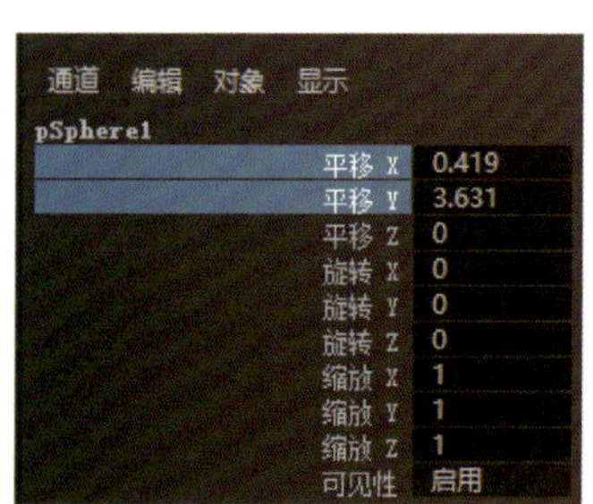

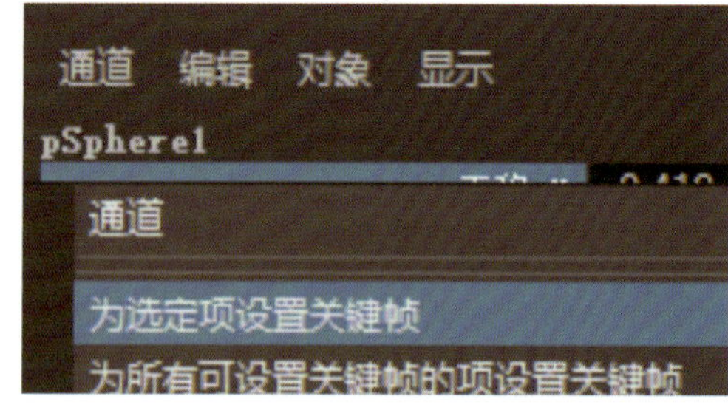

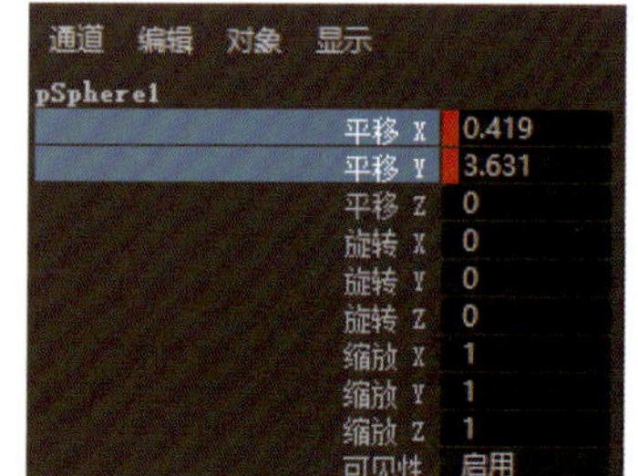

图 4-1-6　使用通道盒创建关键帧

四、曲线图编辑器

1. 曲线图编辑器的打开方式

曲线图编辑器是用于编辑动画曲线的强大工具。在菜单栏选择“窗口 > 动画编辑器 > 曲线图编辑器”，即可打开曲线图编辑器。在曲线图编辑器中，每一条曲线都代表了一个对象属性随时间发展的变化轨迹。可以通过拖动曲线上的控制点或调整曲线的形状，来精细地控制对象的运动轨迹和变化速度，如图 4-1-7 所示。

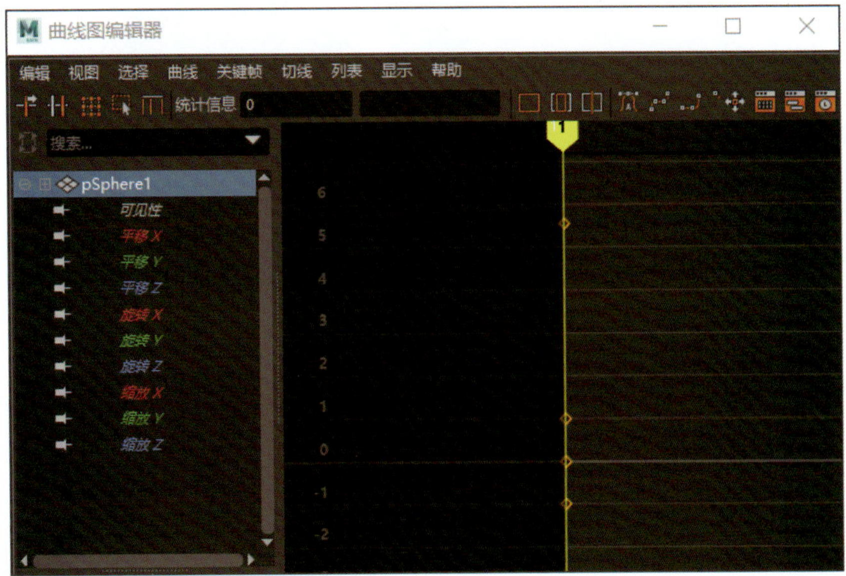

图 4-1-7　曲线图编辑器

2. 曲线图编辑器的功能

曲线图编辑器的主要功能如下：

（1）编辑关键帧。在曲线图编辑器中，用户可以轻松选择、移动或删除关键帧，从而实现对动画节奏变化的精确把控。例如，通过鼠标点选或框选的方式，用户可以轻松选中关键帧，随后，直接拖动鼠标即可实现关键帧的位移；若需删除关键帧，只需选中后按下“Delete”键。此外，用户还可以在曲线上任意位置插入新的关键帧，只需将图中的黄色定位线拖至目标位置，右击，在弹出的菜单中选择“插入关键帧”即可。如图 4-1-8 所示，绿色曲线代表了对象在 Y 轴上的平移轨迹，其上的四个点即为用户设置的关键帧。

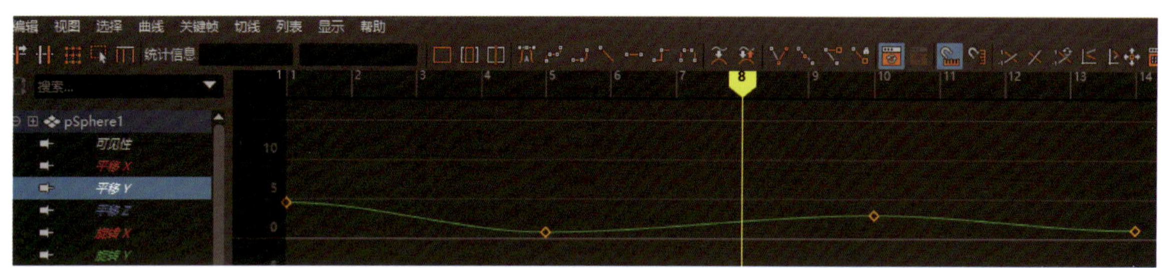

图 4-1-8 在曲线图编辑器中编辑关键帧

（2）调整曲线弧度。用户可以通过调整关键帧上的手柄来改变曲线的弧度，进而调整对象的运动状态。同时，用户还可以将手柄打断，单独调整一侧的曲线，以实现更加精细的运动控制。此外，通过选择线性、平滑或阶跃等不同的曲线类型，用户可以进一步丰富对象的运动表现。如图 4-1-9 所示，通过选中关键帧并使用手柄进行调整，用户可以轻松改变曲线的弧度，进而调整对象的运动状态和速度。

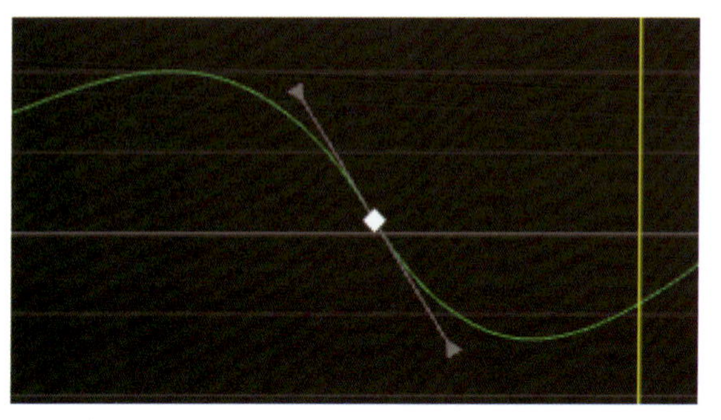
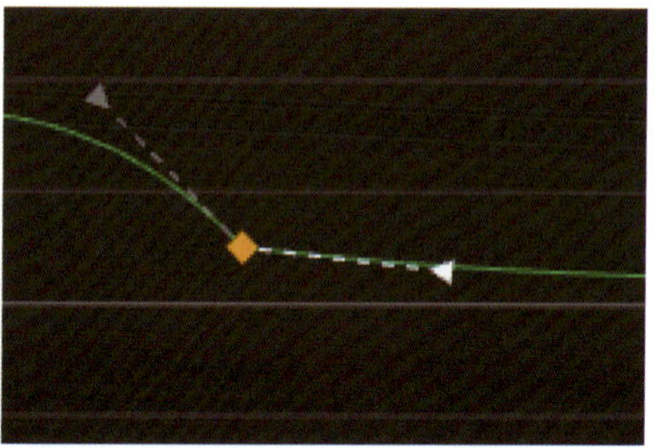

图 4-1-9 调整曲线弧度

（3）选择特定时间范围。这一特性使得用户能够聚焦于动画的某个特定部分进行精细调整。同时，用户还能够同时查看和编辑多个相关属性的曲线，如位置、旋转、缩放等，这一功能极大地提升了动画制作的效率与便捷性。如图 4-1-10 所示，用户可以在同一界面中清晰地看到对象所有属性的曲线，从而更加直观地调整动画效果。

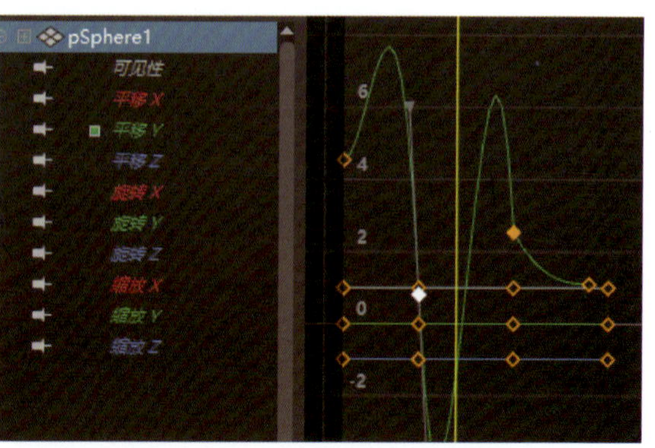

图 4-1-10 对象相关属性曲线

任务实施

1. 创建地面和一个小球

新建项目，在场景中使用多边形建模工具、曲面建模工具创建地面和一个小球。选中小球，在菜单栏选择“窗口 > 渲染编辑器 >Hypershade”，在打开的 Hypershade 窗口中为小球赋予 Blinn 材质，然后在“创建”选项卡中选择“2D 纹理 > 棋盘格”，给 Blinn 材质球赋予棋盘格纹理，然后在属性编辑器中调整小球颜色，如图 4-1-11 所示。最后，赋予地面 Lambert 材质并调整颜色。

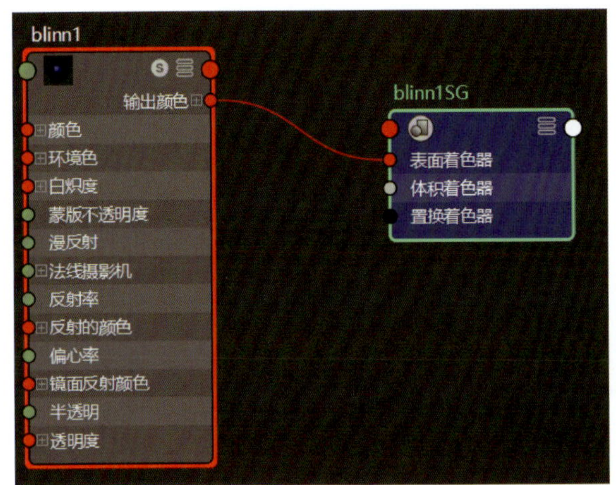

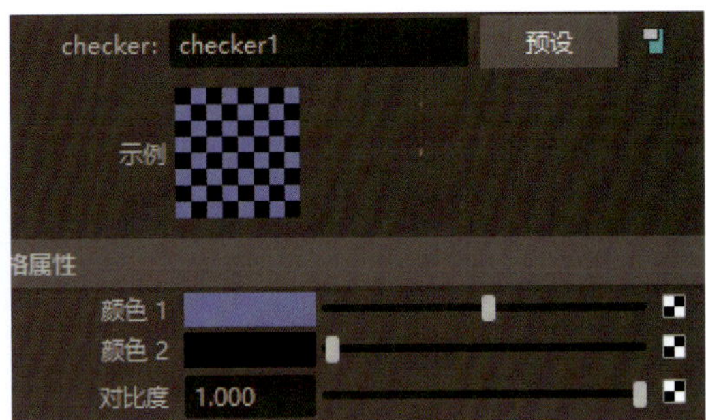

图 4-1-11 为小球赋予材质和纹理

2. 设置小球初始状态关键帧

调整小球的位置，该位置即为小球下落的起始点。在时间轴上单击第 1 帧，选中小球，按快捷键“S”，为此时小球的位置、旋转角度和缩放情况设置关键帧，该关键帧记录了小球在初始时刻的状态，如图 4-1-12 所示。

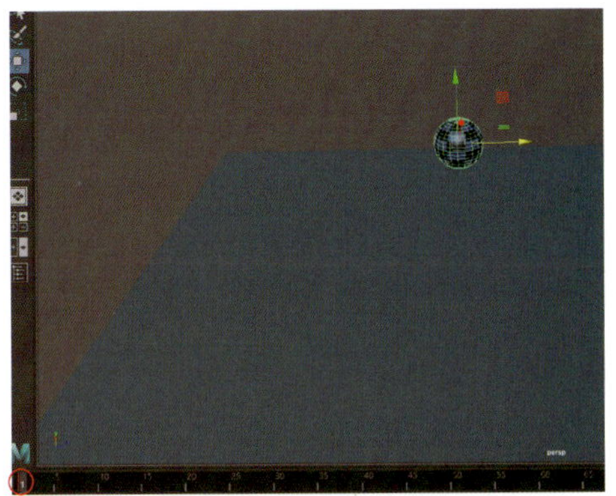

图 4-1-12 为小球的初始状态设置关键帧

3. 设置小球下落状态关键帧

在时间轴上单击第 5 帧，在场景中将小球向下移动，以呈现出下落的效果，按快捷键“S”设置关键帧，如图 4-1-13 所示。由于小球下落属于加速运动，所以在设置这一关键帧时，应缩短它与前一帧之间的时间间隔，以体现小球加速下落的动态变化。

4. 设置小球与地面碰撞关键帧

在时间轴上单击第 10 帧。根据物理规律，当小球与地面接触时，其运动会有一瞬间的暂停，并且在形状上可能会出现轻微的压缩（即缩放变化）。在此帧处，调整小球的位置使其与地面接触，并相应地修改小球的缩放比例，模拟碰撞时产生的压缩效果，然后按快捷键“S”设置关键帧，如图 4-1-14 所示。

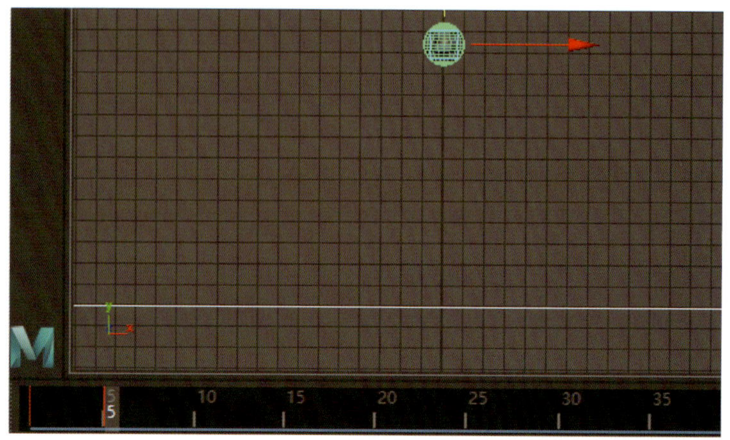

图 4-1-13　小球下落状态关键帧

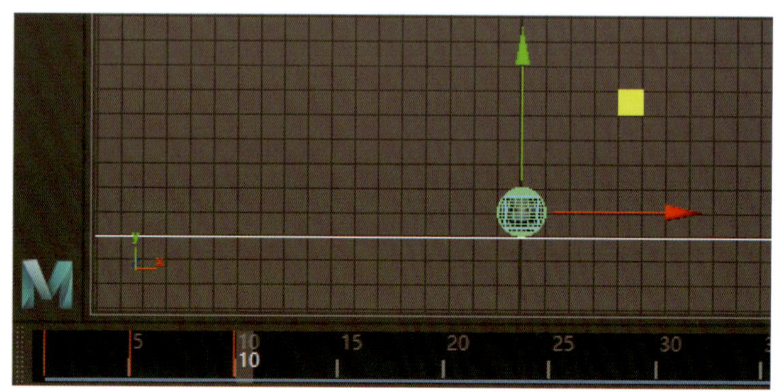

图 4-1-14　小球与地面碰撞关键帧

5. 设置小球反弹阶段关键帧

在时间轴上单击第 15 帧。将小球向上移动，以模拟其反弹的效果，并按快捷键“S”设置关键帧。在这一帧中小球的高度应设定得比第 1 帧略低，这是为了体现出小球是借助弹力向上弹起的，其反弹高度不会超过初始高度。

6. 设置多次弹跳过程关键帧

重复上面的几个步骤，并逐渐降低小球反弹的高度，从而模拟能量损失和弹跳衰减效果。随着时间的延长，小球每一次弹跳用时逐渐减少，因此需要逐渐减少两个关键帧之间的帧数。

7. 调整曲线

在菜单栏选择“窗口 > 动画编辑器 > 曲线图编辑器”，在曲线图编辑器中调整关键帧之间的曲线，以使动画更加流畅和自然。如图 4-1-15 所示，打开曲线图编辑器可以看到平移 Y 属性的曲线是一条上下波动的曲线，而平移 X、平移 Z 属性的曲线则保持直线状态，说明小球只做了垂直方向的移动，即小球在原地弹跳。

放大这条曲线，曲线下面的一系列点标志着小球落地的几个关键帧，因此，这几个点应该在同一水平线上。相应地，曲线上方的一系列点则代表了小球每次弹跳达到的最高点。为了模拟真实的能量

损失和弹跳衰减效果，这些点的高度应当依次降低，形成逐渐衰减的弹跳轨迹。如图 4-1-16 所示，调整曲线上面点的位置（主要是调整点的高度，也可以在上方数值填写框输入高度值），让小球弹跳的高度更加准确。

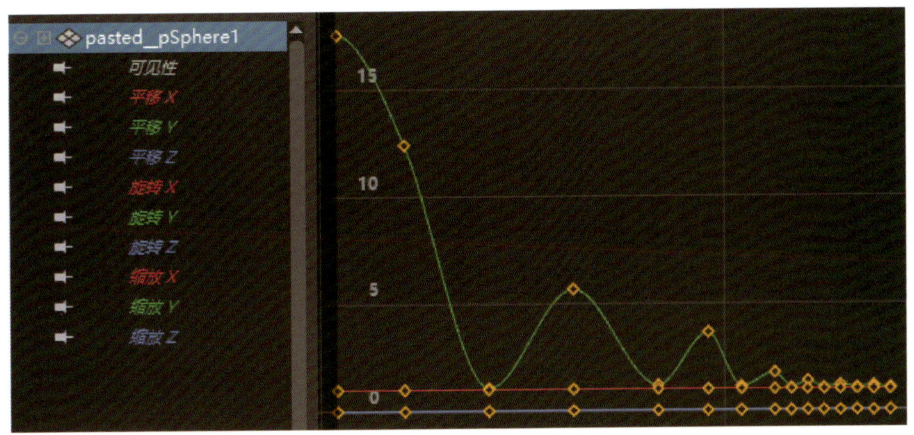

图 4-1-15 平移 X、平移 Y、平移 Z 属性的曲线

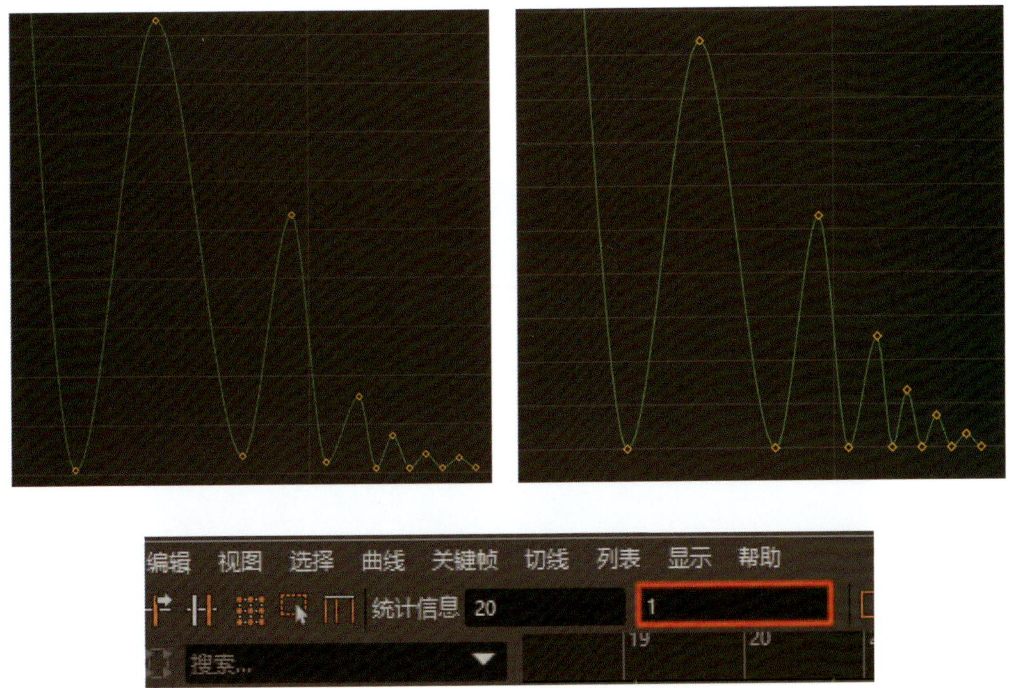

图 4-1-16 调整平移 Y 属性曲线上的点

8. 改变小球弹跳方向

如果想让小球向右弹跳，就需要给小球的平移 X 属性创建关键帧，向右拖动小球，并在时间轴中选择最后一帧，按快捷键“S”设置关键帧。在菜单栏选择“窗口 > 动画编辑器 > 曲线图编辑器”，在曲线图编辑器中将平移 X 曲线上中间的点删除，如图 4-1-17 所示。此时播放动画，小球即可向右弹跳。

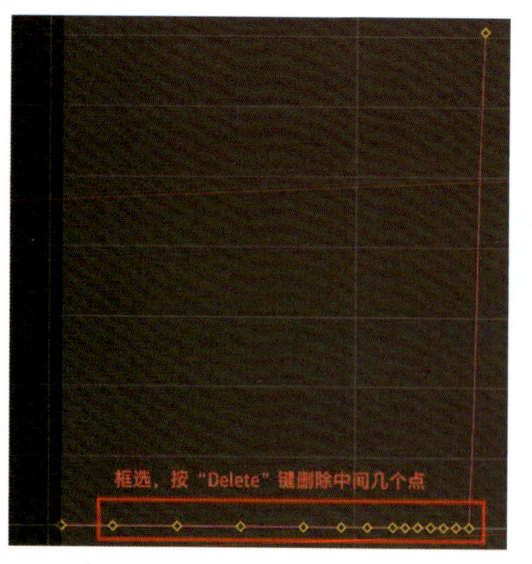

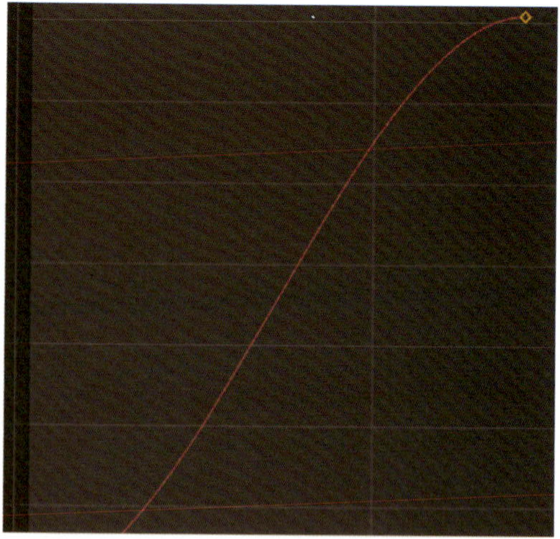

图 4-1-17　编辑小球的平移 X 属性曲线

9. 制作滚动效果

小球弹跳结束后，并不能马上静止不动，而是会顺势继续滚动一段时间。这时候就需要给小球的旋转属性创建关键帧。如图 4-1-18 所示，在时间轴上单击第 40 帧，选中小球，在通道盒中设置“旋转 Z”为“-40”，按快捷键“S”设置关键帧；在时间轴上单击第 60 帧，在通道盒中设置“旋转 Z”为“-260”，按快捷键“S”设置关键帧，然后将小球向右拖动一小段距离并按快捷键“S”设置关键帧，此时播放动画，小球即可向右滚动。

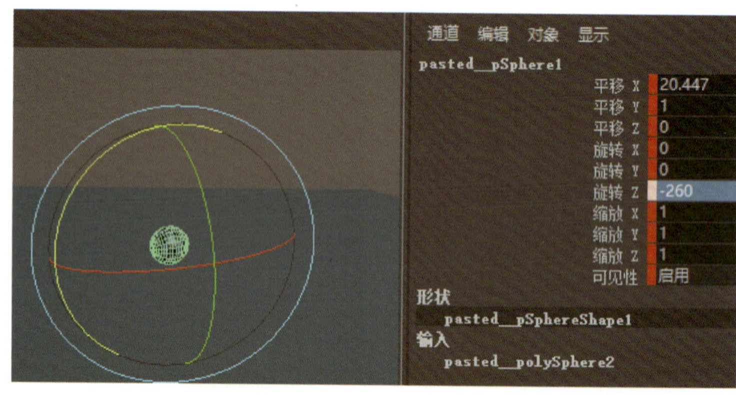

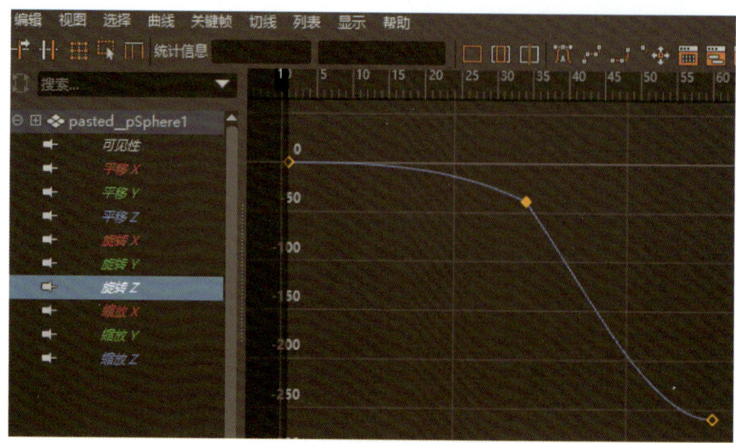

图 4-1-18　创建小球旋转属性的关键帧

10. 渲染和预览

完成动画设置后，进行渲染和预览，查看最终效果，并根据需要进行微调。

练习题

运用本任务所学知识制作风车转动动画。

任务2 鱼游动动画制作

任务目标：

- 认识路径动画。
- 能够制作鱼游动的小动画。
- 通过制作鱼游动动画掌握使用Maya软件制作路径动画的基本方法。

任务引入

图4-2-1所示是鱼游动动画的画面，请应用Maya软件中的路径动画制作技术制作该动画。

图4-2-1 鱼游动动画的画面

相关知识

一、路径动画及其创建方法

1. 路径动画的概念

路径动画是一种动画技术，它主要用于实现一个对象（如角色、摄像机、图形元素等）沿一个预先定义的路径进行移动的效果，这种技术能够生动地模拟如交通工具沿特定路径运动、树叶自然飘落、鱼类在水中自由游动等自然现象和动态场景。

在动画制作过程中，路径动画的应用非常广泛。它不仅可用于创建角色的移动轨迹，还可以用于控制摄像机的运动路径，从而拍摄出更富有动感和视觉冲击力的画面。

2. 路径动画的创建方法

在动画制作时，选中对象和运动路径，在菜单栏选择“约束 > 运动路径 > 连接到运动路径”，即可使对象沿路径运动。

下面以一个例子介绍路径动画创建的方法。

首先，在场景中创建一条曲线（路径），并创建一个长方体作为运动对象。

然后，在“菜单集”菜单选择“动画”，同时选中长方体和曲线，在菜单栏选择“约束 > 运动路径 > 连接到运动路径”，如图 4-2-2 所示。

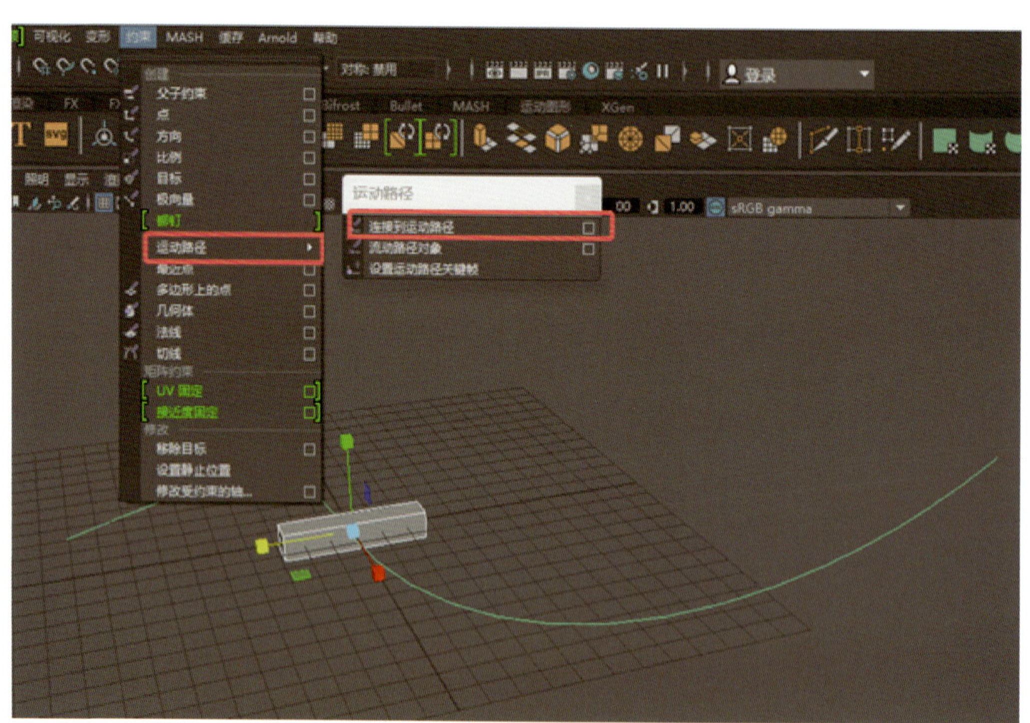

图 4-2-2　在菜单栏选择“约束 > 运动路径 > 连接到运动路径”

最后，单击界面右下角的“向前播放”▶按钮，长方体即可沿曲线运动，如图 4-2-3 所示。

3. 运动路径主要属性调整方法

在图 4-2-3 中，长方体虽然运动起来了，但目前仍然在做横向运动，如果想让长方体沿其长度方向与预设路径相切地移动，则需要调整相应的参数。下面仍以制作长方体的运动动画为例讲解运动路径主要属性调整的流程和方法。

（1）访问 motionPath 节点。选中运动对象，在界面右侧属性编辑器中打开“motionPath1”面板，如图 4-2-4 所示，即可在该面板中进行相应参数设置。

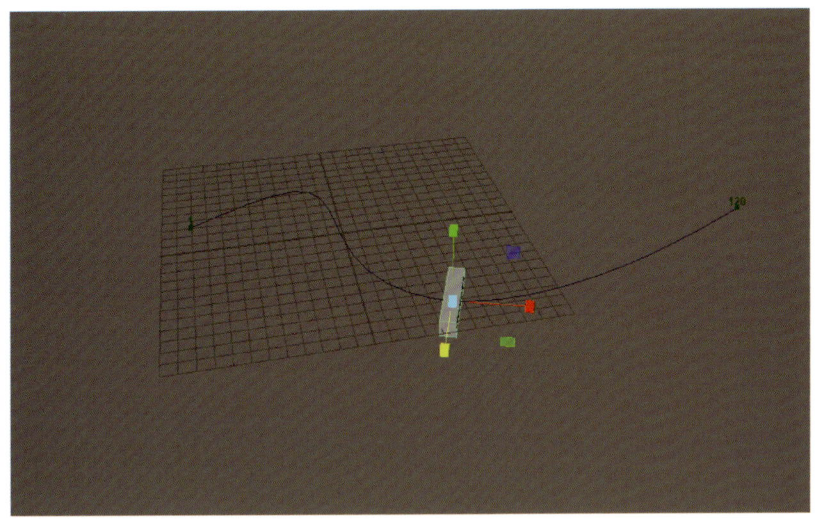

图 4-2-3　长方体沿曲线运动效果

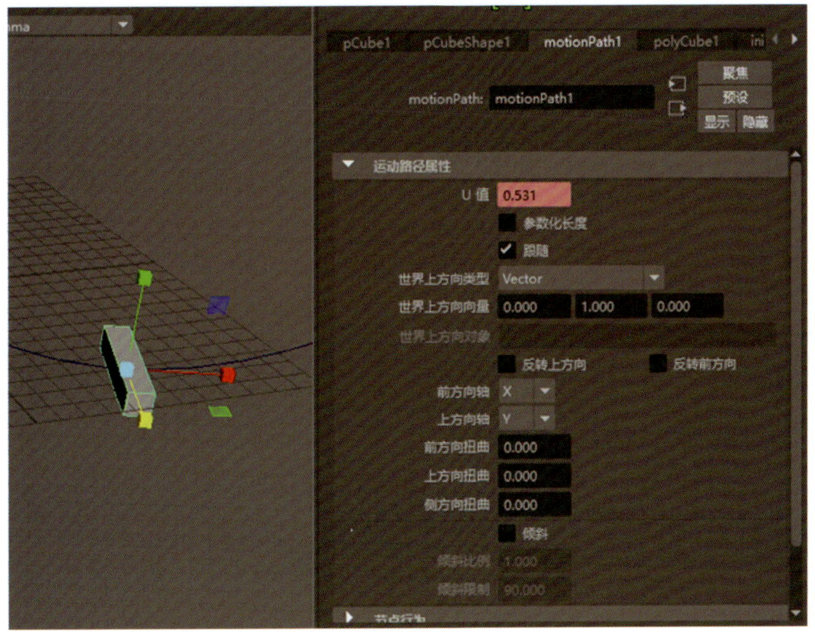

图 4-2-4　“motionPath1”面板

（2）调整对象运动方向。前方向轴决定了对象在路径上的朝向，上方向轴设置有助于保持对象在路径上的稳定性。在图 4-2-4 中，“上方向轴”设置为“Y”，意思是对象在运动中向上的方向为 Y 轴向；“前方向轴”设置为“X”，意思是对象的 X 轴向始终是和曲线的向前的切线方向保持一致的，如将“前方向轴”改为“Z”，能够看到对象的运动方向发生了改变，如图 4-2-5 所示，也就是 Z 轴向成了对象向前运动的方向。

（3）调整对象扭曲等参数。“运动路径属性”卷展栏中还有“前方向扭曲”“上方向扭曲”“侧方向扭曲”等参数。以“前方向扭曲”为例，将“前方向扭曲”设置为“45”，可以理解为对象以前方向为轴进行 45° 的旋转，此时长方体会发生一定的旋转，如图 4-2-6 所示。同理，“上方向扭曲”和“侧方向扭曲”也是按照相同的原理进行调整的。

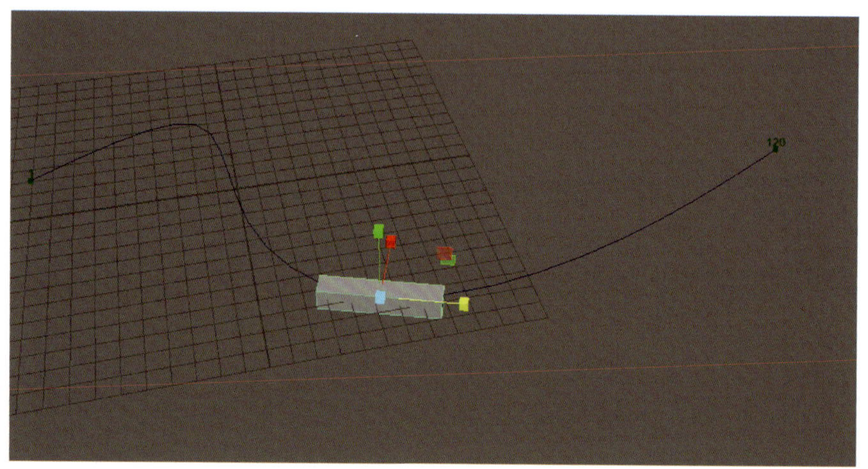

图 4-2-5　改变运动方向后的对象

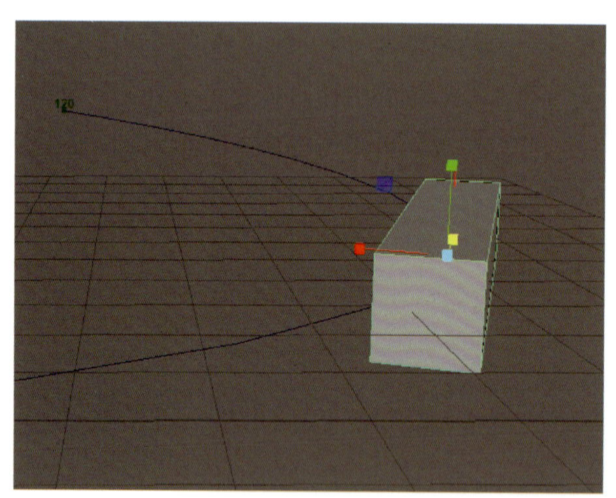

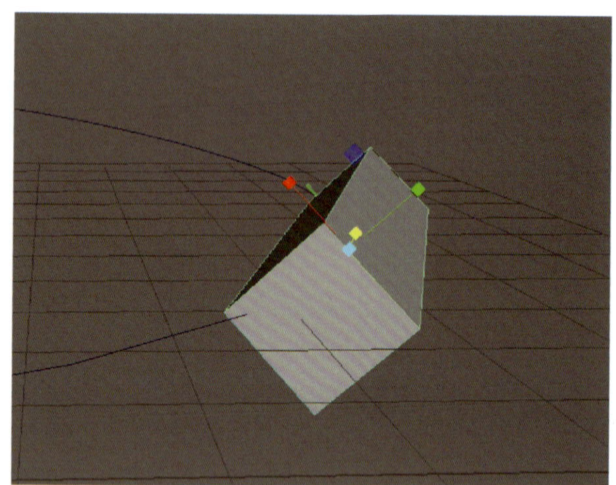

图 4-2-6　“前方向扭曲”调整前后效果

二、流动路径对象创建

在实际生活中，如果运动对象是有生命的，那么它在运动过程中必然会产生一定程度的形变。为了更真实地模拟这种形变效果，我们可以使用 Maya 软件的流动路径对象功能。这一功能使用户能够沿当前运动路径或围绕当前对象的位置创建流动路径，从而实现对象在运动过程中的平滑变形效果。选中运动对象后，在菜单栏选择“约束 > 运动路径 > 流动路径对象”并勾选命令后复选框，即可打开属性设置窗口，如图 4-2-7 所示。该窗口中有两个重要参数——“分段”和“晶格围绕”。

分段：包括“前”“上”和“侧”三个方向的分段数。这些值代表将在相应方向上创建的晶格段数，数值越大，生成的晶格段数就越多，运动路径就越圆滑。

晶格围绕：选择“对象”或“曲线”作为晶格围绕的中心。如果选择“对象”，晶格将围绕对象生成；如果选择“曲线”，晶格将沿曲线生成。

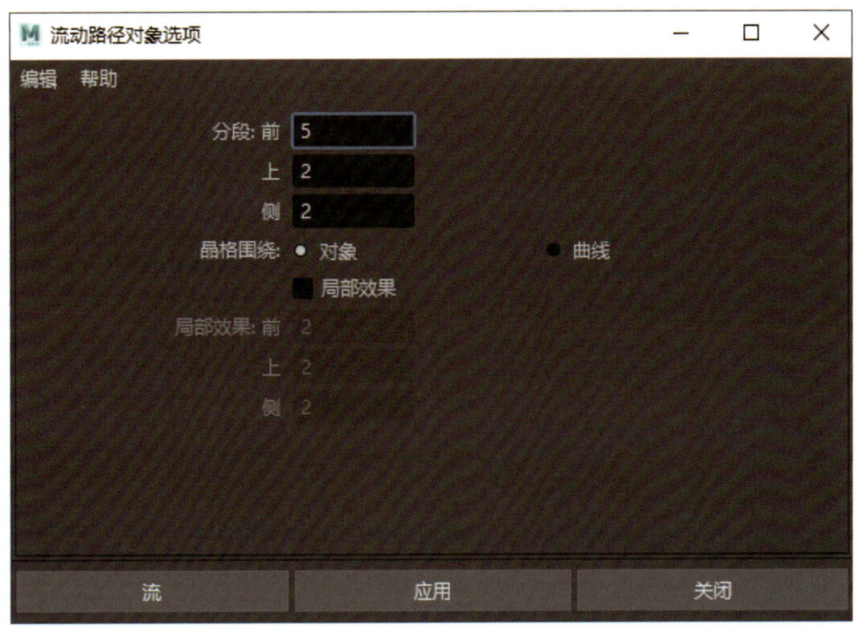

图 4-2-7　“流动路径对象”属性设置窗口

继续以制作长方体的运动动画为例，在已经设置好运动方向和扭曲等相关参数的基础上，为其添加流动路径对象效果以模拟软体变形。选中长方体，在菜单栏选择“约束 > 运动路径 > 流动路径对象”并勾选命令后的复选框，在属性设置窗口中设置“晶格围绕”为“曲线”，如图 4-2-8 所示。

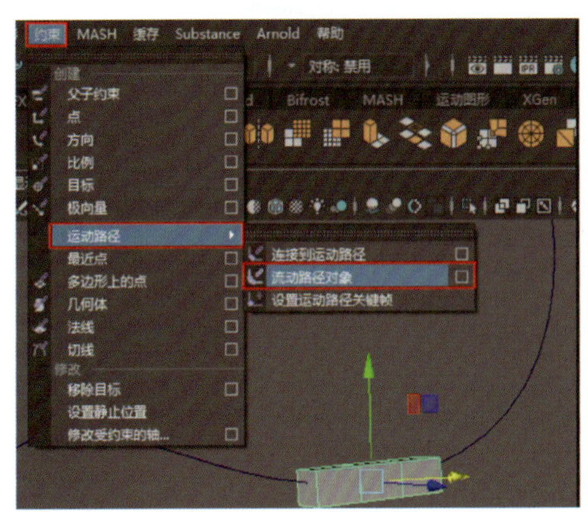

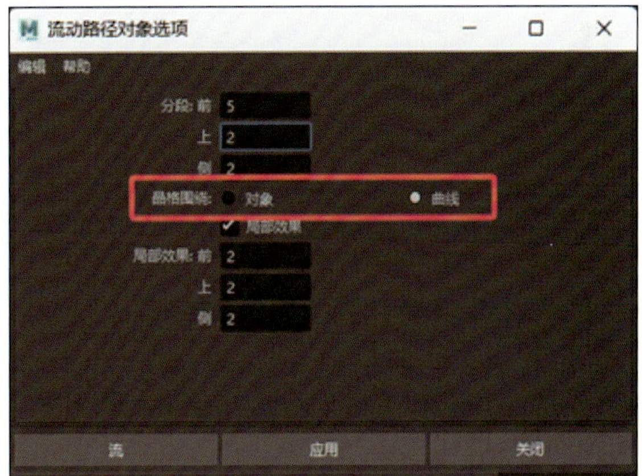

图 4-2-8　创建流动路径对象

系统默认“前”分段数为“5”，这并不能产生良好的软体变形效果，此时将“前”分段数设置为“50”，效果如图 4-2-9 所示。

此时，长方体并没有按照晶格的包裹产生形变，原因是其在此方向上的细分段数不够多，因此需要增加细分段数，以保证形变，图 4-2-10 所示为增加细分段数之后的长方体运动效果。

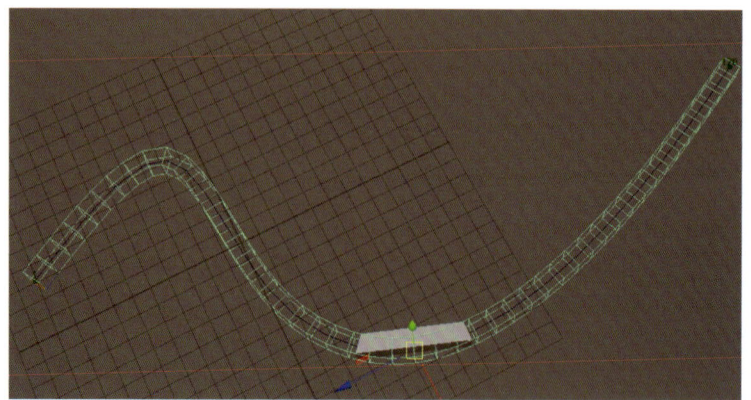

图 4-2-9　创建流动对象效果

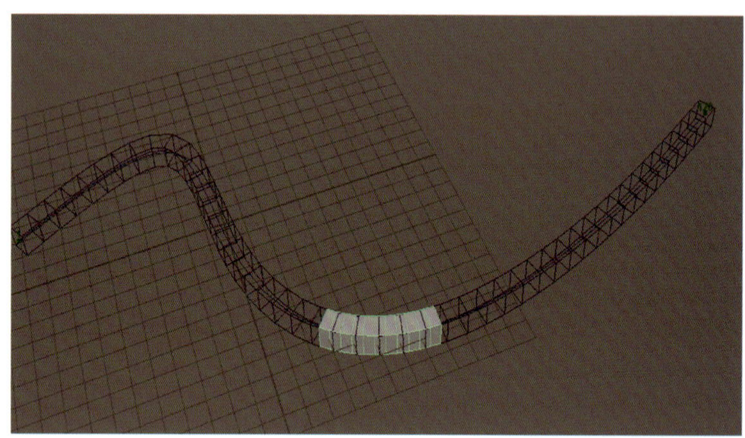

图 4-2-10　增加细分段数之后的长方体运动效果

任务实施

1. 创建鱼类模型

（1）在菜单栏选择“窗口 > 建模编辑器 >Paint Effects”，在“Paint Effects”面板中选择“绘制 > 绘制场景”，然后选择“笔刷 > 获取笔刷”，如图 4-2-11 所示。

（2）在内容浏览器“示例”选项卡中选择“Modeling>Sculpting Base Meshes>Animals”中的鱼类模型，并将其拖放到场景中，如图 4-2-12 所示。

（3）可在“Paint Effects”面板单击“编辑模板笔刷”图标，对鱼类模型进行编辑，同时可对其进行删除历史操作记录、增加分段数等操作，以使得其游动的动画更加流畅，如图 4-2-13 所示。

2. 创建鱼游动路径

在正交视图下，在菜单栏选择“创建 > 曲线工具 >CV 曲线工具”，创建鱼游动路径，运动路径要有起伏变化，如图 4-2-14 所示。

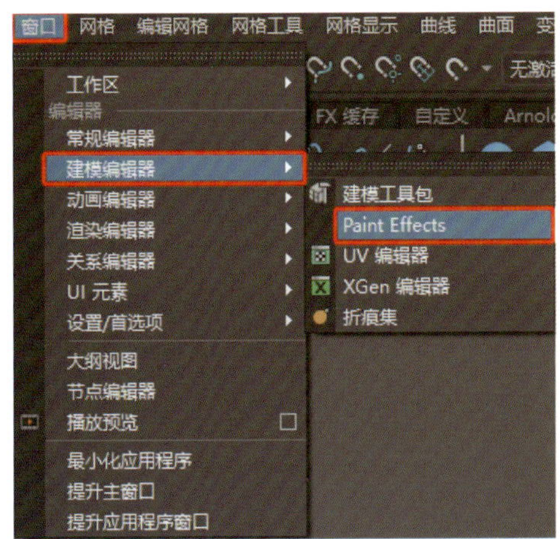

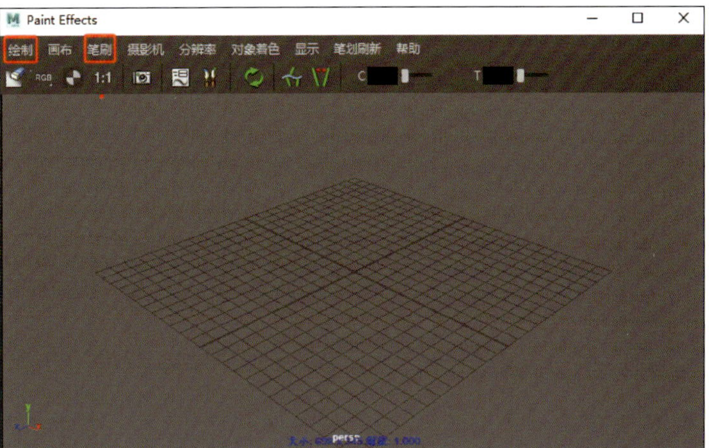

图 4-2-11　打开“Paint Effects”面板

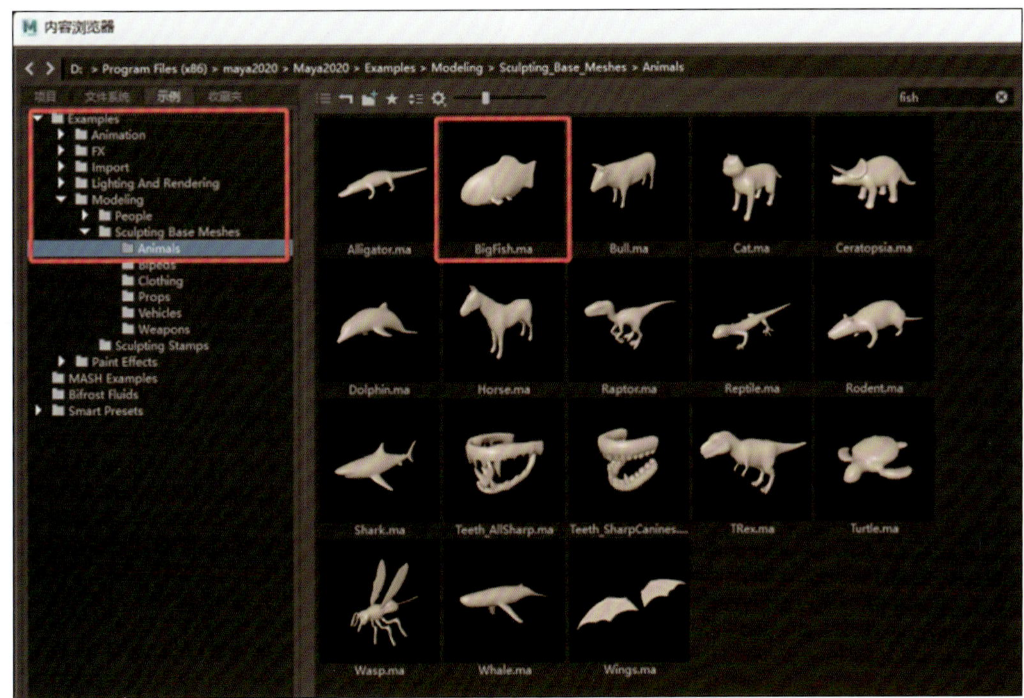

图 4-2-12　选择鱼类模型

图 4-2-13　鱼最终模型

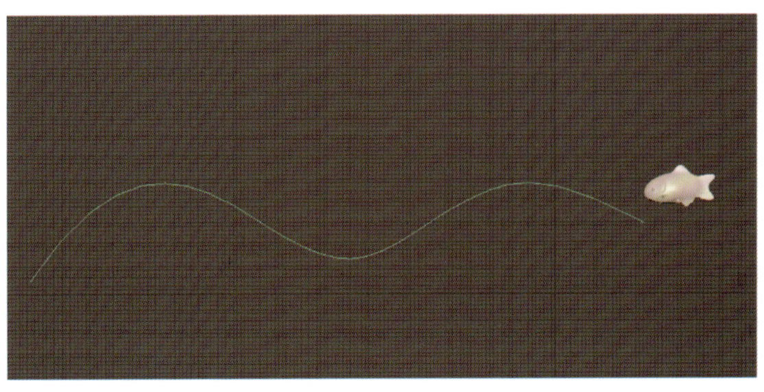

图 4-2-14　鱼游动路径的创建

3. 创建路径动画

同时选中鱼和运动路径，在菜单栏选择“约束 > 运动路径 > 连接到运动路径”，创建路径动画。如果鱼未沿预期方向运动，可选中鱼，在属性编辑器中打开“motionPath1”面板，在“motionPath1”面板中调整“前方向轴”等参数，如图 4-2-15 所示。

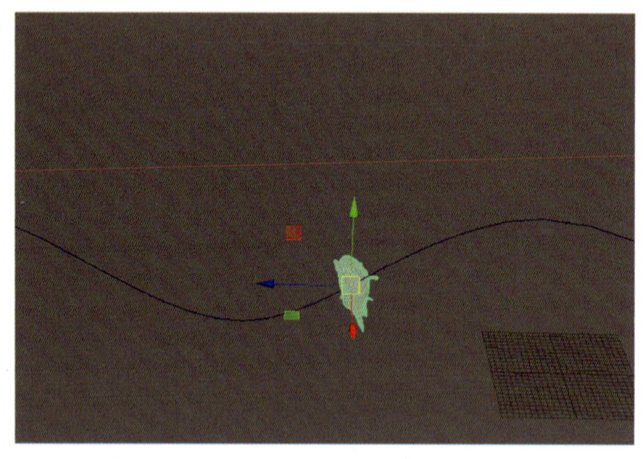
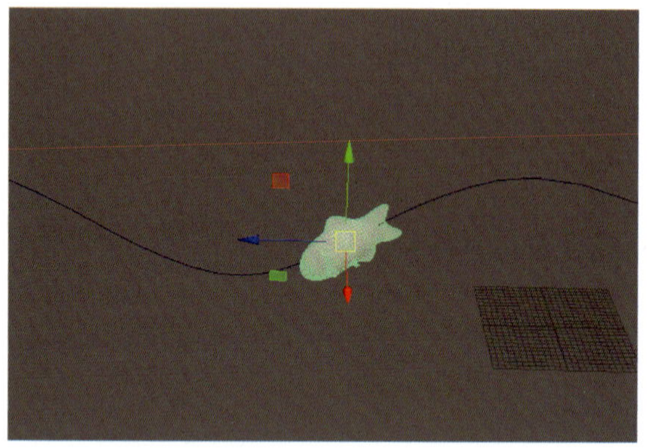

图 4-2-15　创建路径动画

4. 调整运动路径、运动时长、运动速度

（1）调整运动路径。路径动画创建完成之后，可右击曲线，选择“控制顶点”，然后使用“移动工具”调整顶点位置以调整运动路径，如图 4-2-16 所示。

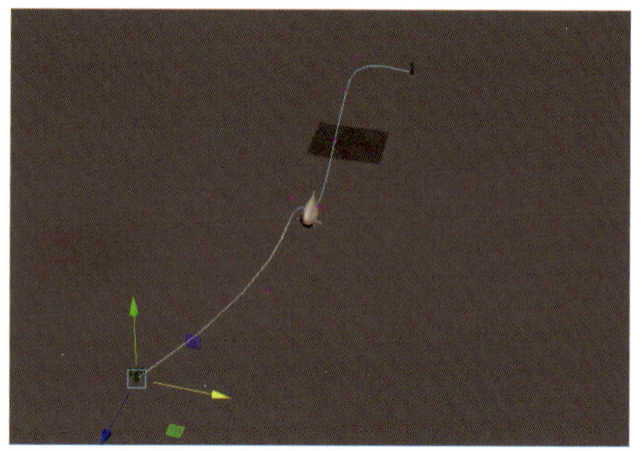

图 4-2-16　调整运动路径

（2）调整运动时长。默认情况下，本任务动画时长为 120 帧。如需改变运动时长，可切换到对象模式，选中鱼，在菜单栏选择“窗口 > 动画编辑器 > 曲线图编辑器”，在曲线图编辑器中调整运动时长，如图 4-2-17 所示。

（3）调整运动速度。鱼的运动路径是上下波动的，受重力影响，鱼在向下游动时会有加速现象，因此，要在曲线上对鱼向下游动时的运动速度进行调整，如图 4-2-18 所示。选中鱼，将其移动至最低的位置，在菜单栏选择“窗口 > 动画编辑器 > 曲线图编辑器”，在打开的曲线图编辑器中单击“插入关键帧工具”图标，然后在编辑区域单击鼠标左键即可插入关键帧；随后取消选择“插入关键帧工具”图标，选中曲线上关键帧的控制点，按住鼠标中键向左移动，即可缩短鱼向下游动的时间，这样就提升了鱼向下游动的速度。

5. 创建鱼流动路径对象

选中鱼，在菜单栏选择“约束 > 运动路径 > 流动路径对象”并勾选命令后复选框，创建流动路径对象，使鱼的身体产生柔软的变形效果，设置参数如图 4-2-19 所示。

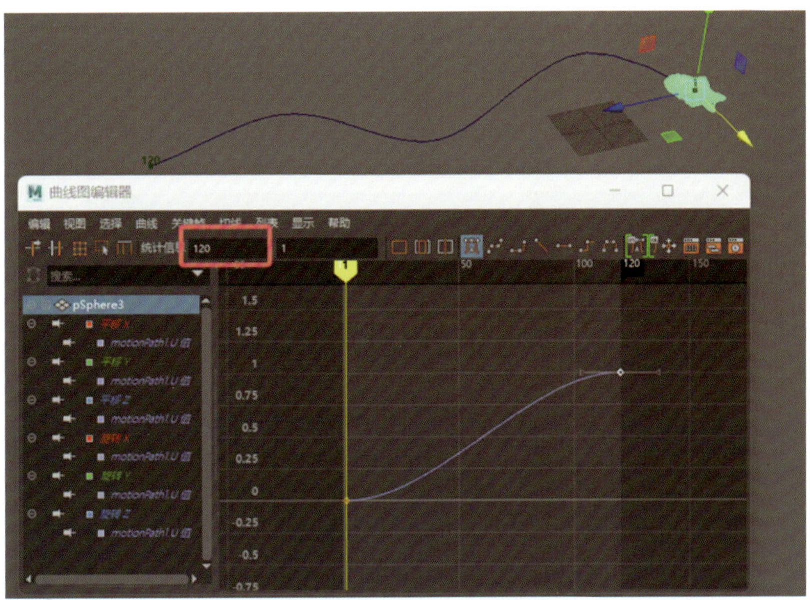

图 4-2-17　调整运动时长

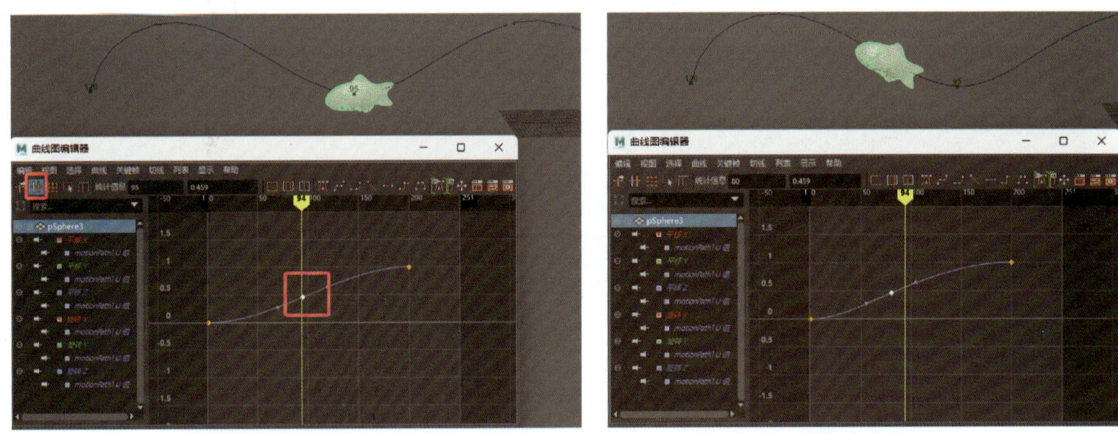

图 4-2-18　调整鱼的运动速度

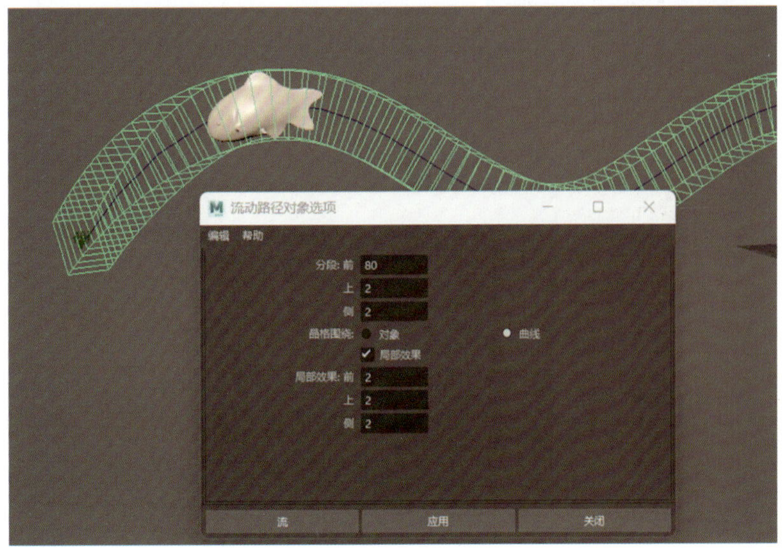

图 4-2-19　创建流动路径对象

在这一步骤中，晶格包裹不到的地方，模型容易出现破损，如图 4-2-20 所示。此时，可在属性编辑器“自由形式变形属性”卷展栏下设置“外部晶格”为“All”，以使晶格能够包裹住全部模型，如图 4-2-21 所示。

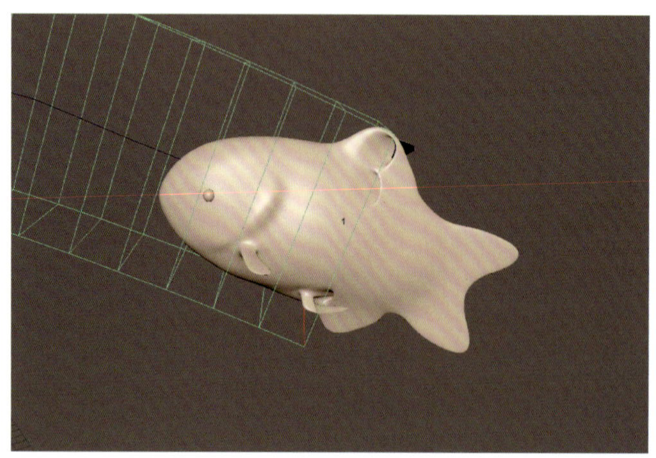

图 4-2-20　模型破损

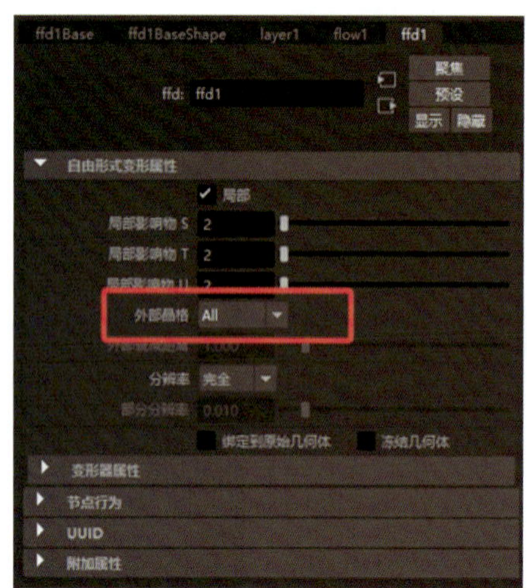

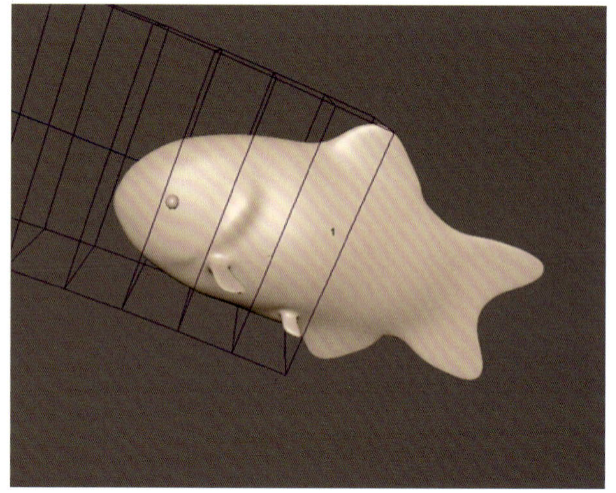

图 4-2-21　修改“外部晶格”类型

6. 隐藏不必要的元素

框选路径和晶格，在层编辑器中单击“创建新层”按钮创建新的图层，如图 4-2-22 所示。在图层处右击，选择“添加选定对象”，并取消勾选该图层，场景中就不再显示这些元素，最终呈现的就是鱼游动的画面。

注意事项

在长方体运动动画创建中，之所以能在创建流动路径动画后仍对模型进行细分处理，是因为尚未删除该模型历史操作记录。然而，一般情况下，在着手创建路径动画之前，最好先确保模型已具备足够多的细分段数，并且删除其历史操作记录。这一步骤能够有效避免在动画制作过程中由历史数据残留引发的错误或产生不符合预期的动画效果。

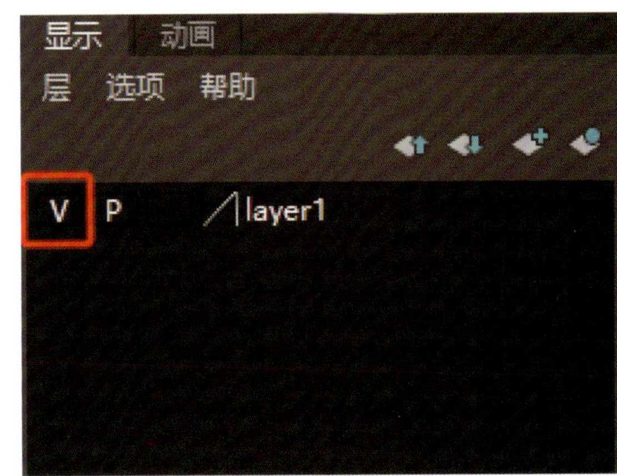

图 4-2-22　新建图层以便清理场景

运用本任务所学知识制作小汽车沿路径向前行驶的动画。

任务 3　推拉门开关动画制作

任务目标:

- ◆ 了解驱动关键帧动画的概念及原理。
- ◆ 能够制作推拉门开关动画。
- ◆ 通过制作推拉门开关动画掌握使用 Maya 软件制作驱动关键帧动画的基本方法。

任务引入

图 4-3-1 所示是推拉门开关动画中的一个画面，请应用 Maya 软件中的动画模块相关命令制作该动画。

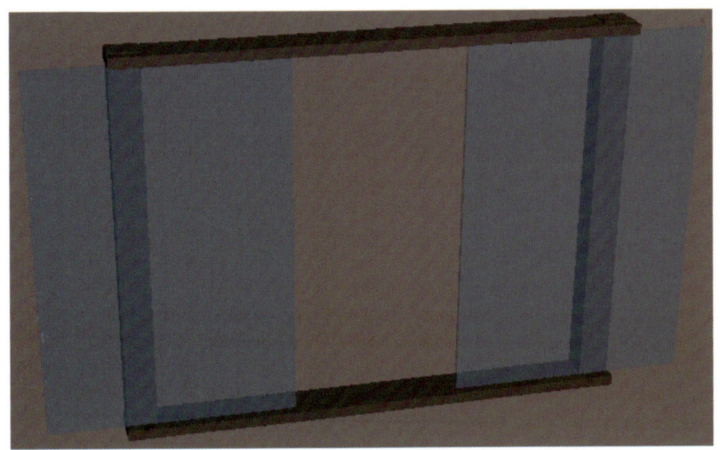

图 4-3-1　推拉门开关动画的画面

相关知识

一、驱动关键帧

1. 驱动关键帧的概念

驱动关键帧是 Maya 软件中的一种关键帧技术，它允许用户将一个对象的属性与另一个对象的属性连接起来，通过改变一个对象的属性来驱动另一个对象的属性发生相应的变化。在创建复杂的动画时，使用驱动关键帧可以减少需要手动设置的关键帧数量，从而提高动画制作的效率。例如，可以通过设置驱动关键帧来实现一组物体的同步动作，而无须为每个物体单独设置关键帧。

2. 驱动关键帧的设置方法

具体操作时，在“菜单集”菜单选择“动画”，然后在菜单栏选择“关键帧 > 设置受驱动关键帧 > 设置”即可执行该命令，如勾选命令后复选框，就可以打开设置受驱动关键帧的窗口，窗口的上半部分为驱动者窗口，下半部分为受驱动窗口，最下面是加载按钮，如图 4-3-2 所示。

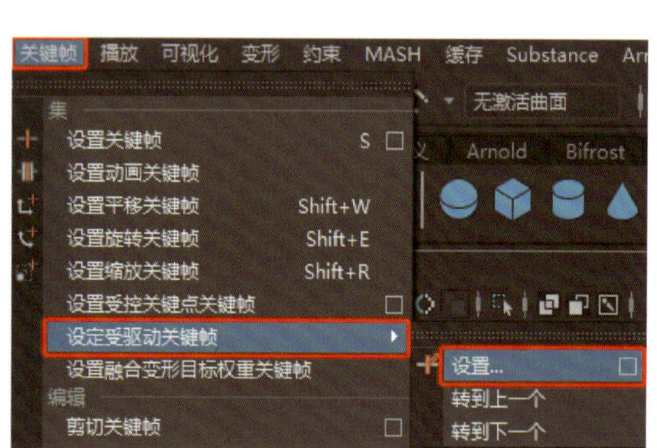

图 4-3-2　设置受驱动关键帧

下面以通过移动小球驱动立方体旋转的案例来讲解驱动关键帧的具体使用方法。

驱动者与受驱动者之间的关系是通过控制一个对象（即驱动者）的某个属性来调控另一个对象（即受驱动者）的属性来实现的。如图 4-3-3 所示，若要通过小球的上下移动控制立方体的旋转，那么在此情境下，小球扮演驱动者的角色，而立方体则为受驱动者。操作时，先选中小球并单击“加载驱动者”按钮，此时小球将被添加至驱动者窗口中，其所有属性随即展示在右侧面板中。随后，选中立方体并单击“加载受驱动项”按钮，立方体即被载入受驱动窗口，其全部属性同样显示在右侧面板中。

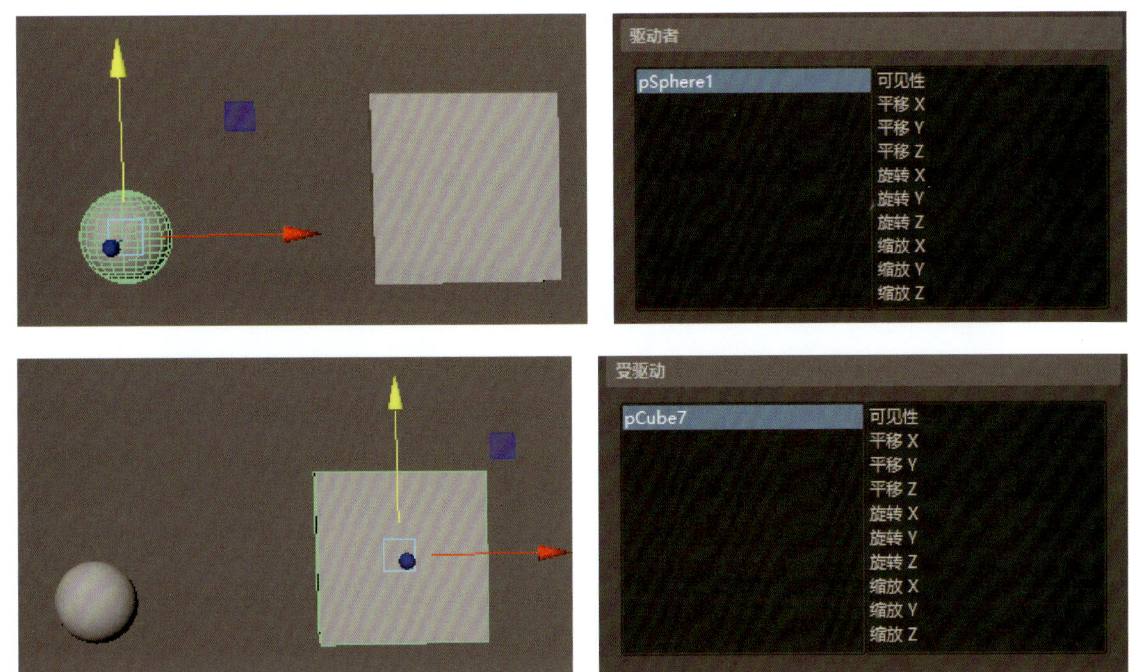

图 4-3-3 加载驱动者和受驱动者

如果想通过小球的上下平移控制立方体的旋转，也就是让小球的平移 Y 属性控制立方体的旋转 Y 属性，可按以下步骤操作。如图 4-3-4 所示，选中小球并单击驱动者窗口中的“平移 Y”，选中立方体并单击受驱动窗口中的“旋转 Y”，然后单击窗口最下方的“关键帧”按钮，右侧通道盒中即显示“旋转 Y”被设置了关键帧。

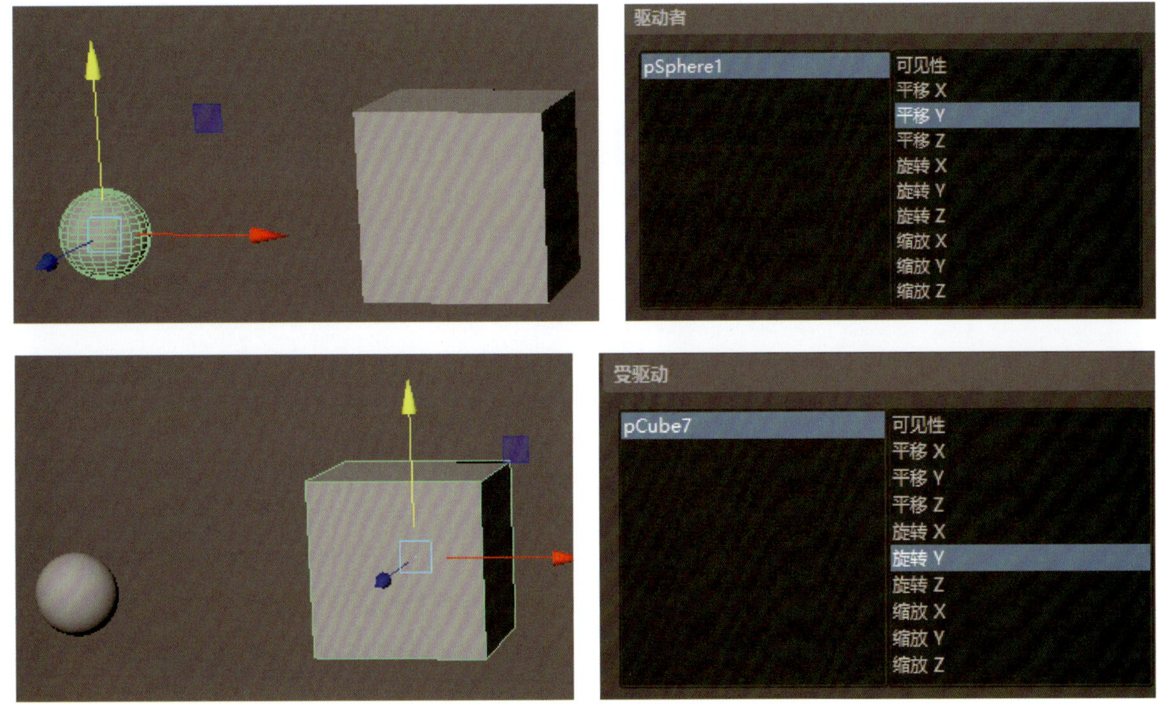

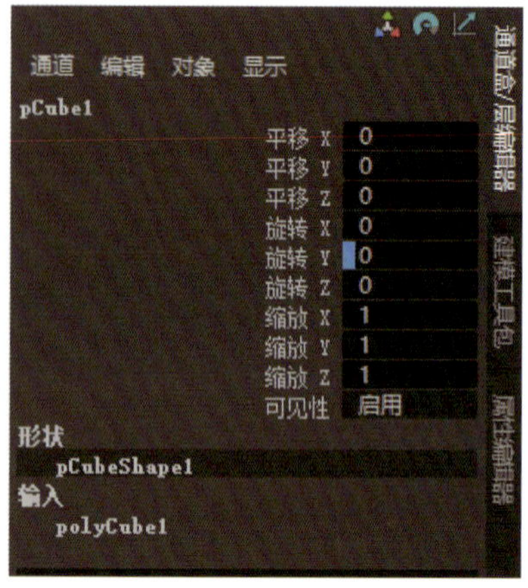

图 4-3-4 设置驱动关键帧 1

这时候向上移动小球，然后顺时针旋转立方体，如图 4-3-5 所示，再次单击“关键帧”按钮，驱动关键帧就设置完成了。当上下移动小球时，立方体会进行左右旋转。

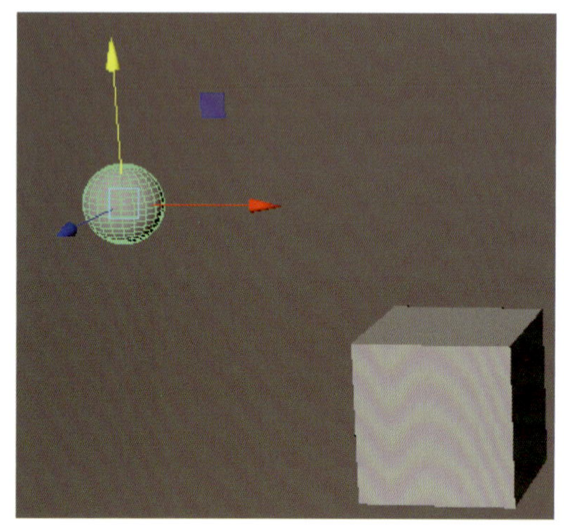

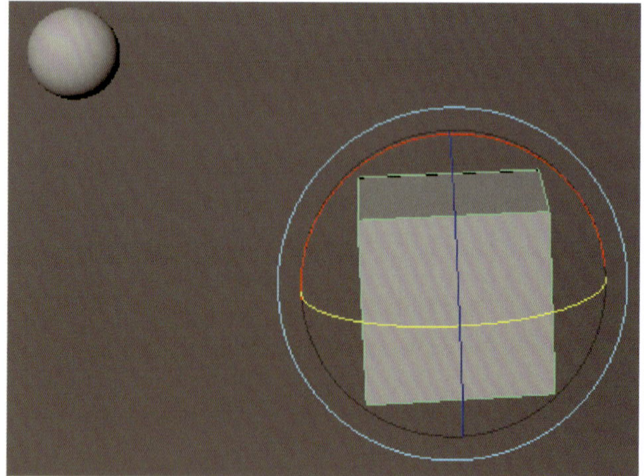

图 4-3-5 设置驱动关键帧 2

另外，若要为小球的上下移动设定界限，可在属性编辑器中打开“nurbsSphere1”面板，在“限制信息”卷展栏下设置“平移限制 Y”的值以限制小球在 Y 轴上的移动范围。如图 4-3-6 所示，可先设置小球移动最大值，然后设置最小值。设置完成后，当上下拖动小球时，小球只能在两个值的中间范围内移动。

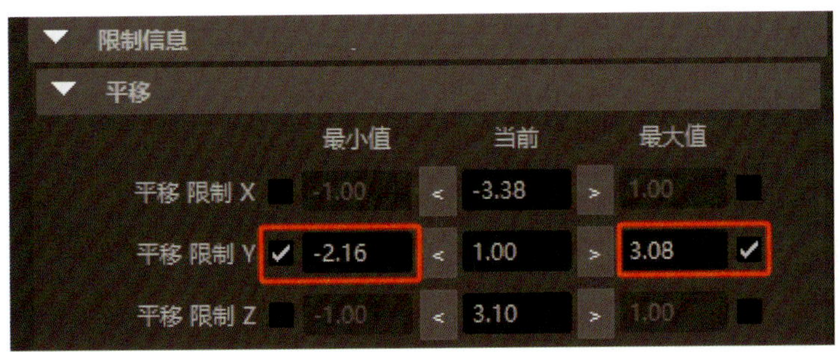

图 4-3-6 为小球设置在 Y 轴上的移动范围

二、定位器

Maya 软件中的定位器是一种辅助工具，主要用于精确标记位置、辅助调整对象和设置关键帧。定位器可以作为虚拟的参考点，帮助用户精确地确定模型、骨骼或其他元素的位置。通过设置定位器，可以更方便地对物体的移动、旋转和缩放进行约束和控制，它可为动画制作和模型布局提供明确的指引。具体操作时，可以给定位器设置关键帧，然后选中要控制的模型，再选中定位器，按“P”键将模型作为定位器的子对象进行连接。此外，定位器还常用于创建层级关系、组织和管理复杂的场景元素，以及用作关键帧动画中的关键控制点，以实现精确而灵活的动画效果。

任务实施

1. 创建推拉门模型

使用多边形建模工具、“挤出”命令等创建推拉门的模型，并为其赋予 Blinn 材质，调整两扇推拉门材质的透明度并调整其为蓝色，如图 4-3-7 所示。

 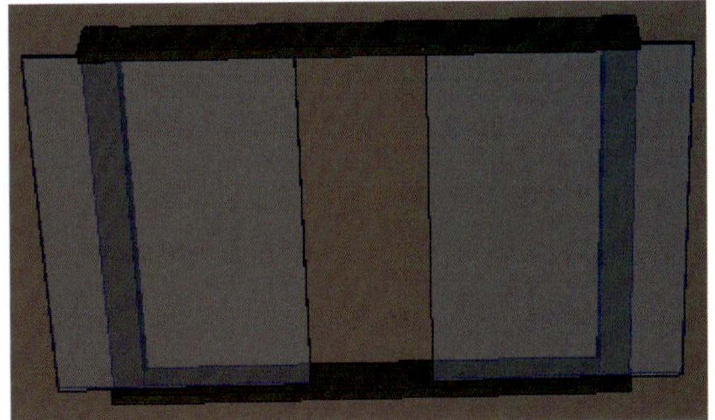

图 4-3-7 创建推拉门模型

2. 创建定位器

如图 4-3-8 所示，在菜单栏选择“创建 > 定位器”，场景中会出现一个带有操纵器的小十字图标。

3. 加载驱动者和受驱动者

在“菜单集”菜单选择“动画”，然后在菜单栏选择“关键帧 > 设定受驱动关键帧 > 设置”并勾选命令后复选框。选中定位器，单击“加载驱动者”按钮；选择两扇推拉门，单击“加载受驱动项”按钮，如图 4-3-9 所示。

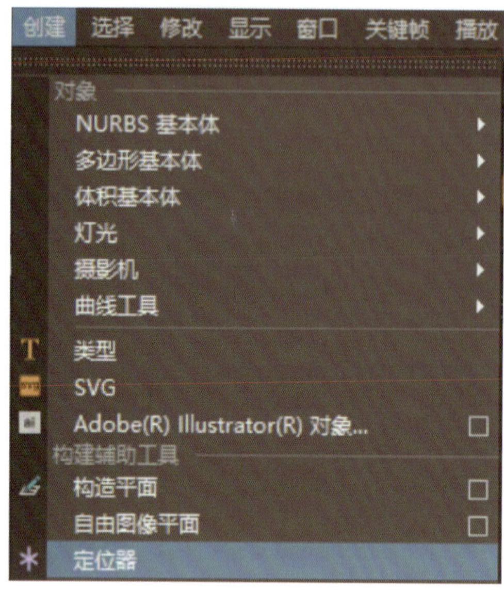

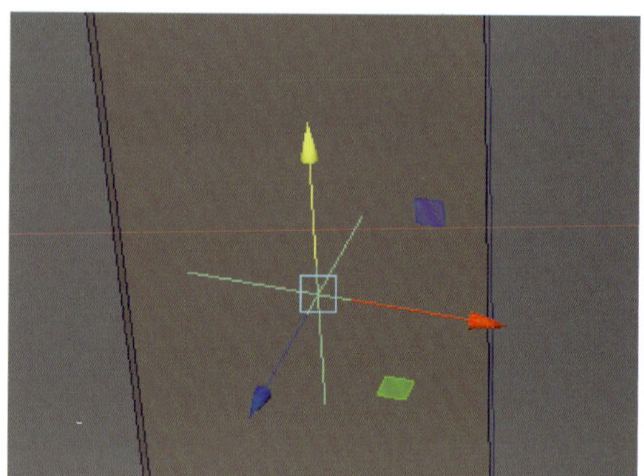

图 4-3-8　创建定位器

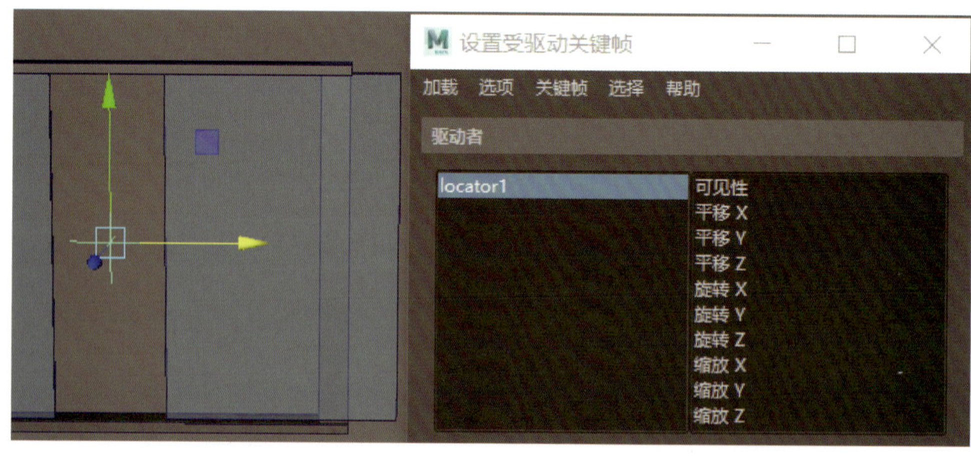

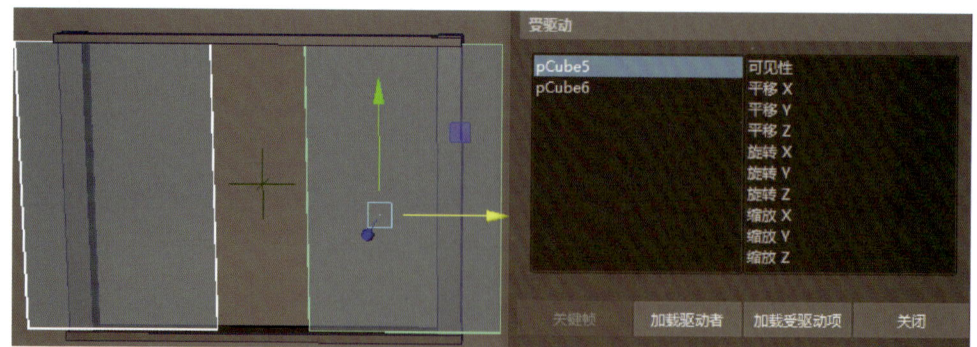

图 4-3-9　加载驱动者和受驱动者 1

4. 设置驱动关键帧

（1）选中定位器和两扇推拉门，在菜单栏选择“修改 > 冻结变换”，此时定位器和两扇推拉门的变换属性数值全部重置。

（2）接下来，可以通过调整定位器的平移 Z 属性来控制推拉门的开合状态。首先，在通道盒中将定位器的“平移 Z”设定为“-8”，使推拉门处于完全关闭状态。选择驱动者窗口中的“平移 Z”，并同时选择受驱动窗口中两扇推拉门的“平移 X”，单击“关键帧”按钮，第 1 个关键帧设置完成。随后，在通道盒中将定位器的“平移 Z”设定为“8”，设置其中一扇推拉门的“平移 X”为“-5”，另一扇推拉门的“平移 X”为“5”，以实现两扇门的分离（“平移 X”的值可根据实际情况自行设置），再次选择驱动者窗口中的“平移 Z”和受驱动窗口中两扇推拉门的“平移 X”，单击“关键帧”按钮，如图 4-3-10 所示，第 2 个关键帧设置完成。

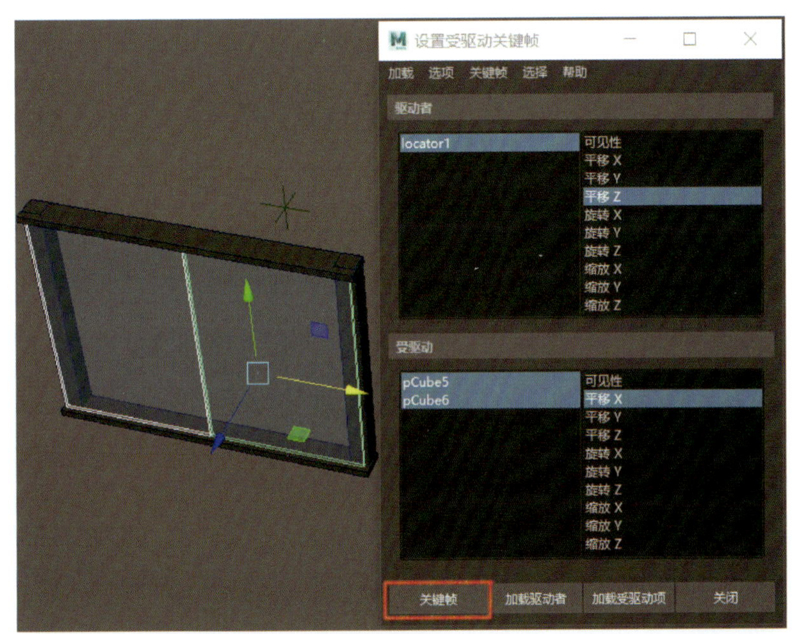

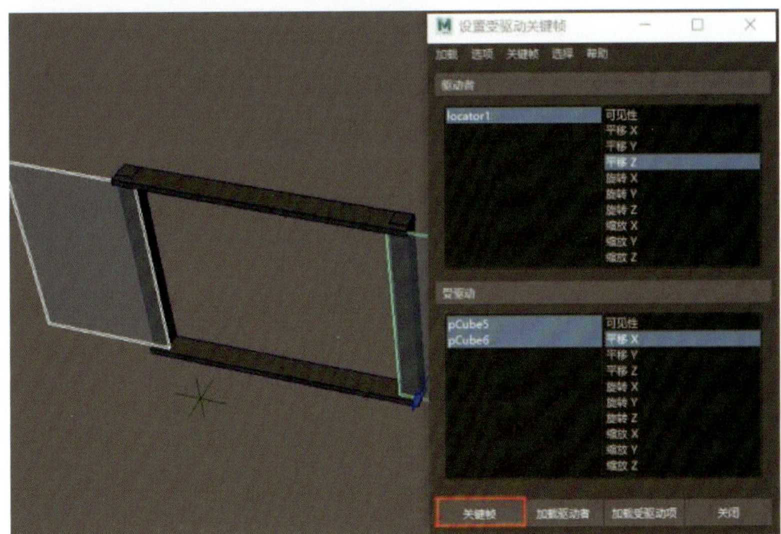

图 4-3-10　加载驱动者和受驱动者 2

5. 为定位器设定限制移动范围

选择定位器，在属性编辑器中打开“locator”面板，在“限制信息”卷展栏下设置“平移限制 Z”的最小值为“-8”，最大值为“8”，如图 4-3-11 所示，控制器的 Z 轴移动范围将被限定为 -8 ~ 8。

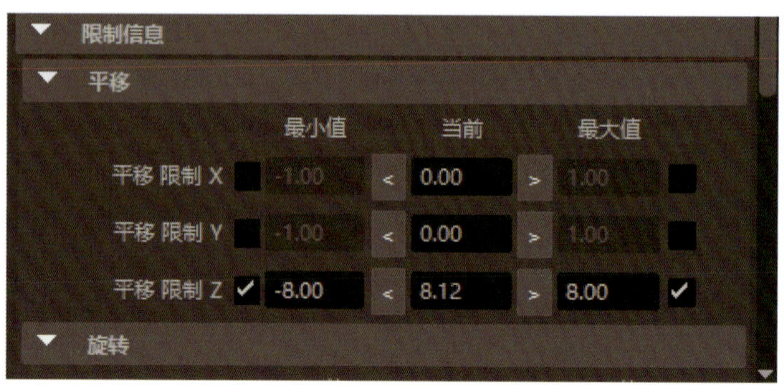

图 4-3-11 为定位器设定限制移动范围

6. 制作动画

完成驱动关键帧的设置后，即可着手制作推拉门的开合动画。由于已应用了驱动关键帧技术，所以接下来为控制器添加关键帧动画即可。如图 4-3-12 所示，先选中定位器，在时间轴第 1 帧处按快捷键“S”设置关键帧；随后，将定位器拖动至“平移 Z”为“8”的位置，在时间轴上单击第 30 帧，按快捷键“S”设置关键帧，推拉门开合的动画就制作完成了。

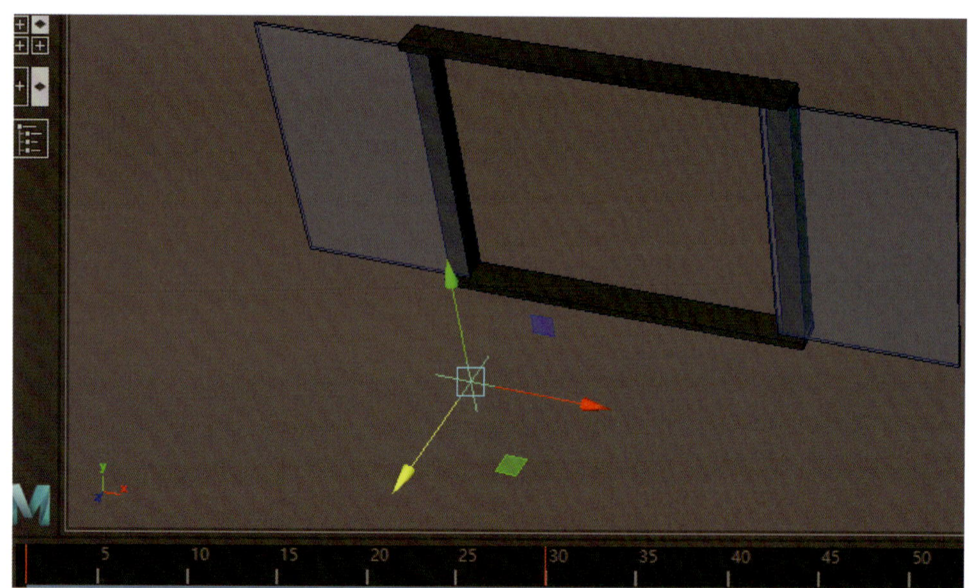

图 4-3-12 为定位器设置关键帧

练习题

运用本任务所学知识制作旋转门小动画。

项目五

动力学系统应用

动力学系统的应用为三维动画创作带来了无限可能，让物体的运动更加真实自然。本项目将详细讲解Maya软件动力学系统的强大功能，从柔体动力学的布料模拟到刚体动力学的碰撞效果，从粒子系统的特效制作到流体动力学的复杂模拟，逐步讲解动力学模拟的核心技术。通过多个任务，学生将学会如何运用动力学工具和命令，创造出逼真的物理效果，为动画作品增添生动的细节和强烈的视觉冲击力。

任务 1　飘动的旗帜动画制作

任务目标：

- 了解 Maya 软件动力系统的组成。
- 熟悉 nCloth 节点与 nucleus 节点属性调整方法。
- 掌握使用“多切割工具”制作旗帜破碎效果的方法。
- 掌握导出和导入动力学缓存的方法。

任务引入

使用动力学中的布料（nCloth）属性制作图 5-1-1 所示破碎的、飘动的旗帜的动画。

图 5-1-1　破碎的、飘动的旗帜

相关知识

一、Maya 软件的动力学系统

动力学是研究物体运动的力学分支，它描述了物体与力之间的相互作用以及这种作用影响物体运动的方式。

动力学系统是 Maya 软件中的一个核心组件，它专注于模拟真实世界的物理行为，为动画师和特效艺术家提供了强大的工具集。它主要由柔体动力学系统、刚体动力学系统、粒子系统、流体动力学系统、动力学解算器、动力学约束等组成。

1. 柔体动力学系统

柔体在受到力的作用时会发生形变。柔体动力学系统通常用于模拟布料、头发、肌肉等软质物体的动态行为。Maya 软件柔体动力学系统提供了柔体模拟工具（如 nCloth、nHair），使用户能够创建柔体对象并设置其物理属性（如拖拽、弹跳等）。通过模拟柔体在风、重力等外力作用下的形变过程，可以制作出逼真的布料飘动、头发飞舞等动画效果。

2. 刚体动力学系统

刚体是指形状和大小在模拟过程中保持不变的物体，它们受到力的作用（如重力、碰撞力）时不会发生形变。Maya 软件刚体动力学系统允许用户创建刚体对象，并设置其物理属性（如质量、摩擦力、弹力等），以模拟真实世界中的刚体行为，包括物体之间的碰撞、滚动、弹跳等。

3. 粒子系统

粒子系统用于模拟大量小物体（如烟雾、火焰、尘埃等）运动。每个粒子都代表一个独立的小物体，具有自己的属性和运动规律。Maya 软件配置了强大的粒子系统（如 nParticle、mParticle），允许用户创建和管理粒子对象。用户可以设置粒子的属性（如大小、颜色、寿命等），并应用各种力场和约束来控制粒子的运动轨迹和交互效果。通过粒子系统，可以制作出逼真的烟雾、火焰、爆炸场景等。

4. 流体动力学系统

流体动力学系统是指对液体和气体等流体行为进行模拟的技术。流体模拟在影视特效制作、游戏开发等领域有着广泛的应用。Maya 软件流体动力学系统提供了 Bifrost 等流体模拟引擎，支持用户创建和管理流体对象。用户可以设置流体的属性（如密度、黏度、表面张力等），并应用各种力场和约束来控制流体的运动轨迹和交互效果。通过流体模拟，可以制作出逼真的水流、烟雾、火焰等。

5. 动力学解算器

动力学解算器负责计算和处理动力学模拟中的物理交互和运动。Maya 软件提供了多种动力学解算器，如 nDynamics 解算器、Bullet 解算器等，用户可以根据需要选择合适的解算器。

6. 动力学约束

动力学约束用于模拟物体之间的连接关系和运动限制，有铰链约束、滑动约束等。通过添加动力学约束，用户可以创建出更加复杂和真实的物理模拟效果，如机械臂运动、车辆行驶等。

二、柔体模拟工具——nCloth

nCloth 是 Maya 软件动力学系统中用于模拟布料、软质物体等的动态行为的工具。通过 nCloth，用户可以创建出逼真的布料飘动、折叠、撕裂等效果。创建对象后，在“菜单集”菜单中选择“FX”，然后在菜单栏选择“nCloth> 创建 nCloth”，即可为对象赋予布料属性，如图 5-1-2 所示。

为对象赋予布料属性后，大纲视图中会出现 nucleus 节点和 nCloth 节点，对布料的属性调整大多通过这两个节点的属性调整实现，如图 5-1-3 所示。

1. nCloth 节点

在 Maya 软件中创建布料（nCloth）后，nCloth 节点会随之生成。这个节点属性包含了控制布料行为的各种参数，用户可以通过调整这些参数来精确模拟布料的物理特性。

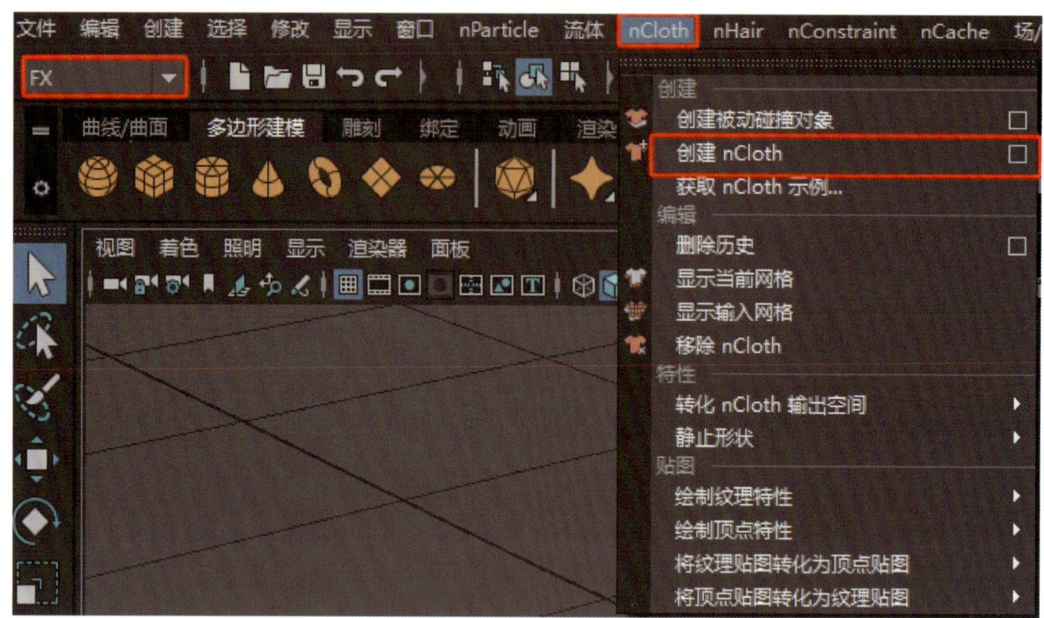

图 5-1-2　为对象赋予布料属性

图 5-1-3　nucleus 节点和 nCloth 节点

2. nucleus 节点

nucleus 节点提供了进行物理模拟的统一框架。它允许用户通过调整不同的物理属性来模拟现实世界中的物理现象，如重力效应、风力效应、碰撞等。

nucleus 节点的功能主要体现在以下几个方面：

（1）内部力控制。nucleus 节点可以控制内部力，这些内部力会影响属于特定解算器系统的所有节点。例如，可以通过调整该节点的“重力”和“空气密度”等参数，来模拟布料在不同环境中的下落行为。

（2）风场模拟。除了重力模拟外，nucleus 节点还支持风场模拟。通过调整“风速”和“风向”等参数，可以模拟布料在风中翻滚、做波浪运动或流动等效果。

（3）空间比例调整。为了确保在模拟过程中适当地将重力应用在 nucleus 对象上，用户需要设置“空间比例”。这是因为 nucleus 解算器将厘米解释为米，所以可能需要调整对象的 Maya nucleus 解算器的“空间比例”，以避免场景中的大型 nCloth 对象因比例问题而表现异常。

如图 5-1-4 所示，nucleus 节点属性编辑器的卷展栏中都是关于物理世界属性的参数；nCloth 节点属性编辑器的卷展栏中都是关于布料属性的参数。

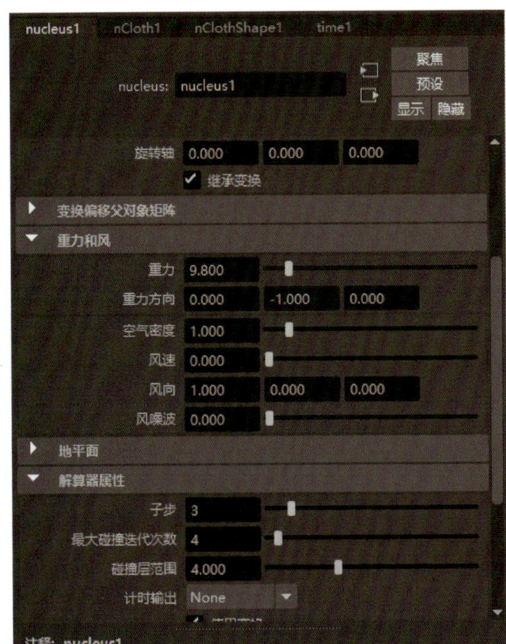

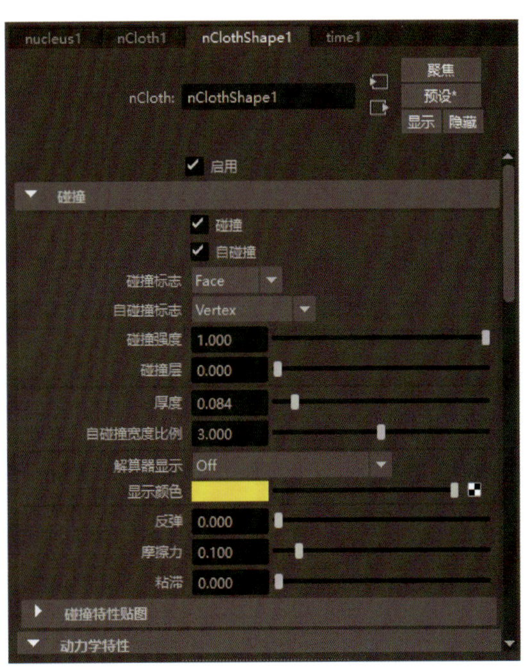

图 5-1-4　nucleus 节点和 nCloth 节点的卷展栏

三、nCloth 约束系统——nConstraint

nConstraint 是 Maya 软件中用于控制 nCloth 对象动态行为的约束系统。它允许用户通过限制 nCloth 对象的某些属性（如位置、旋转、拉伸、弯曲等）来创建复杂的布料模拟效果。nConstraint 通常与 nCloth 对象一起使用，以实现更逼真、更可控的布料动画。在动画制作时，选中对象，在“nConstraint”菜单中选择约束类型并调整相关参数即可应用约束系统。

1. 点约束

使用点约束可限制 nCloth 对象上某一点的位置，使对象跟随另一个物体移动。例如，在模拟衣服随风飘动时，可以使用点约束将衣服的某个固定点（如衣角）限制在角色的身体上，以保持衣服与角色的相对位置关系。

2. 方向约束

使用方向约束可限制 nCloth 对象的旋转方向，以与另一个物体的旋转方向保持一致。例如，在模拟旗帜飘扬时，可以使用方向约束使旗帜的旋转方向与风向保持一致。

3. 拉伸约束

使用拉伸约束可限制 nCloth 对象上选定面或边的拉伸阻力。例如，在模拟布料撕裂时，可以通过调整拉伸约束的强度来控制布料撕裂的难易程度。

4. 弯曲约束

使用弯曲约束可限制 nCloth 对象上选定面或边的弯曲强度。例如，在模拟布料折叠时，可以通过调整弯曲约束的强度来控制布料折叠的弯曲程度。

5. 撕裂约束

使用撕裂约束可定义 nCloth 对象上可撕裂的顶点或区域。例如，在模拟布料撕裂时，可以使用撕裂约束来指定布料上哪些部分可以撕裂。

6. 变换约束

使用变换约束可锁定 nCloth 对象的某些顶点或边界点，使其在动画播放时保持固定位置。例如，在模拟衣服穿在角色身上时，可以使用变换约束来锁定衣服的边界点，以防止衣服从角色身上脱落。

四、动力学缓存的导出和导入

动力学缓存的导出与导入是动画制作中的一项关键技术，使用该技术可以保存并重复使用动力学模拟的复杂结果，如布料模拟等。这类模拟涉及诸多物理计算，涵盖重力、风力、碰撞等多重因素。将这些模拟结果导出为缓存文件，在后续的渲染过程中就无须再次进行这些烦琐的物理计算，从而显著提升渲染速度和工作效率。

在动画制作时，完成动力学模拟后，选择要导出缓存的动力学模拟对象，如布料、流体或粒子系统等，在菜单栏选择“缓存 >Alembic 缓存 > 将所有内容导出到 Alembic...”，即可导出缓存文件。

如果需要导入动力学模拟缓存文件，在菜单栏选择“文件 > 导入”，选择动力学模拟缓存文件，即可导入缓存文件。

任务实施

1. 创建旗帜的模型

在菜单栏选择“创建 > 多边形基本体 > 平面”以制作旗帜，要设置足够多的宽度分段数和高度分段数（创建完成后，也可在属性编辑器中修改分段数），以产生褶皱效果。同时，要使网格形状接近正方形，如图 5-1-5 所示。

2. 添加布料效果

（1）在菜单栏选择“编辑 > 按类型删除 > 历史”，删除模型的历史操作记录。将旗帜摆放到合适的位置，然后创建一个圆柱体作为旗杆，调整圆柱体的大小以匹配旗帜；选中圆柱体和旗帜，在菜单栏选择“修改 > 冻结变换”，对它们进行冻结处理。滑动时间滑块，使动画结束帧定位在第 300 帧，从而使系统运算力足够。在“菜单集”菜单选择“FX”，选中旗帜，在菜单栏选择“nCloth> 创建

nCloth”，为旗帜赋予布料属性，如图 5-1-6 所示。

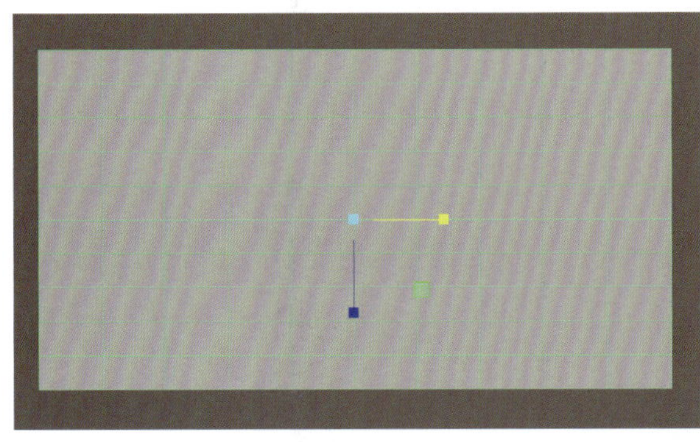

图 5-1-5　制作旗帜

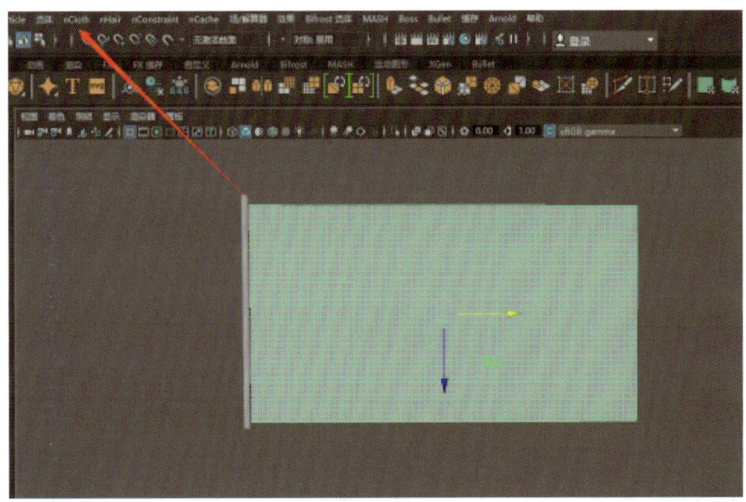

图 5-1-6　为旗帜赋予布料属性

（2）单击播放控件中的“向前播放”按钮，模拟效果如图 5-1-7 所示，旗帜会向下掉。为了使布料固定在旗杆上，切换到顶点模式，选中旗帜上所有靠近旗杆的边缘点，然后按住“Shift”键加选旗杆，在菜单栏选择“nConstraint> 点到曲面”，即可将旗帜约束在旗杆上，如图 5-1-8 所示。

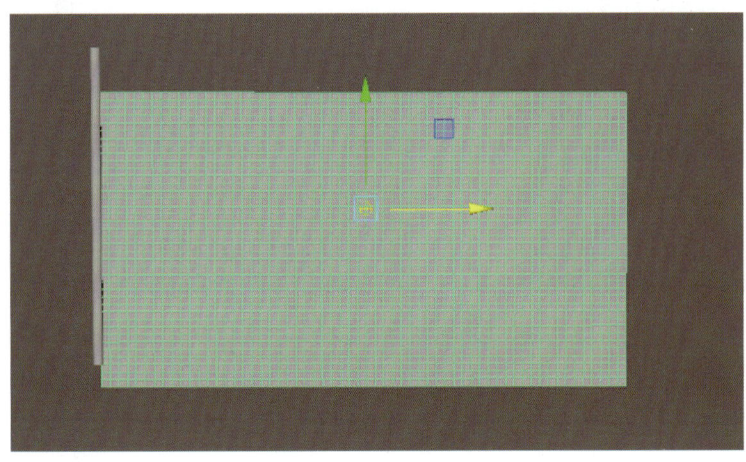

图 5-1-7　旗帜向下掉

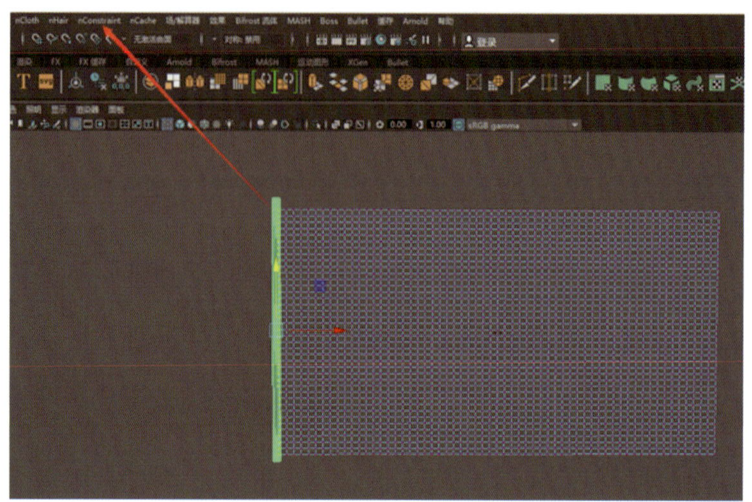

图 5-1-8　将旗帜约束在旗杆上

3. 布料所处环境物理属性调整

在“工具箱”中单击“显示或隐藏大纲视图”图标，在列表中选择“nucleus1”节点，如图 5-1-9 所示；在属性编辑器“重力和风”卷展栏中，“重力”保持默认值“9.8”，在“风向”参数上，三个数值填写框分别对应 X 轴、Y 轴、Z 轴三个空间方向，希望风往哪个方向吹，只需要在该方向对应数值填写框中设置数值为“1”即可，然后调整“空气密度”“风速”“风噪波”等参数，观察布料运动效果，使其运动效果更加自然，如图 5-1-10 所示（根据模型按需调整）。

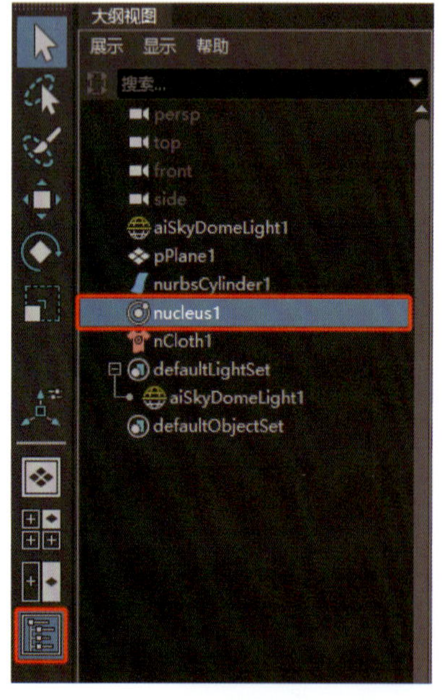

图 5-1-9　选择“nucleus1”节点

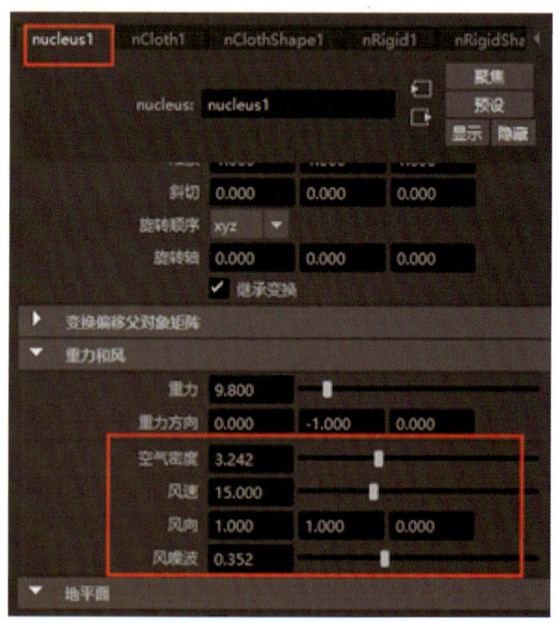

图 5-1-10　调整风的效果

4. 布料自身物理属性调整

在列表中选择“nCloth1”节点，保持属性编辑器“碰撞”卷展栏中“碰撞”和“自碰撞”的复选

框处于勾选状态，以使旗帜飘动过程不会和自身产生穿模现象。在“动力学特性”卷展栏下设置“拉伸阻力”为“1”（该值越大，布料拉伸的效果越不明显），如图 5-1-11、图 5-1-12 所示。

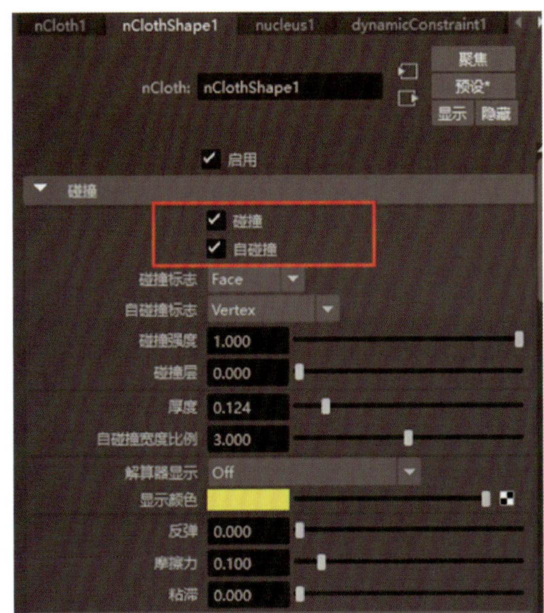

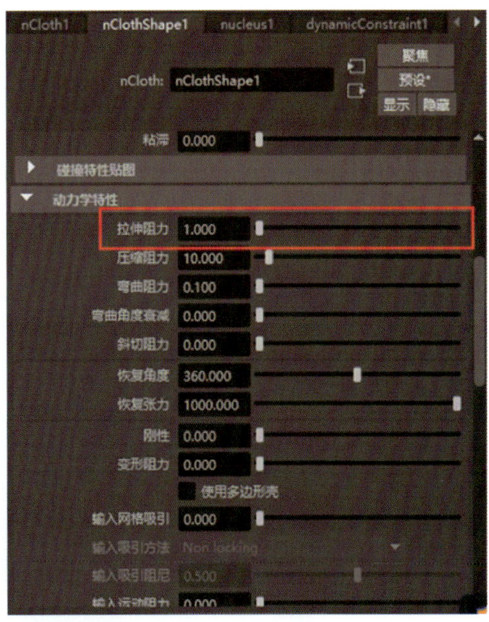

图 5-1-11　调整布料自身物理属性

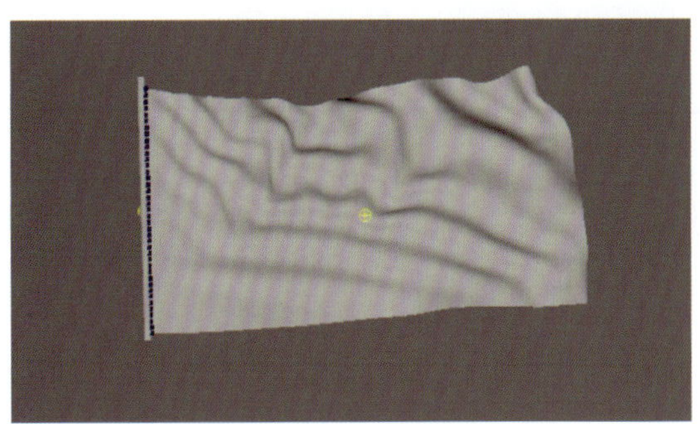

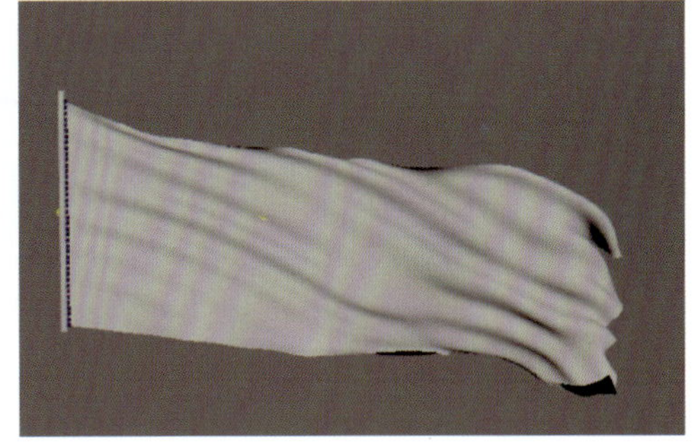

图 5-1-12　“拉伸阻力”调整前后旗帜飘动效果对比

5. 旗帜在飘动过程中与其他物体产生碰撞

使用多边形建模工具在场景中增设一个柱子，默认状态下，飘动的旗帜和柱子碰撞时会产生穿模现象，如图 5-1-13 所示。此时，选中柱子，在菜单栏选择“nCloth> 创建被动碰撞对象”，效果如图 5-1-14 所示。场景中其他被动碰撞物体，如旗杆，也可同样将其设置为被动碰撞对象。

6. 确定旗帜初始状态

为了确保旗帜从一开始就呈飘动状态，并且动画从第 0 帧或第 1 帧启动，即省略布料从静止（静止状态）到动态（飘动状态）的部分解算过程，就需要对布料的模拟过程进行调整。具体步骤如下：定位到时间轴的某一帧，该帧应能展现出旗帜飘动的初始姿态；接着，选中旗帜，在菜单栏选择“场 / 解算器 > 初始状态 > 为选定对象设定”，即可把当前帧的旗帜状态设定为动画的第 1 帧状态，如图 5-1-15 所示。

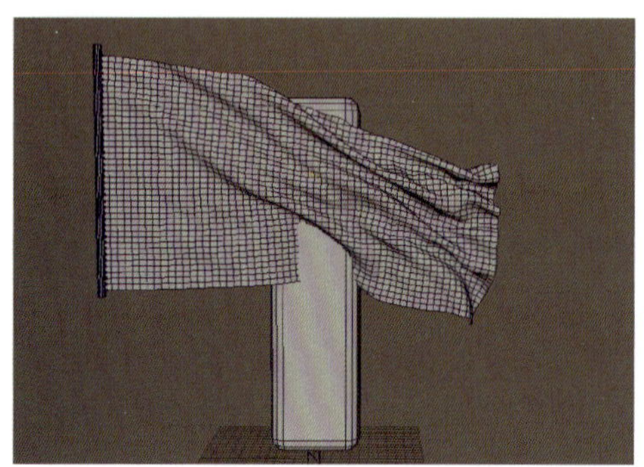

图 5-1-13　穿模现象

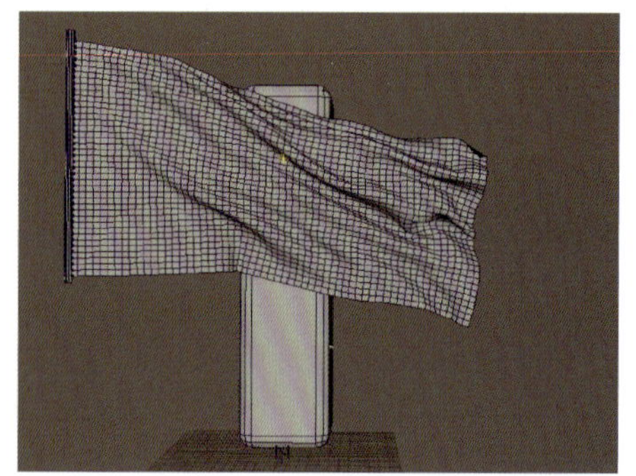

图 5-1-14　创建被动碰撞对象效果

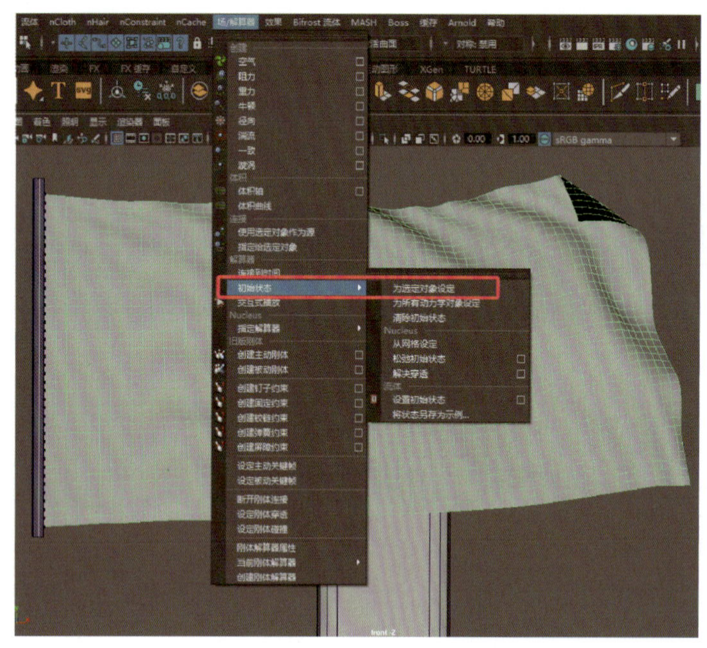

图 5-1-15　设定和解除初始状态

7. 导出和导入缓存

为了实现旗帜随旗杆运动的视觉效果，需要为旗杆创建一段关键帧动画，使其在一定时间内进行位移。然而，在解算过程中，可能会遇到一个常见问题：旗帜与旗杆之间似乎出现了分离现象。当我们对旗帜进行缓存处理后，这种分离现象便会消失。缓存处理步骤如下：

（1）先选择旗帜，在菜单栏选择“缓存 >Alembic 缓存 > 将所有内容导出到 Alembic...”，在弹出的窗口中选择缓存时间范围，并进行导出设置，如图 5-1-16 所示。

（2）在大纲视图列表中删除布料及与布料相关的选项，如图 5-1-17 所示，在菜单栏选择“缓存 >Alembic 缓存 > 导入 Alembic...”，导入上一步中保存的缓存文件（文件后缀为“.abc”），能够看到场景中旗帜飘动效果流畅了很多，如图 5-1-18 所示。

8. 制作破碎的旗帜

（1）选中旗帜，在“菜单集”菜单选择“建模”，恢复到多边形建模模式，在“多边形建模”工具架中选择“多切割工具”，在旗帜上切割，如图 5-1-19 所示。

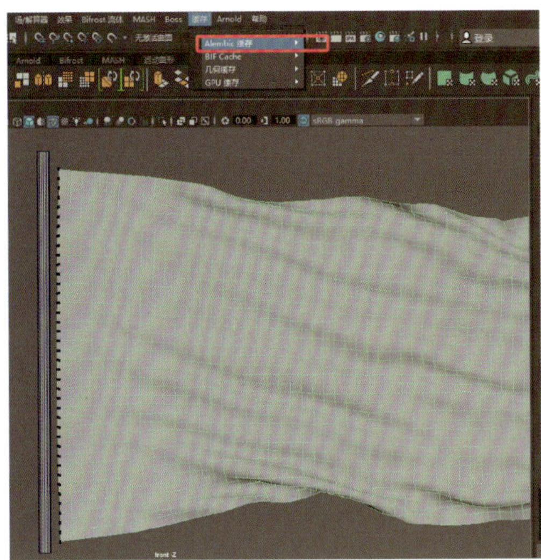

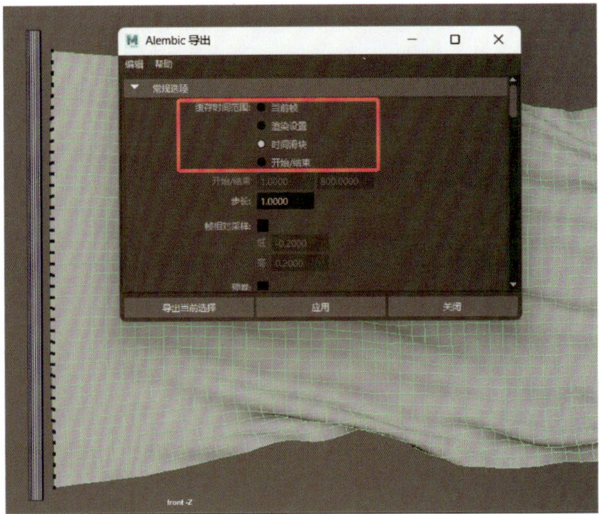

图 5-1-16　导出缓存

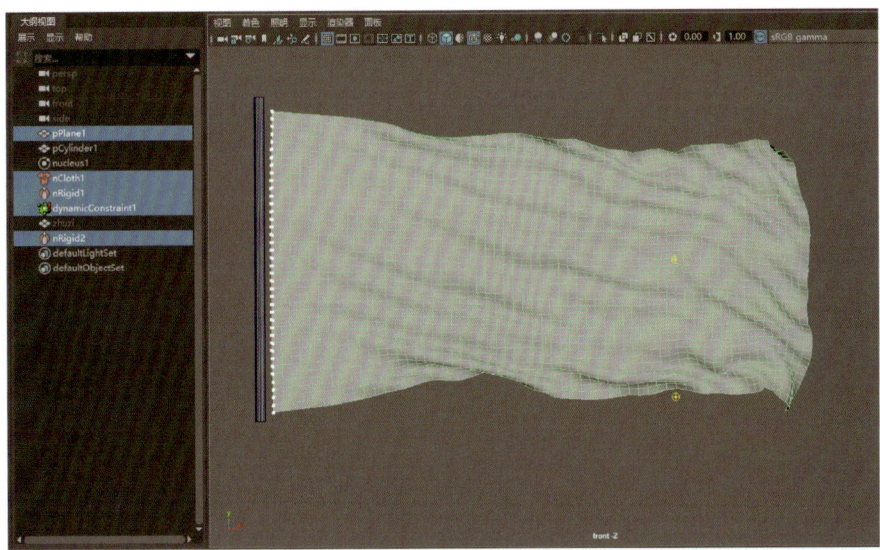

图 5-1-17　删除布料及与布料相关的选项

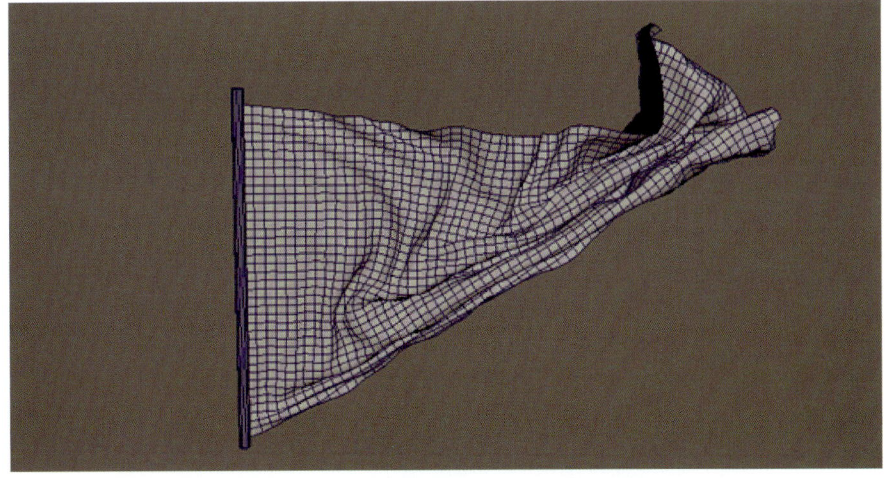

图 5-1-18　导入缓存文件后旗帜飘动效果

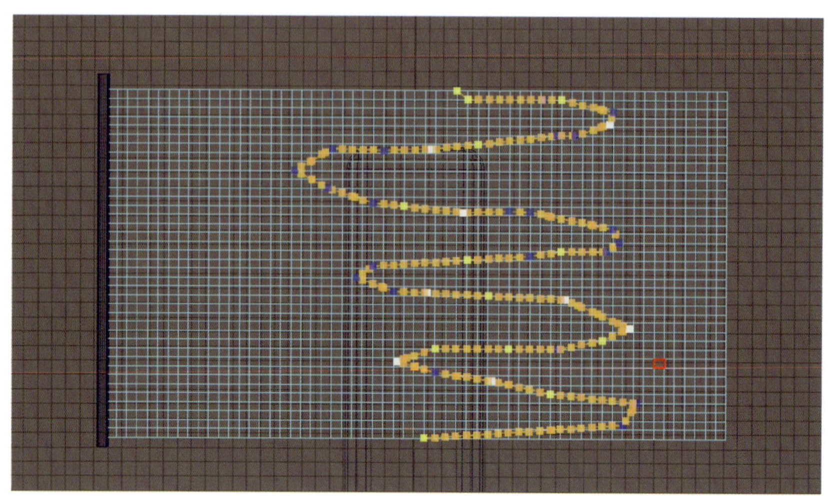

图 5-1-19　切割旗帜

（2）切换到边模式，选择切割线条，长按“Shift”键并右击，选择“分离组件”；切换到对象模式，长按“Shift”键并右击，选择“分离”，旗帜就按照分割线分成了两部分，如图 5-1-20 所示；删掉右半部分，选中左半部分，在菜单栏选择“编辑 > 按类型删除 > 历史”，然后在“菜单集”菜单选择“FX”，在菜单栏选择“nCloth> 创建 nCloth”，为这部分重新赋予布料属性，如图 5-1-21 所示。

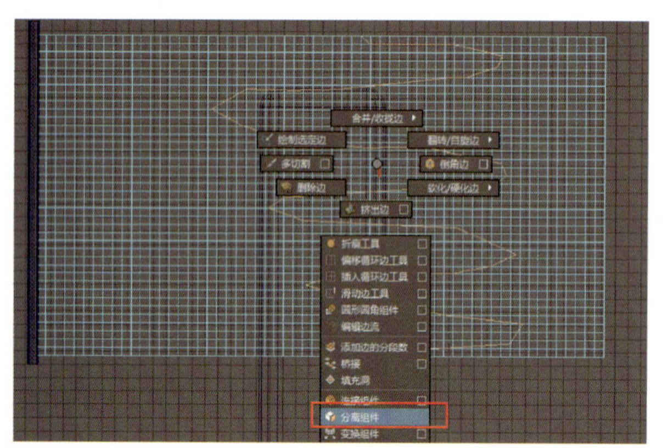

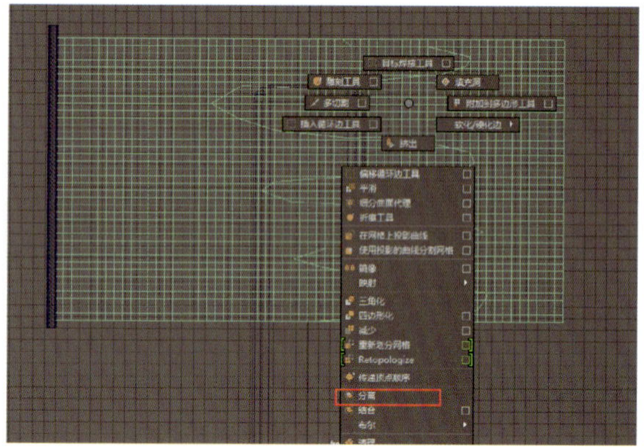

图 5-1-20　切割旗帜方法

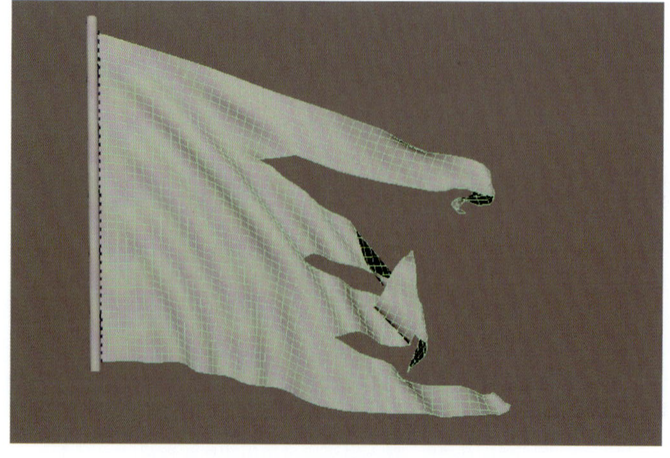

图 5-1-21　破损旗帜飘动效果

（3）恢复到多边形建模模式，使用“多切割工具”在面料上切割，使得旗帜中间破开，四周还连在一起。如图 5-1-22 所示，按照前边的步骤，使旗帜破损一个洞，此时可能破损部位不够明显，可在菜单栏选择“显示 > 多边形 > 边界边”，切割部分线条会明显变粗，这意味着旗帜已被切割。

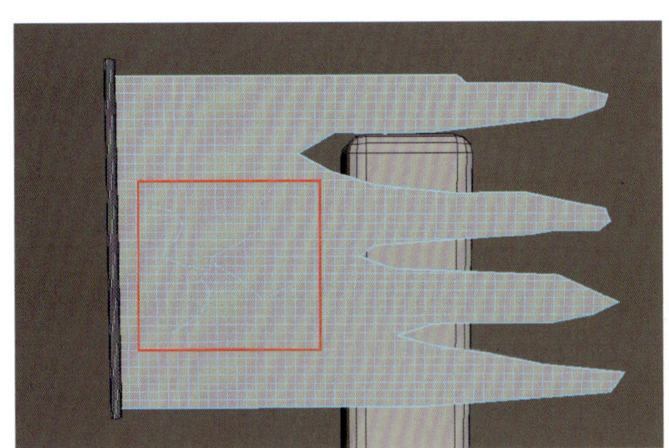

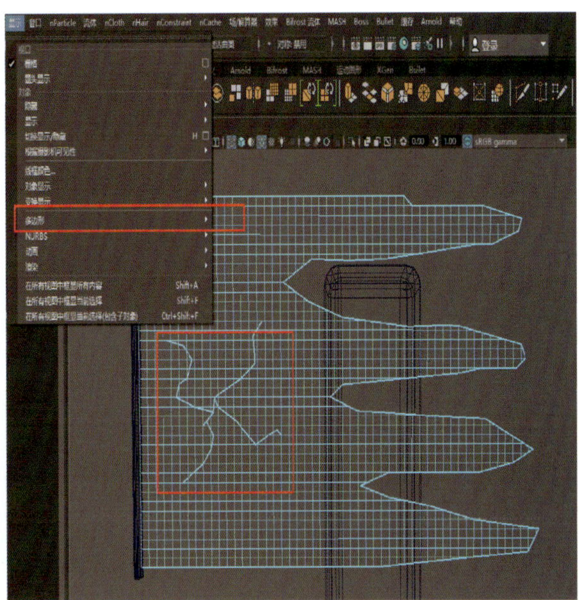

图 5-1-22　制作破洞方法

按照调整布料属性的思路，调整各个参数，导出、导入缓存文件，最终破损的旗帜飘动效果如图 5-1-23 所示。

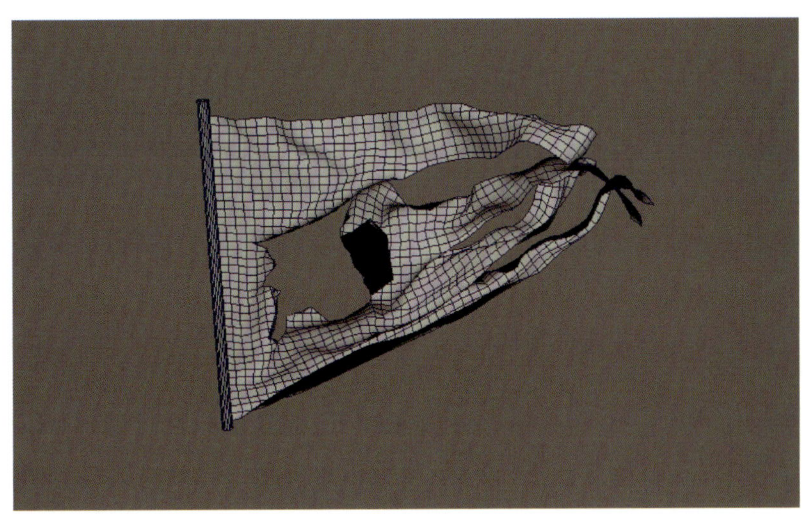

图 5-1-23　破损的旗帜飘动效果

注意事项

（1）“重力”“空气密度”等动力学参数的设置如果不符合物理规律，可能会产生不真实的动态效果，参数设置一定要基于正常的物理世界。

例如，“重力”只会作用于 n 开头的动力学系统，对其他动力学系统不起作用，其默认值为“9.8”，模拟的是现实生活中的重力加速度，如果其值设置过大，如图 5-1-24 所示，最终的动态效果可能会发生改变。如果制作氢气球飘动动画，则可以将“重力方向”Y 轴向的值设置为“1”（向上运动）。

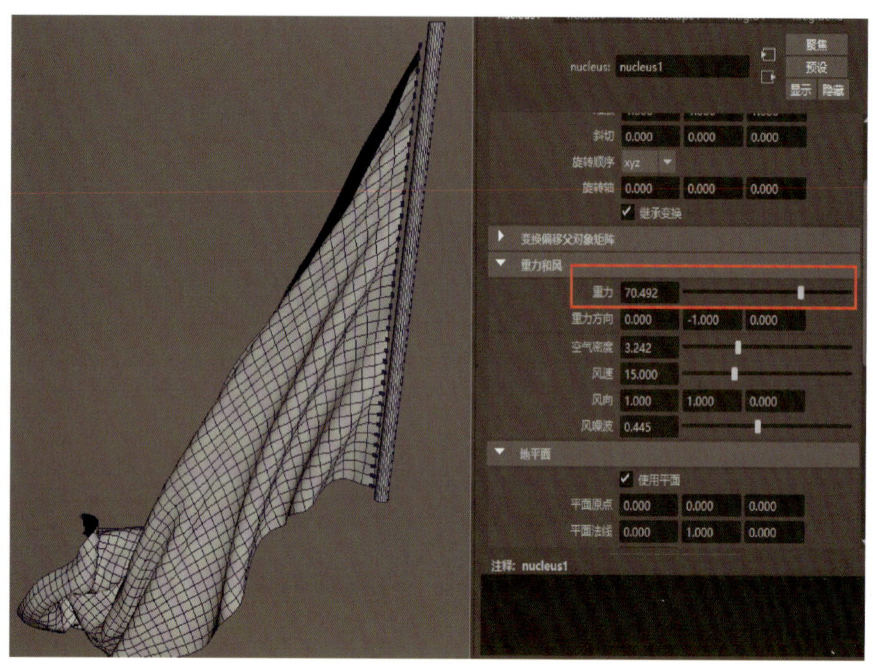

图 5-1-24 改变“重力”值后的旗帜飘动效果

（2）布料的“厚度”“反弹”“摩擦力”等参数如果设置得不恰当，可能会导致布料的飘动、拉伸或弯曲效果与真实情况不符。

图 5-1-25a 所示为“厚度”为“0.124”时旗帜的飘动效果，图 5-1-25b 所示为“厚度”为“1”时旗帜的飘动效果，动画播放时能明显感受到旗帜的厚度有所增加。因此，一定要结合场景的实际情况调整 nCloth 节点的属性，从而产生想要的动画效果。

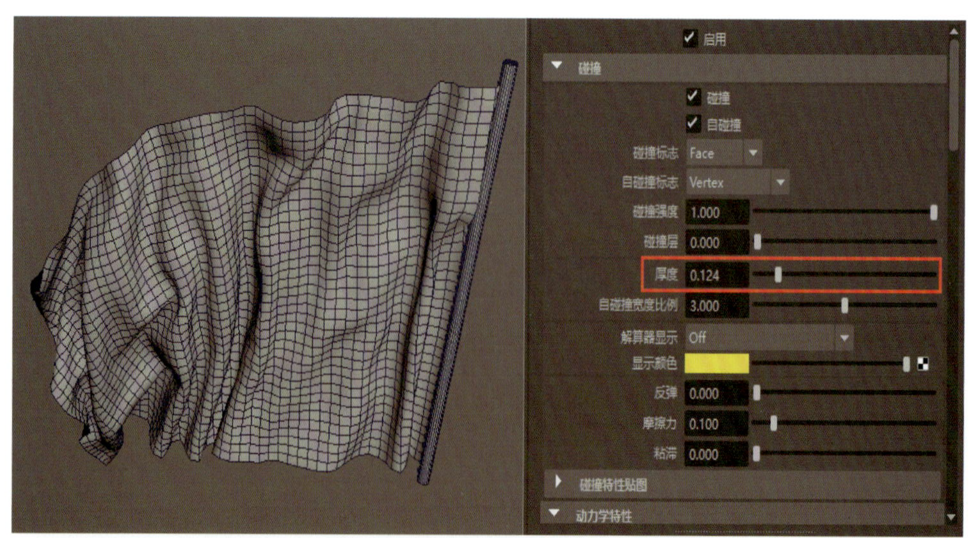

a）

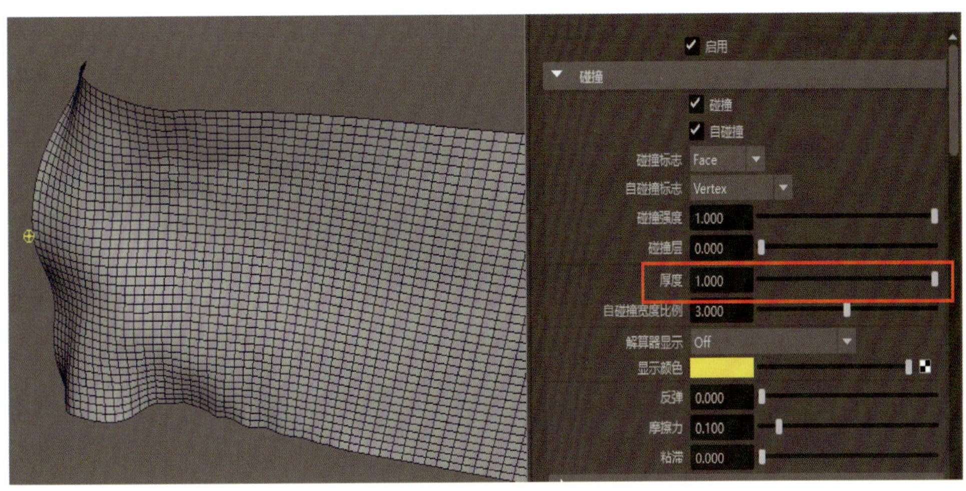

b）

图 5-1-25　不同厚度的旗帜飘动效果

练习题

运用本任务所学知识制作布料从高处被风吹落的动画。

任务 2　多米诺骨牌动画制作

任务目标：

◆ 了解主动刚体、被动刚体的概念和区别。

◆ 能使用 Maya 软件中的刚体动力学系统来模拟多米诺骨牌之间的刚体碰撞。

任务引入

使用 Maya 软件刚体动力学系统制作图 5-2-1 所示的多米诺骨牌动画效果，可通过小球砸在骨牌上提供骨牌倒下的推动力。

图 5-2-1　多米诺骨牌动画效果

相关知识

一、刚体动力学分类

在 Maya 软件中，刚体分为主动刚体和被动刚体两种类型，它们之间的差异见表 5-2-1。

表 5-2-1 主动刚体和被动刚体之间的差异

特性	主动刚体	被动刚体
定义	可以自主运动的物体	因受到其他物体影响而移动的物体
运动	可自由移动和旋转，受力和初始速度影响	完全由外部力决定，无自主运动能力
碰撞	能推动其他物体，根据碰撞属性产生反应	与物体碰撞时产生反应，但不会推动其他物体
控制	可由用户或动画控制器直接控制	通常不直接受用户控制，由动力学模拟结果决定
施加力	可以	不可以
应用场景	车辆、机械臂、抛掷的物体	被抛掷的物体、被风吹动的物体、机械运动中的被动部件
影响因素	初始状态、施加的力、参数设置	外部力和初始状态
动力学角色	动力学系统中的主动参与者	动力学系统中的被动参与者

二、设置刚体类型的方法

选中对象，在菜单栏单击“场 / 解算器”，在菜单中选择“创建主动刚体”或“创建被动刚体”，如图 5-2-2 所示。

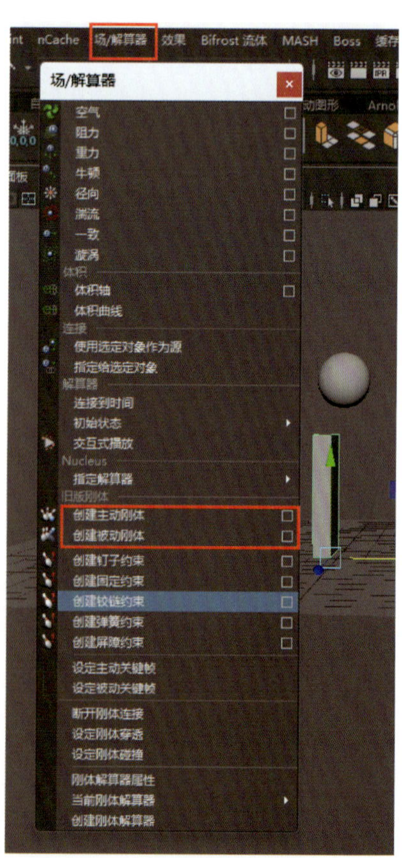

图 5-2-2 主动刚体和被动刚体的创建

三、刚体动力学系统的应用实例

1. 创建物体碰撞效果

使用刚体动力学系统，可模拟两个或多个刚体之间的碰撞效果。通过调整刚体的质量、摩擦力等属性，可以创建出不同的碰撞效果。

2. 创建重力影响效果

使用刚体动力学系统，可模拟刚体在重力作用下的下落和反弹效果。通过调整重力场的强度和方向，可以创建出逼真的重力影响效果。

3. 模拟刚体之间的连接关系

可使用动力学约束来模拟刚体之间的连接关系，如铰链约束、滑动约束等。这些约束将影响刚体在模拟中的相对运动和位置关系。

任务实施

1. 制作多米诺骨牌的模型

（1）使用多边形建模工具创建地面，在通道盒中设置“细分宽度”为“45”，“高度细分数”为“45”，如图 5-2-3 所示；单击“栅格”图标，取消显示栅格；在属性编辑器“公共材质属性”卷展栏下单击“颜色”后色块，选取黄色以为地面赋予颜色；使用多边形建模工具创建长方体，以长方体为基本体做出骨牌的单体；选中长方体，在菜单栏选择“修改 > 中心枢轴”，使长方体枢轴点居中，调整长方体位置，使其紧贴地面，如图 5-2-4 所示。

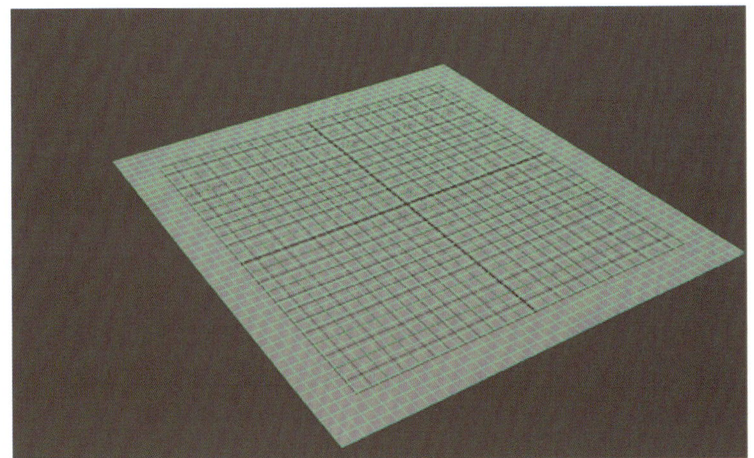

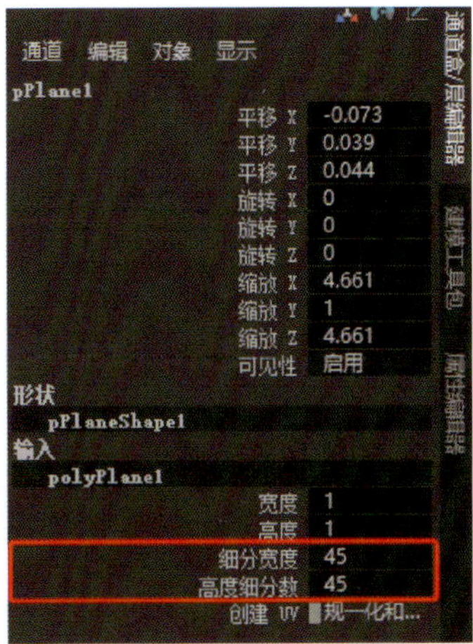

图 5-2-3　创建地面

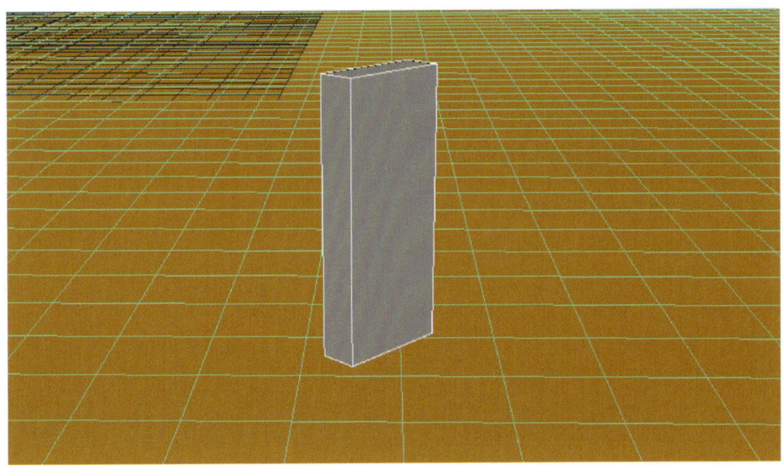

图 5-2-4　创建骨牌单体

（2）按“Ctrl+D”快捷键复制骨牌单体，把握骨牌之间的距离，不能过远或过近，要保证骨牌之间能够碰撞上，然后按“Shift+D”快捷键复制出很多的骨牌并调整它们的位置，摆出多米诺骨牌的造型；使用曲面建模工具创建一个小球，然后选中所有骨牌，按“Ctrl+G”快捷键将骨牌打组，如图 5-2-5 所示。

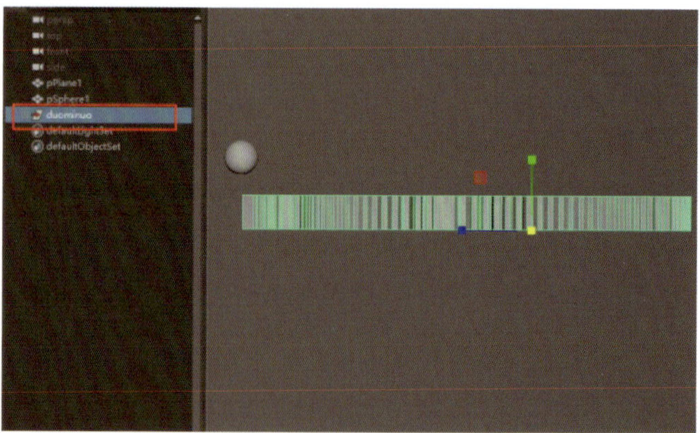

图 5-2-5　骨牌的造型效果以及打组处理

2. 创建主动刚体和被动刚体

在“菜单集”菜单选择“FX”，选中地面，在菜单栏选择“场 / 解算器 > 创建被动刚体”；选中小球和所有骨牌，在菜单栏选择“场 / 解算器 > 创建主动刚体”，然后在菜单栏选择“场 / 解算器 > 重力”，赋予小球和骨牌重力，以给主动刚体提供外力，如图 5-2-6 所示。

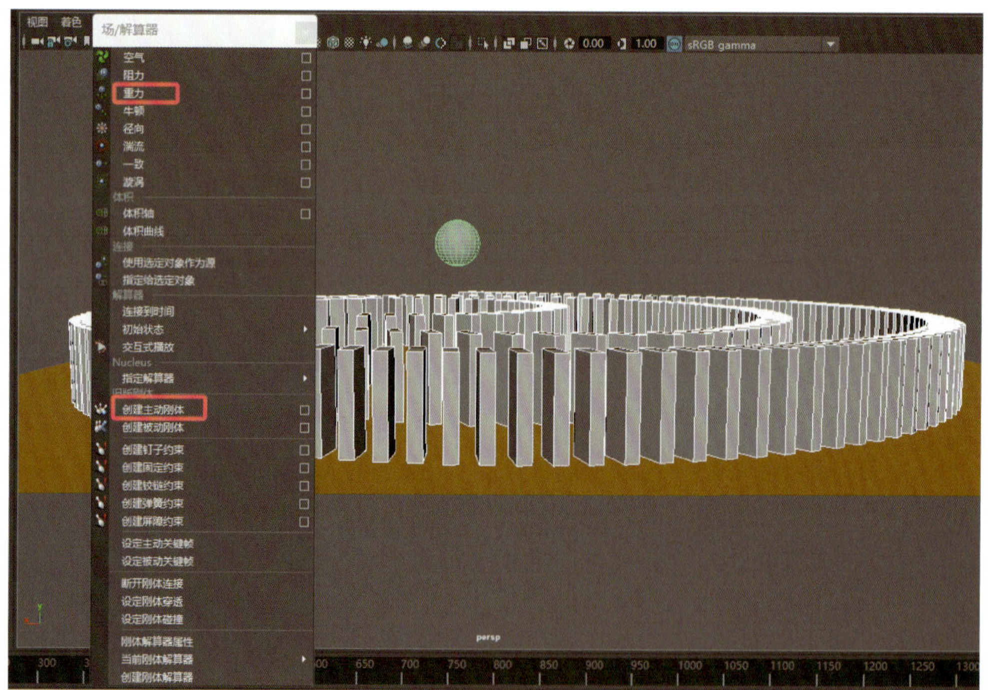

图 5-2-6　主动刚体创建和重力赋予

3. 动画属性的调整

（1）设置动画结束的位置为第 1 500 帧，滑动范围滑块，设置动画播放范围为 1～1 500 帧。在菜单栏选择“窗口 > 设置 / 首选项 > 首选项”，在弹出的窗口的“类别”列表中选择“动画”，“默认入切线”“默认出切线”均设置为“线性”，如图 5-2-7 所示。在播放选项中，设置帧速率为“24 fps”，单击“向前播放”按钮，即可观看该动画。

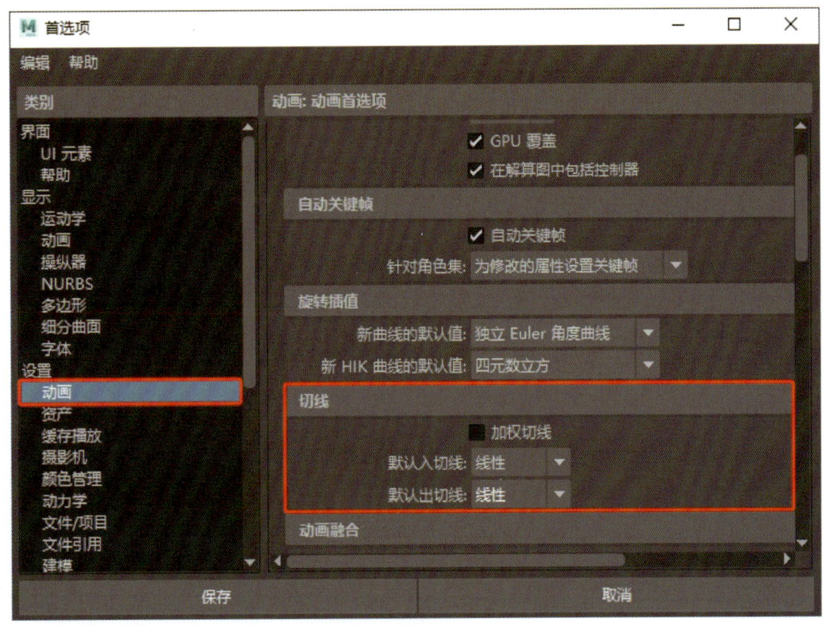

图 5-2-7　设置“动画”首选项

（2）在解算过程中，可能会出现小球不能将骨牌推到的情况，此时，选中小球，在属性编辑器“刚体属性”卷展栏下增大“质量”的值，以使碰撞力度增大，如图 5-2-8 所示。

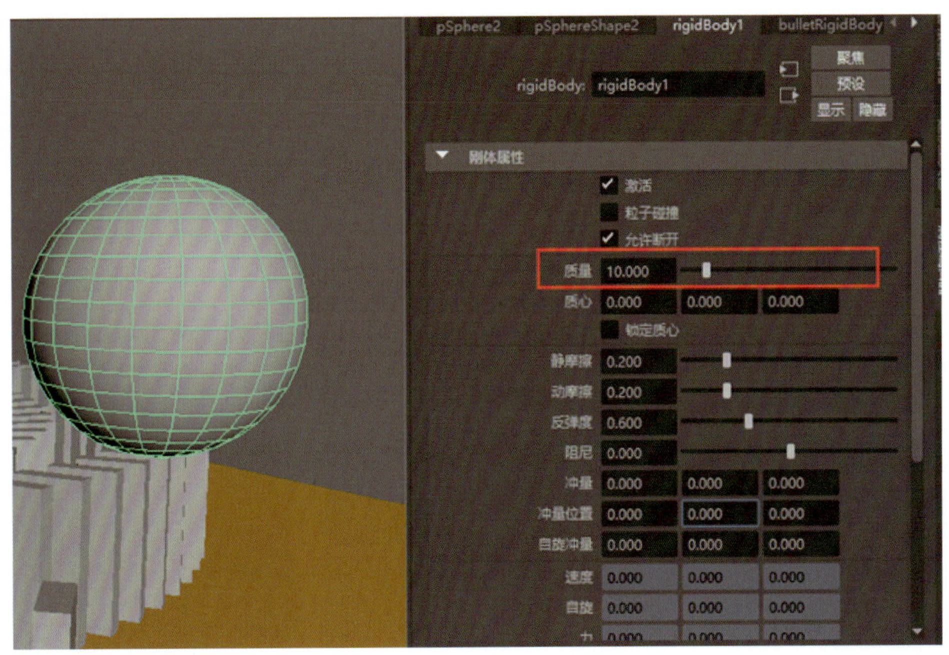

图 5-2-8　增大“质量”的值

练习题

运用本任务所学知识制作小球落在地面后弹起的动画。

任务 3　小球摆动撞击墙体动画制作

任务目标：

◆ 学会使用 Bullet 插件进行动力学模拟的方法。

◆ 熟悉主动刚体和被动刚体的应用方法。

任务引入

使用 Bullet 插件制作图 5-3-1 所示的小球摆动撞击墙体动画。

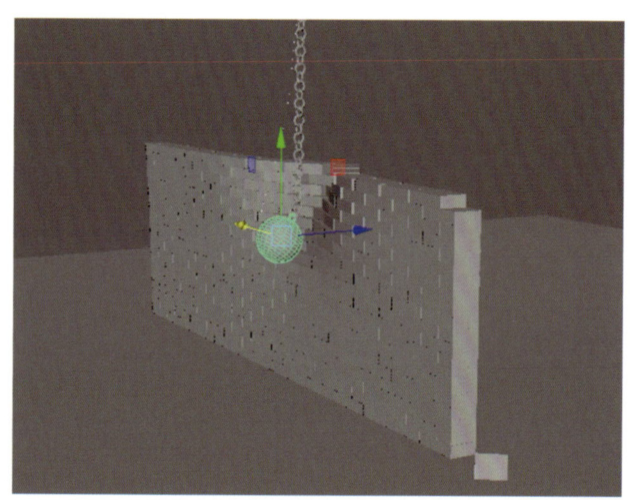

图 5-3-1　小球摆动撞击墙体动画

相关知识

一、Bullet 插件及其加载方式

Bullet 插件基于 Bullet Physics 库构建，使用它可以创建大规模、高真实性的动力学和运动学模拟场景。该插件支持创建包含交互性柔体、刚体对象以及受精确约束的碰撞对象在内的复杂环境。借助 Bullet 插件，用户可以轻松实现物体间的动态交互，无论是模拟柔软的布料飘动，还是模拟刚硬的物体碰撞，都能得到精准而真实的模拟效果。

在"菜单集"菜单选择"FX"，菜单栏中就会出现"Bullet"菜单，如果菜单栏中找不到"Bullet"菜单，可在菜单栏选择"窗口 > 设置 / 首选项 > 插件管理器"，在弹出的窗口中勾选"bullet.mll"后"加载""自动加载"的复选框，"Bullet"菜单就会出现在菜单栏中，如图 5-3-2 所示。

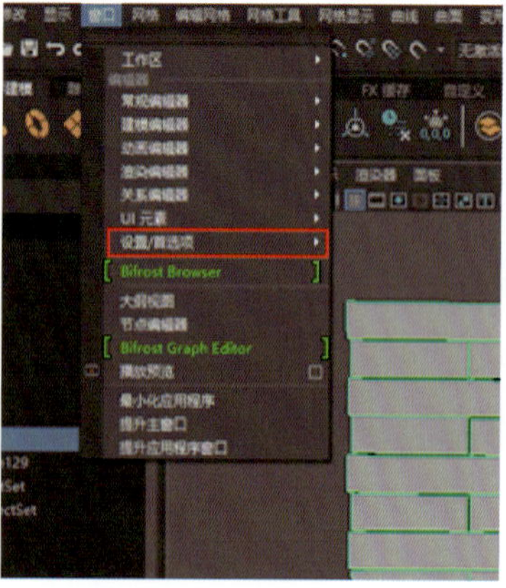

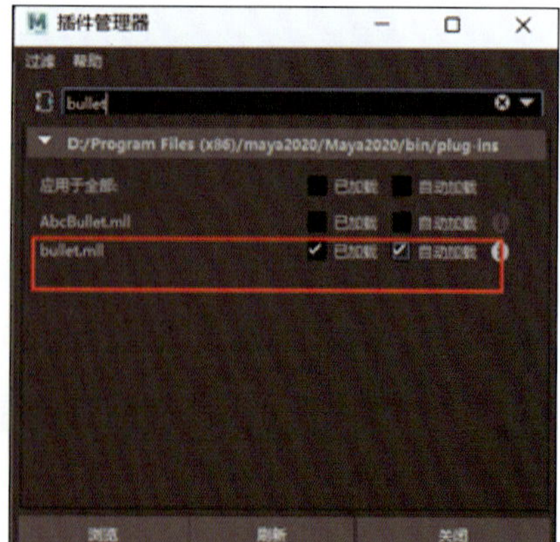

图 5-3-2　显示"Bullet"菜单

二、使用 Bullet 插件创建主动刚体流程

加载插件后，选中对象，在菜单栏选择"Bullet> 主动刚体"并勾选命令后复选框，即可创建主

动刚体。

1. 删除对象历史操作记录

在设置对象为主动刚体时，务必删除其历史操作记录。这是因为历史操作记录中可能包含不必要的变换或操作数据，这些会影响物理模拟的准确性。

2. 设置主动刚体类型

创建主动刚体时，要先选择适当的刚体类型。考虑到现实世界中物体的复杂多样性，为了提升计算效率并减轻硬件负担，通常需要对碰撞物体的形状进行一定程度的简化和抽象处理。图 5-3-3、图 5-3-4 所示为 Bullet 插件提供的主动刚体的主要类型，在设置主动刚体类型时，要根据对象的实际形状选择最接近的类型。

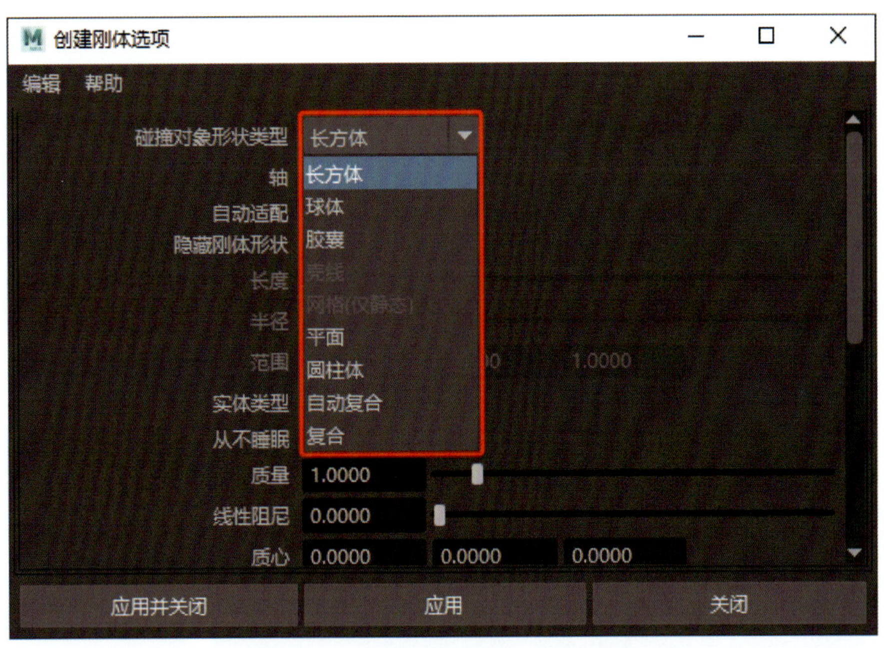

图 5-3-3　Bullet 插件提供的主动刚体类型

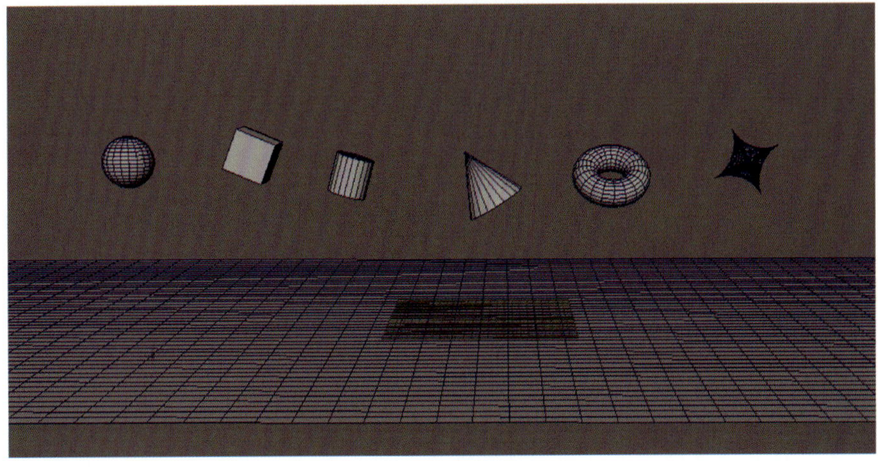

图 5-3-4　不同类型的主动刚体

3. 设置刚体属性

可在通道盒或属性编辑器中设置刚体的质量、初始位置、旋转状态等属性，如图 5-3-5 所示。

在大纲视图列表中选择 bulletSolver 节点，可在属性编辑器中调整物理模拟的各种参数，这些参数将影响刚体在物理模拟中的行为。勾选“解算器显示”卷展栏下“碰撞形状”的复选框，对象将被绿色的形状包裹，其中，“壳线”可以将其理解为模型所有凸出顶点之间的连线，如图 5-3-6 所示。

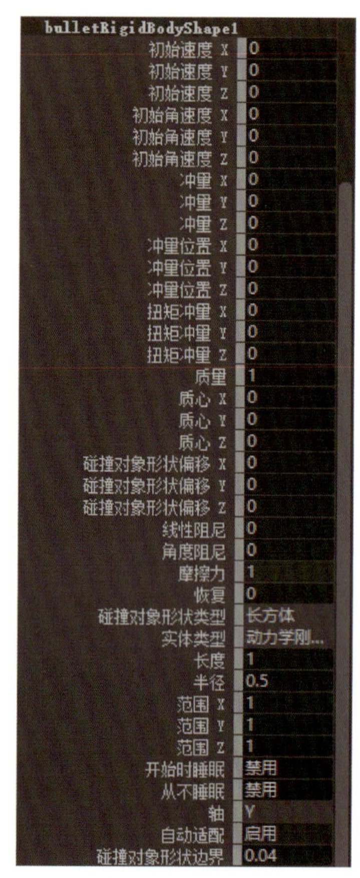

图 5-3-5　调整参数

4. 将地面设定为被动刚体

将地面设定为被动刚体，并选择平面作为碰撞对象形状类型。这样可以确保地面在物理模拟中保持稳定不动，为其他刚体提供稳定的支撑和碰撞反馈。

5. 模拟运行场景

模拟运行场景，观察刚体的行为是否符合预期。如有需要，根据模拟结果对刚体的属性或碰撞对象进行调整。

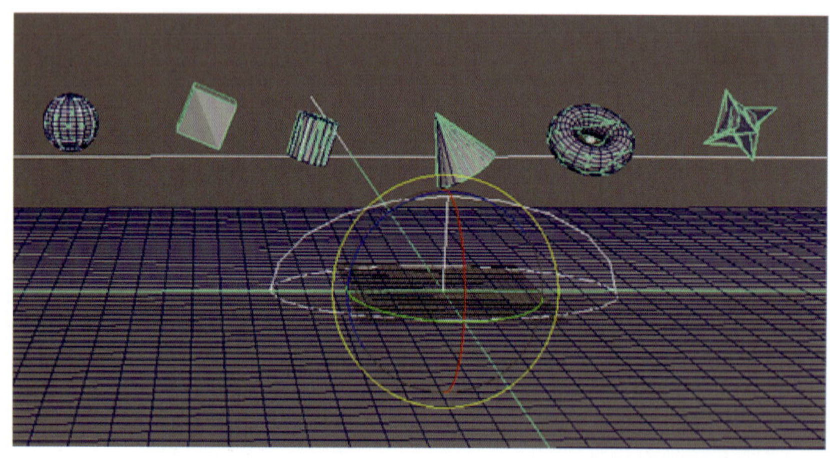

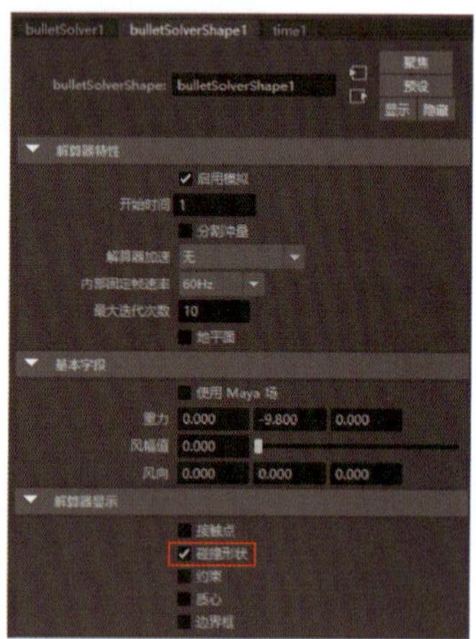

图 5-3-6　勾选“碰撞形状”的复选框

三、使用 Bullet 插件注意事项

在使用 Bullet 插件进行动力学解算时，需注意以下要点：

（1）Bullet 插件自带独立的解算系统，默认情况下，Maya 场（如重力场等）对其是不产生影响的。

（2）若希望物体在 Maya 场 / 解算器下受到各种力的影响，需勾选“使用 Maya 场”复选框，如图 5-3-7 所示。此时，Bullet 插件解算器将不再对物体起作用。

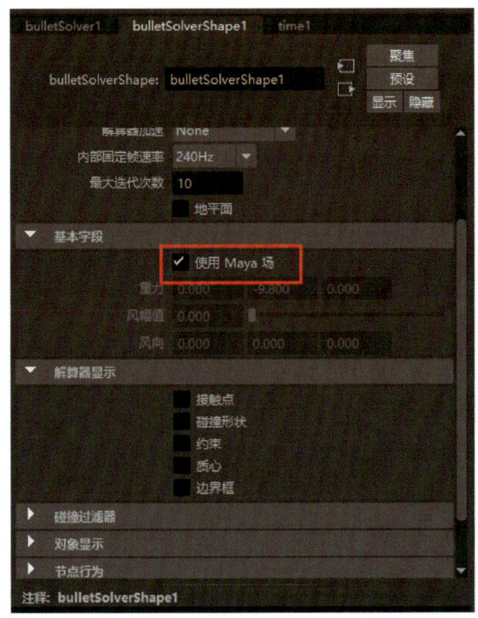

图 5-3-7　勾选“使用 Maya 场”复选框

（3）Maya 场和 Bullet 插件的解算系统不能同时对一个物体产生作用，两者需择一使用。

任务实施

1. 创建碰撞体模型

创建图 5-3-8 所示的链条、小球和墙体的模型，运用动力学原理，让小球撞击墙体。

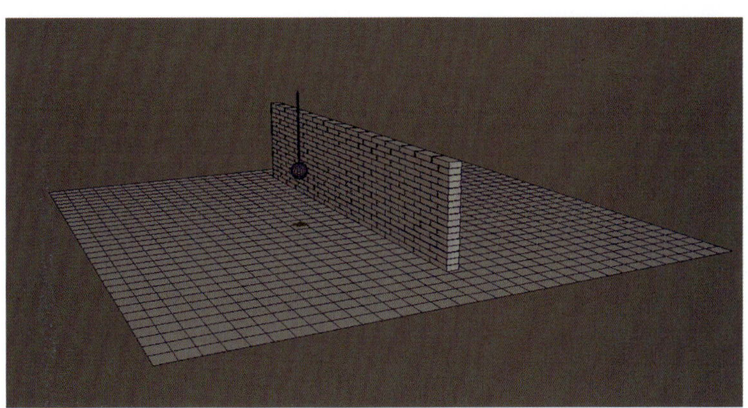

图 5-3-8　球摆场景模型效果

（1）在“多边形建模”工具架上选择“多边形圆环”，在通道盒中调整参数，制作一个链环，然后复制该链环，使用“移动工具”“旋转工具”等使链环连接在一起，每两个链环之间垂直交叉；创建一个小球，最后一个链环要与小球之间产生穿插，选中最后一个链环和小球，在菜单栏选择“网格 > 结合”，使它们结合在一起，然后删除历史操作记录，如图 5-3-9 所示。

（2）选中所有链环和小球，按“Ctrl+G”快捷键打组，然后按“Insert”键将组的枢轴点移动到链条的顶点，然后将整个组移动到地面上方（与地面有一段距离），小球悬挂在空中的效果如图 5-3-10 所示。

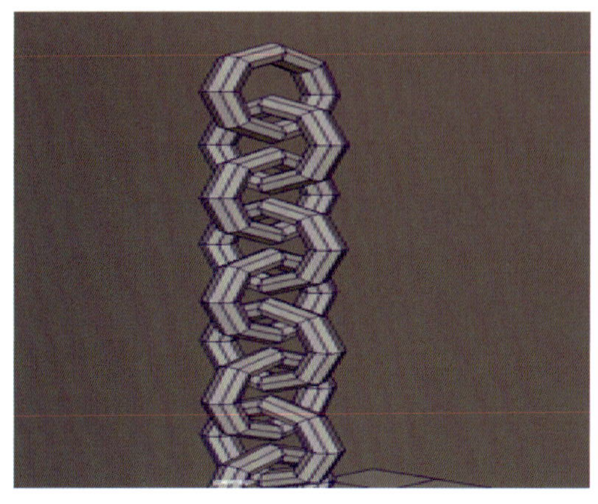

图 5-3-9　链条

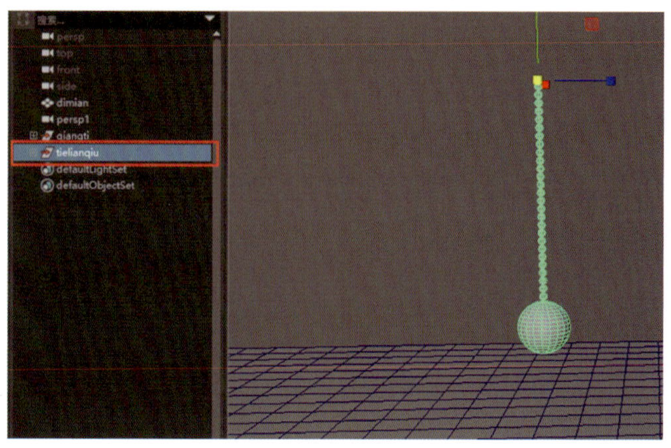

图 5-3-10　小球悬挂在空中的效果

（3）墙体也采用多边形建模方式，以多边形立方体为基本体创建砖块，按“Ctrl+G”快捷键打组，如图 5-3-11 所示。需要注意的是，砖块和砖块之间也不能有穿插，以防止解算出错。

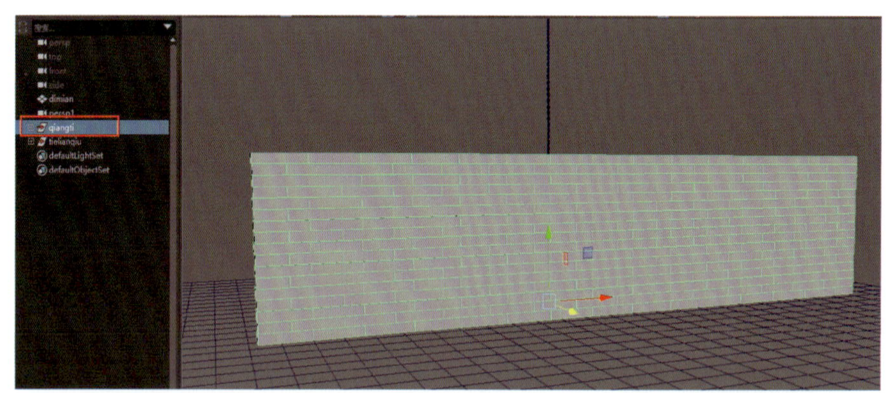

图 5-3-11　创建墙体

2. 链条和小球的主动刚体赋予

（1）在“菜单集”菜单选择“FX”，选择链条和小球组，在菜单栏选择“Bullet> 主动刚体”并勾选命令后复选框，设置“碰撞对象形状类型”为“自动复合”，如图 5-3-12 所示。

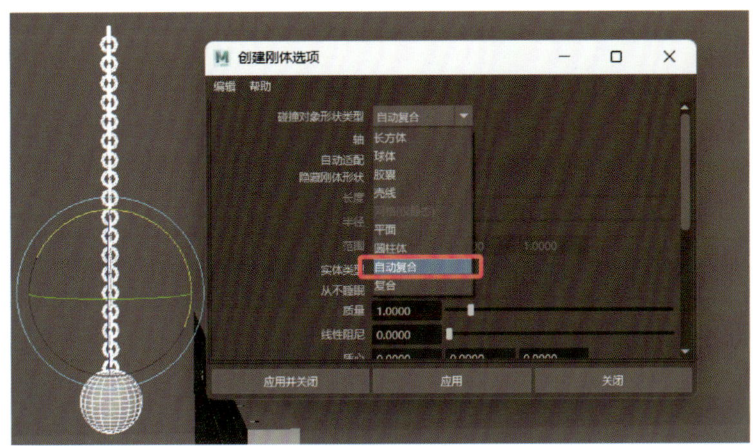

图 5-3-12　链条和小球的主动刚体赋予

（2）调整链条和小球的方向，使其有一定倾斜，增加动画播放范围，使得解算时间够用；此时，单击“向前播放”按钮，链条和小球会下落。

（3）链环和小球质量都为 1，所以都会受到重力的影响向下落，此时，选中第一个链环，在通道盒中设置“质量”为“0”，如图 5-3-13 所示，再次播放动画，即可形成链条上方被钉住的效果。

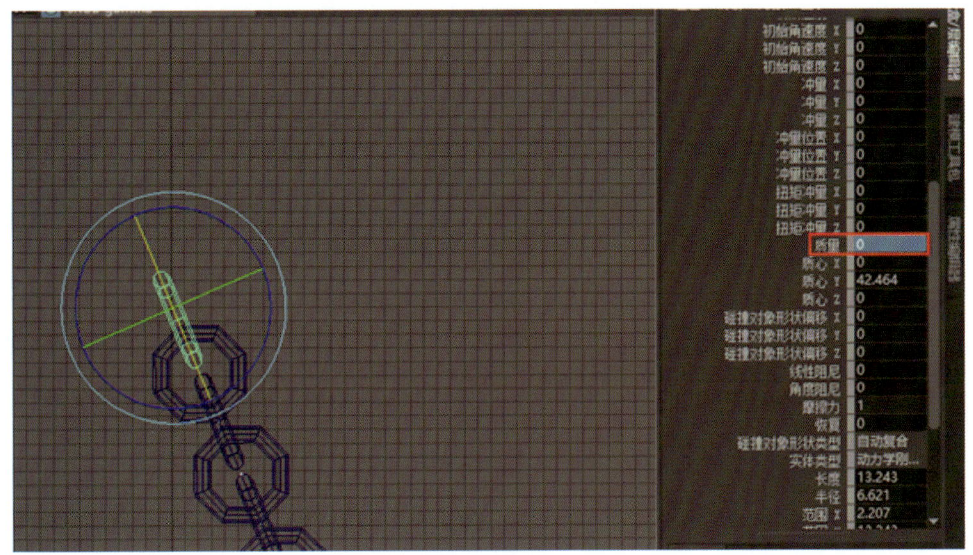

图 5-3-13　将链条上方钉住

3. 摆动的细节调整

（1）选中除第一个和最后一个链环之外的其他链环，在通道盒中设置“质量”为“0.2”，如图 5-3-14 所示；选中小球，设置其“质量”为“2”。

（2）打开大纲视图，选中“bulletSolver1”节点，在属性编辑器“基本字段”卷展栏下设置“重力”Y 轴向的值为“-90”，播放动画，出现链条断开的现象；再次选中“bulletSolver1”节点，在通道盒中设置“内部固定帧速率”为“240 Hz”（此参数定义模拟的分辨率，如果因对象移动过快而不能产生碰撞，可通过增加“内部固定帧速率”来减少时间步，让其产生碰撞），如图 5-3-15 所示。

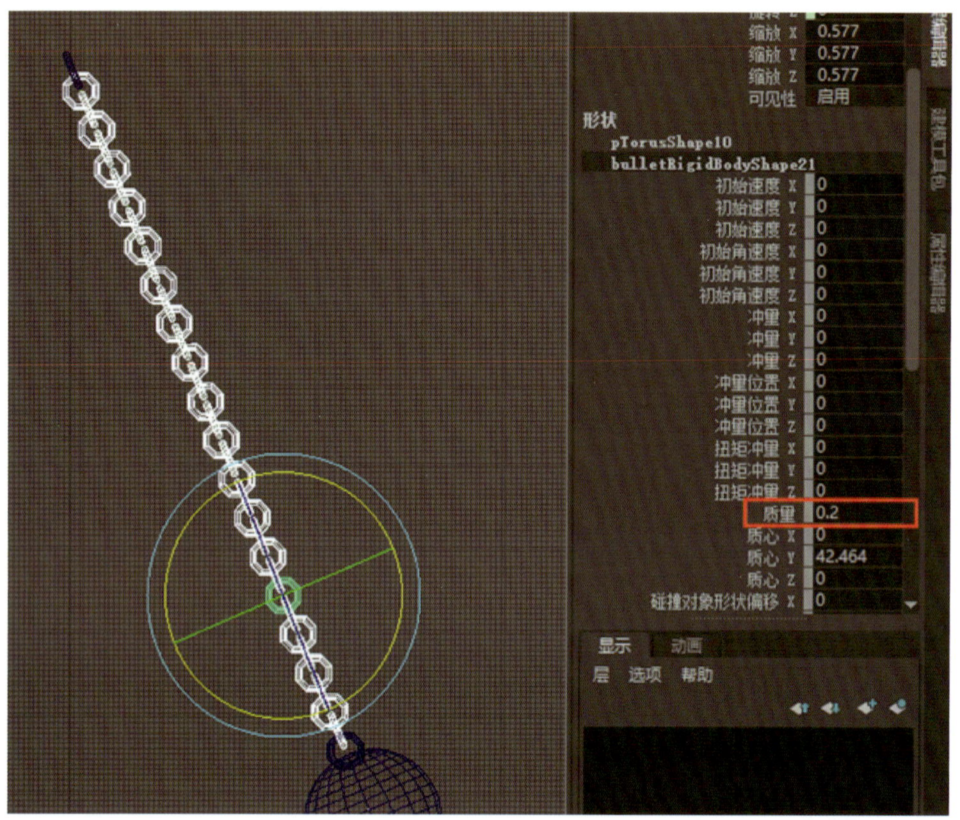

图 5-3-14 设置链环“质量”

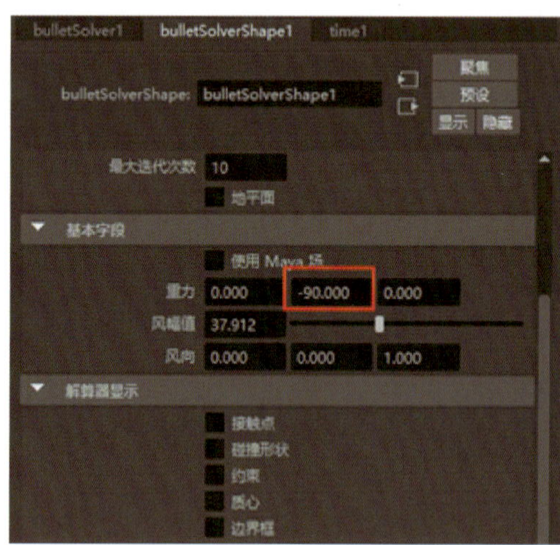

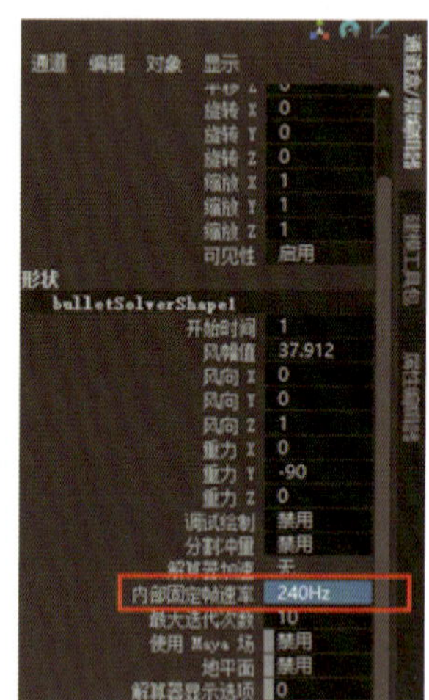

图 5-3-15 调整“重力”和“内部固定帧速率”

4. 墙体的主动刚体赋予

如图 5-3-16 所示，选中所有的砖块，在菜单栏选择“Bullet> 主动刚体”并勾选命令后复选框，设置“碰撞对象形状类型”为“长方体”，单击“向前播放”按钮，墙体会向下落，此时选中地面，在菜单栏选择“Bullet> 被动刚体”并勾选复选框，设置“碰撞对象形状类型”为“长方体”，墙体被撞击后砖块会落在地面上。

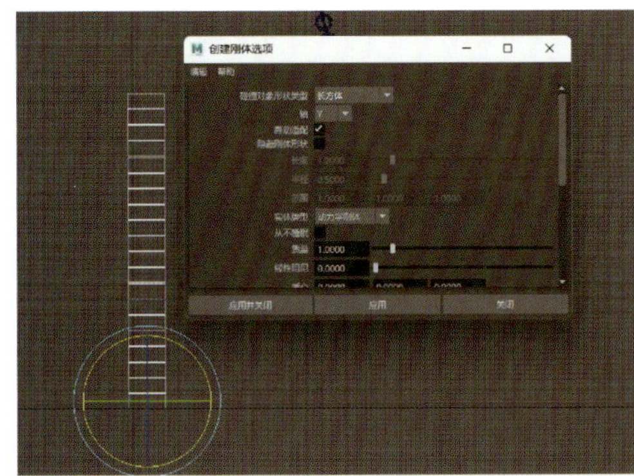

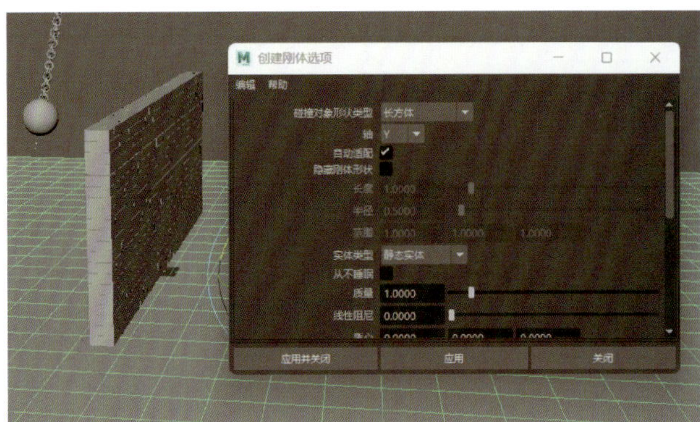

图 5-3-16　墙体以及地面的主被动刚体赋予

5. 墙体的细节调整

因为一开始砖块之间有缝隙，开始解算后砖块会向下聚拢，甚至可能因为缝隙过大，部分砖块会掉落，如图 5-3-17 所示。此时，选择所有砖块，在通道盒设置“开始时睡眠”为“启用”，这意味着小球撞击墙体之后墙体才开始解算，如图 5-3-18 所示。

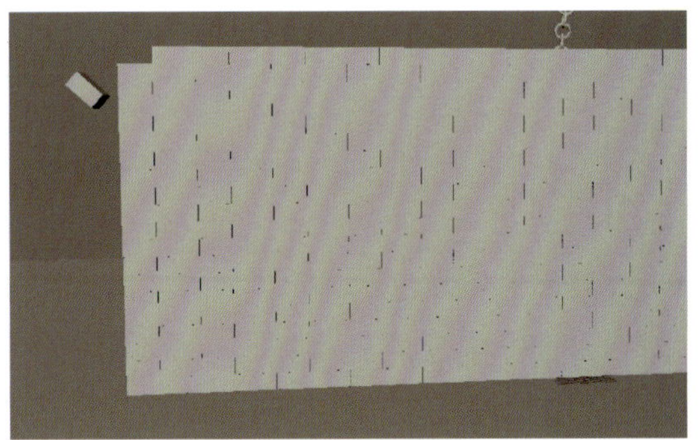

图 5-3-17　开始解算后砖块不稳定效果

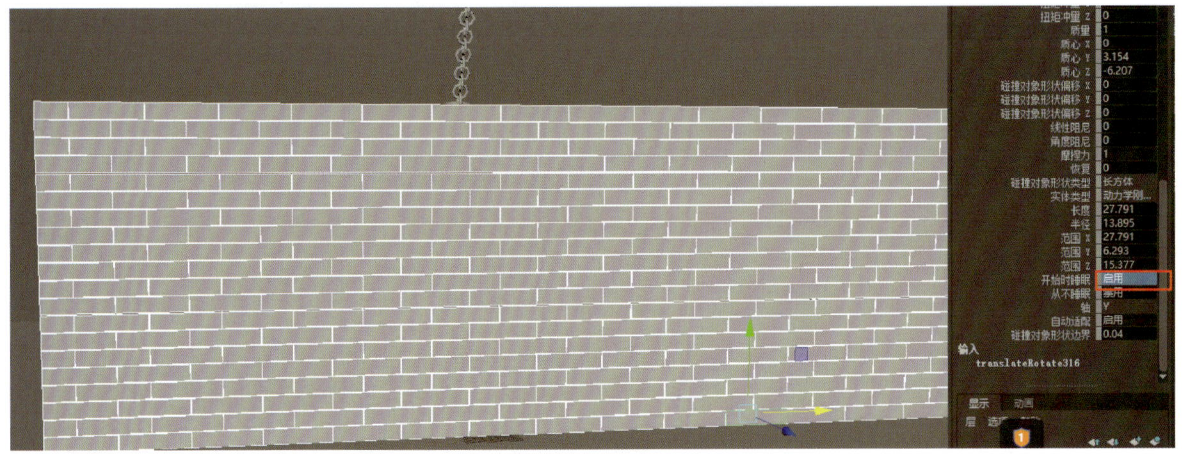

图 5-3-18　“开始时睡眠”设置为“启用”后的效果

6. 撞击效果的细节调整

图 5-3-19 所示为墙体被撞击后的状态，但从砖块掉落过程看，砖块过轻，小球撞击力量过小。

此时，选中所有砖块，在通道盒设置其“质量”为“2”，“线性阻尼”为“0.2”，如图 5-3-20 所示，以增加链条之间的线性阻尼，从而产生抻拉的感觉；选中小球，设置其“质量”为“100”。

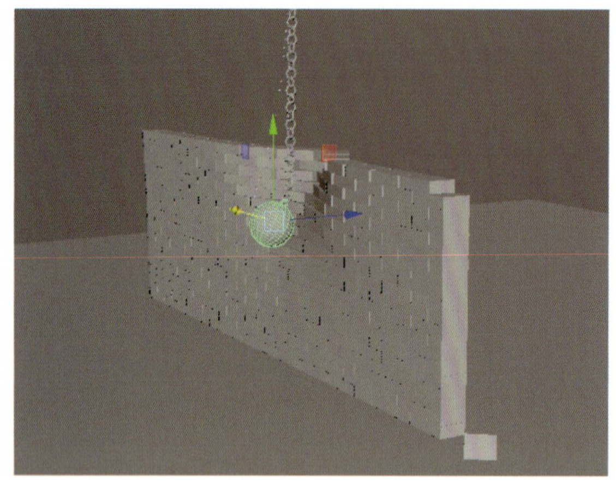

图 5-3-19　墙体被撞击后的状态

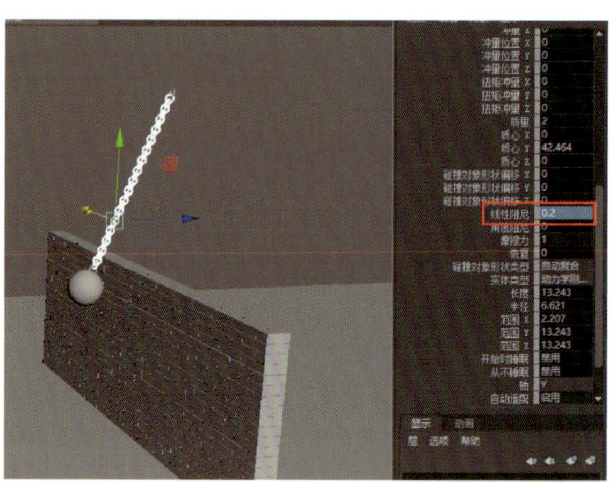

图 5-3-20　使链条产生拉伸感

最终小球摆动撞击墙体的效果如图 5-3-21 所示。

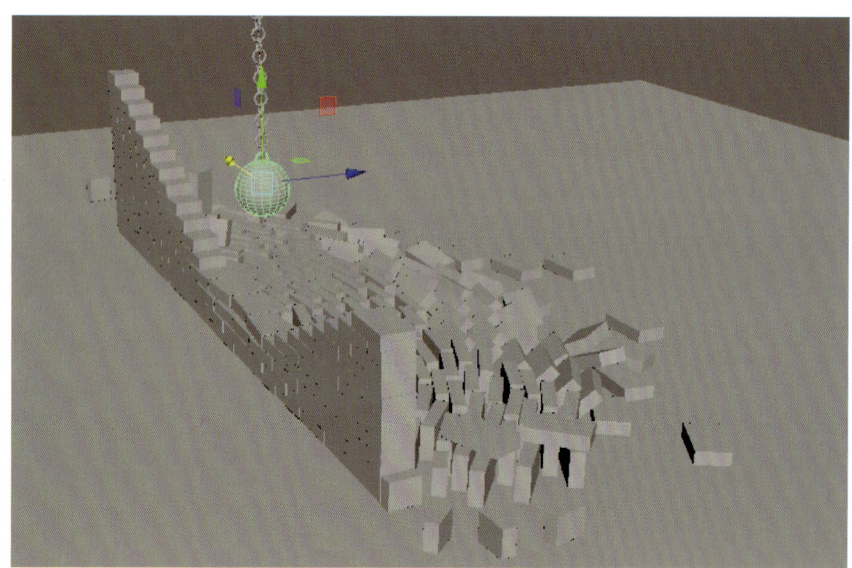

图 5-3-21　最终小球摆动撞击墙体的效果

练习题

运用本任务所学知识，制作悬挂在天花板或物体上的装饰物，如彩灯、横幅或节日装饰等在风中飘动的动画。

任务 4　雪花飘落动画制作

任务目标：

- 了解粒子系统相关概念。
- 了解粒子形态对动力学效果的影响。
- 学会运用粒子系统与动力学工具制作雪花飘落动画。

任务引入

利用粒子的各种属性以及动力学工具制作图 5-4-1 所示的雪花飘落动画。

图 5-4-1　雪花飘落动画画面

相关知识

一、粒子系统相关概念

1. 粒子

粒子是粒子系统中的基本元素，可以是点、几何体、图像等，它们在空间中移动、旋转、缩放，形成各种视觉效果。

2. 发射器

发射器负责生成和发射粒子。Maya 软件提供了多种类型发射器，如点发射器、线发射器、面发射器和体积发射器等，可满足不同的创作需求。

3. 力场

力场影响粒子的运动，如重力、风力、吸引力或排斥力等。通过添加和调整力场，可以控制粒子的运动轨迹和动态效果。

4. 生命周期

生命周期是指粒子从生成到消失的时间。通过调整生命周期参数，可以控制粒子的存在时间和动态表现。

5. 粒子属性

粒子的属性如颜色、大小、速度等，可以随时间变化而变化，调整粒子属性可为粒子效果增添更多的变化和细节。

二、粒子的创建与编辑

1. 粒子的创建

在“菜单集”菜单选择“FX”，在菜单栏选择“nParticle”系统即可弹出集合了粒子创建、编辑等命令或工具的菜单，可通过选择“创建发射器”“从对象发射”“nParticle 工具”创建粒子。

（1）创建发射器。选择该命令后，用户可通过设定相关参数（如速度、方向、寿命等）生成粒子。

（2）从对象发射。该命令允许用户从选定的对象表面发射粒子，适用于模拟从特定表面（如火焰、烟雾源）产生粒子的效果。

（3）nParticle 工具。该工具允许用户直接在场景中通过单击创建单个粒子或在特定区域内创建粒子云。

2. 粒子的编辑

粒子创建之后，大纲视图中会出现 nParticle 节点、emitter 节点、nucleus 节点，单击节点，即可在属性编辑器中设置相关参数。nParticle 节点主要用于控制粒子的形态，代表单个粒子的实例，是粒子系统中的粒子对象；emitter 节点用于控制粒子的生成方式和属性；nucleus 节点主要用于控制物理世界的重力系统属性，如图 5-4-2 所示。

（1）寿命。单击 nParticle 节点，可在属性编辑器“寿命”卷展栏下设置粒子“寿命模式”，如图 5-4-3 所示。“寿命模式”一共有四个选项，即“Live forever”（长生）、“Constant”（常数）、“Random range”（随机范围）、“lifespanPP only”（寿命区间）。这些寿命模式各具特色，能够满足不同场景下的制作需求。例如，“Live forever”适用于那些需要持续存在而无须消失的粒子；“Constant”则为所有粒子设定了统一的寿命值；而“Random range”则允许粒子在设定的范围内拥有随机的寿命，这有助于创造出更加自然、多变的效果。

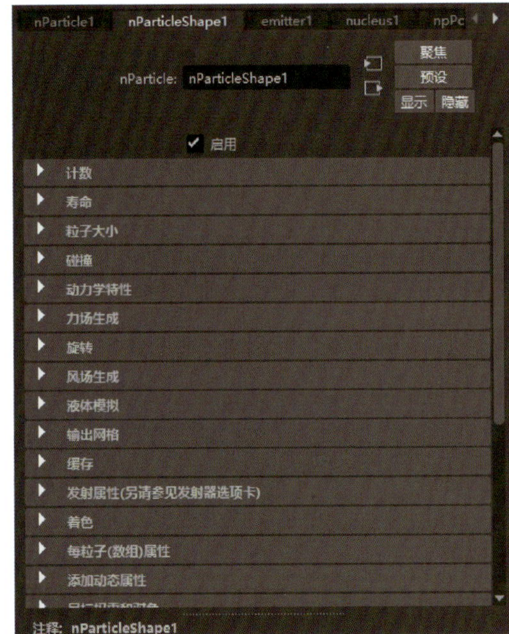

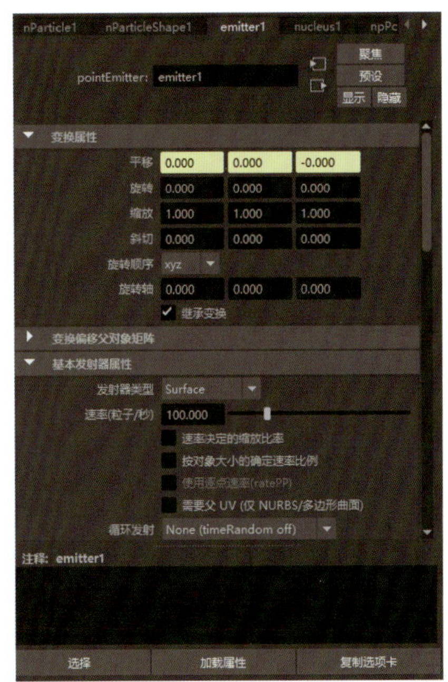

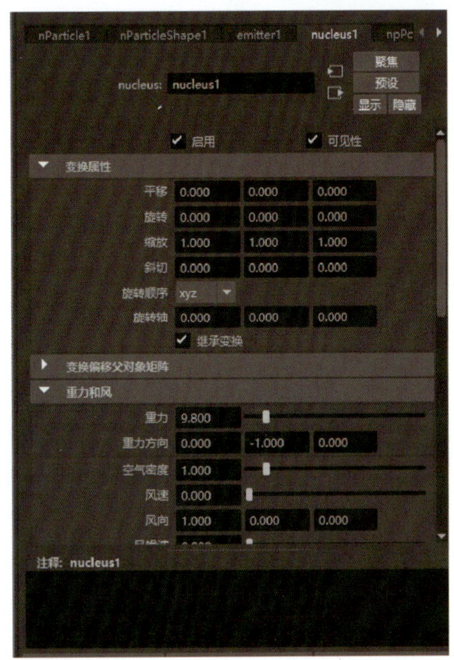

图 5-4-2　nParticle 节点、emitter 节点、nucleus 节点的属性

（2）着色。在 Maya 软件的粒子系统中，粒子的显示形态并非仅限于球体。在“着色”卷展栏，可通过设置“粒子渲染类型”来改变粒子显示形态，以满足不同场景和效果的制作需求，如图 5-4-4 所示。粒子渲染类型的选项包括 MultiPoint（多点）、MultiStreak（多条纹）、Numeric（数字）、Points（点）、Spheres（球体）、Sprites（精灵片）、Streak（条纹）、Blobby Surface（s/w）（圆润体）、Cloud（s/w）（云）以及 Tube（s/w）（管状）等。在制作过程中，用户可以灵活地选择这些类型，以达到最佳的视觉效果。例如，当需要模拟下雨效果时，可以选择“MultiStreak”，以生动地展现雨滴的流动和分布，使动画效果更加逼真和细腻，如图 5-4-5 所示。

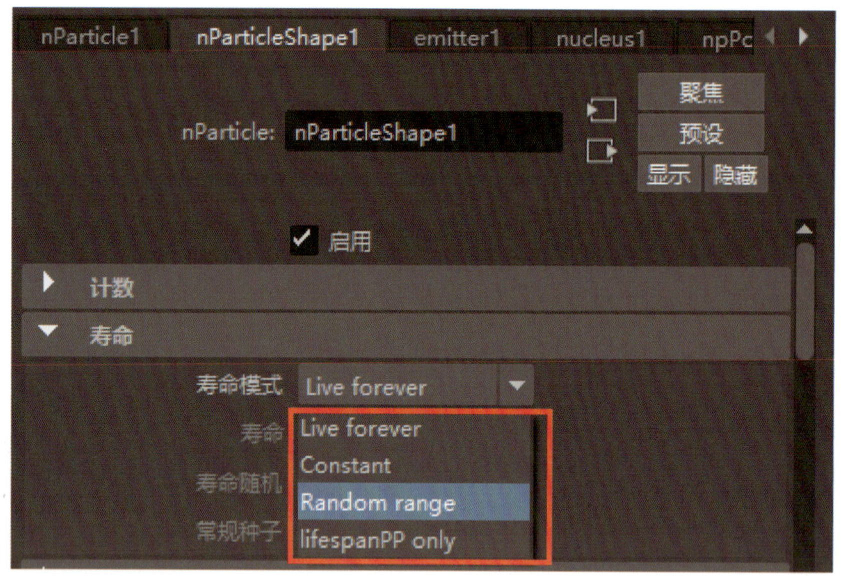

图 5-4-3　不同的寿命模式

图 5-4-4　粒子渲染类型

图 5-4-5　模拟下雨效果

任务实施

1. 发射粒子

（1）建立多边形平面并调整其位置，该平面模拟的是天空。在“菜单集”菜单选择“FX”，在菜单栏选择“nParticle 菜单 > 从对象发射”并勾选命令后复选框，设置“发射器类型”为“表面”；将动画播放范围改为 1 ~ 500 帧，使雪花有足够的时间降落；在菜单栏选择“窗口 > 设置 / 首选项 >

首选项”，在“类别”列表中选择“时间滑块”，设置“播放速度”为“24 fps×1”，使得雪花以真实速度飘落，如图 5-4-6 所示。

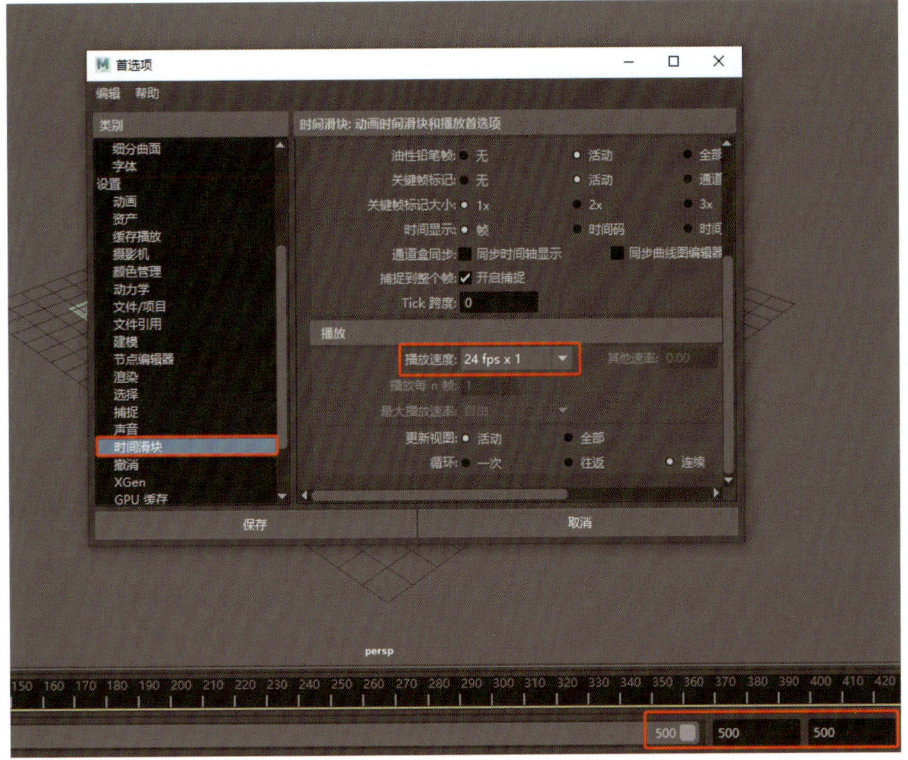

图 5-4-6　设置雪花飘落速度

（2）再次建立一个多边形平面（地面），单击“向前播放”按钮，雪花向下飘落，但是会穿过地面，此时，选中地面，在菜单栏选择“nCloth> 创建被动碰撞对象”，再次播放动画即可看到雪花落在地面上，如图 5-4-7 所示。

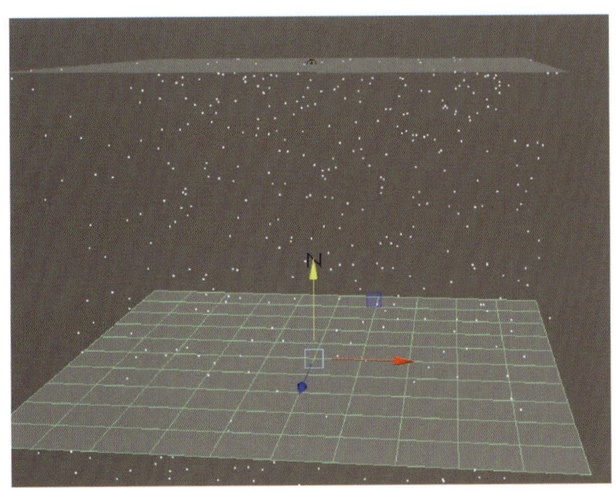
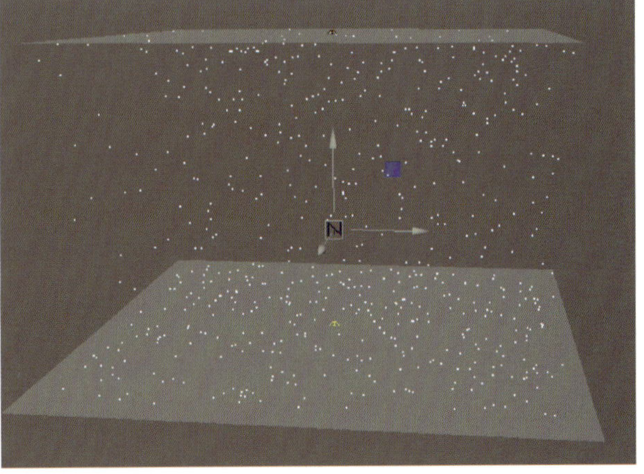

图 5-4-7　雪花穿过地面和落在地面上的效果

2. 调整粒子的发射数量

在大纲视图列表选择“nParticle1”节点，在属性编辑器“基本发射器属性”卷展栏下设置“速率（粒子/秒）”为“68”，使得每秒发射粒子的数量减小，也就是减小降雪量，如图 5-4-8 所示。

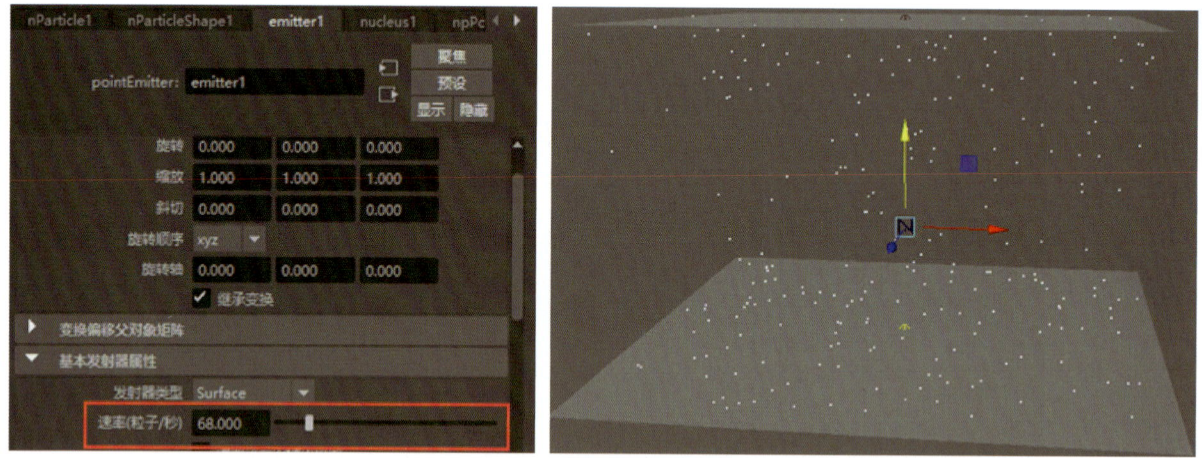

图 5-4-8　降低雪花飘落的速度

3. 改变粒子的寿命

可通过改变粒子寿命来使雪花落到地面后融化。在“寿命”卷展栏下设置“寿命模式”为“Random range”、“寿命”为“10”，“寿命随机”为“3”，使粒子产生一段时间后自动消失，如图 5-4-9 所示。

图 5-4-9　改变粒子的寿命

4. 改变粒子的形态

在“着色”卷展栏下设置“粒子渲染类型”为“Cloud（s/w）”，以改变粒子形态，如图 5-4-10 所示。

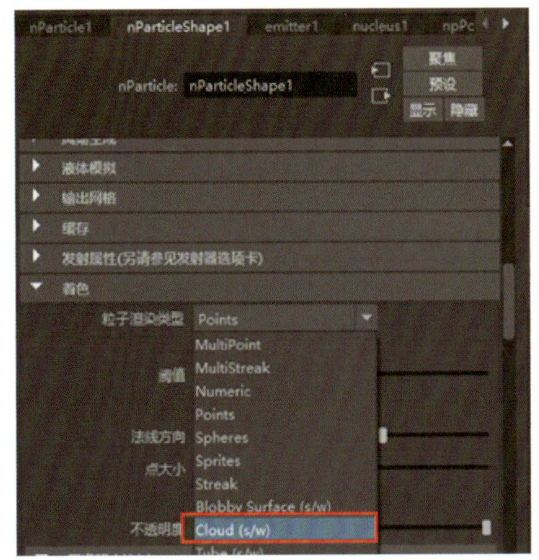

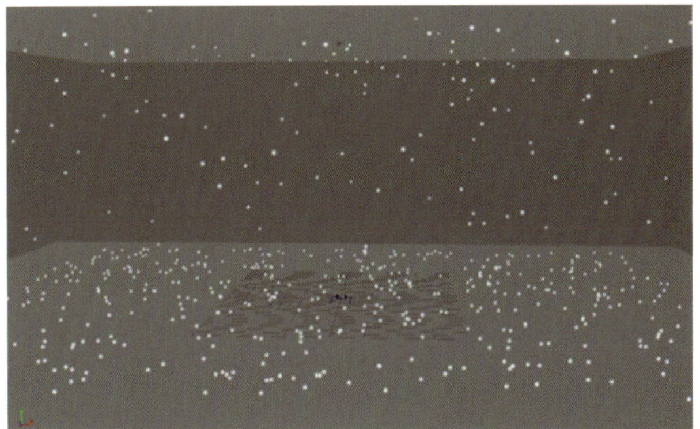

图 5-4-10　改变粒子的形态

5. 改变粒子的不透明度

在“添加动态属性”卷展栏下单击“不透明度”按钮，在属性设置窗口勾选“添加每粒子属性”前的复选框；在“每粒子（数组）属性”卷展栏下“不透明度 PP”处右击，在菜单中选择“创建渐变”；在“ramp1”面板“渐变属性”卷展栏下调整渐变颜色，从而改变雪花不透明度，如图 5-4-11、图 5-4-12 所示。

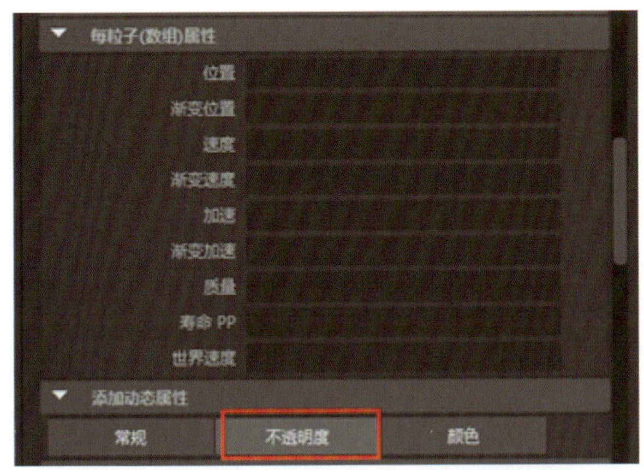

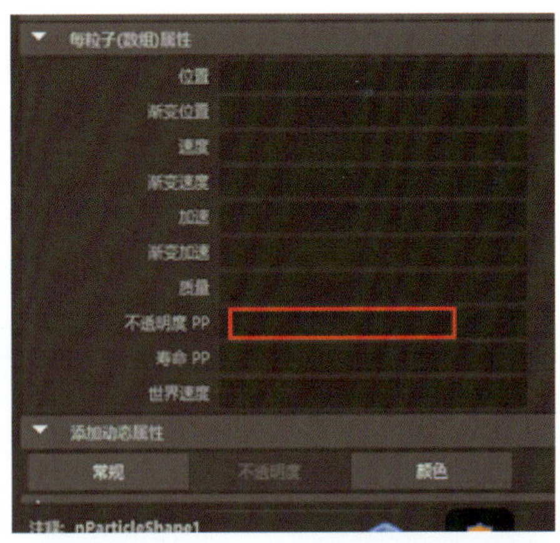

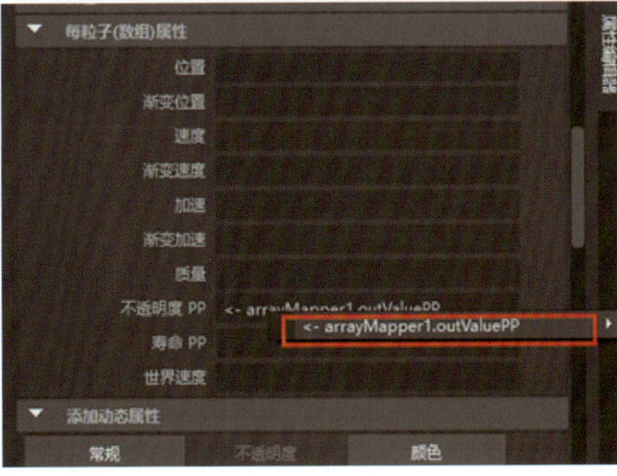

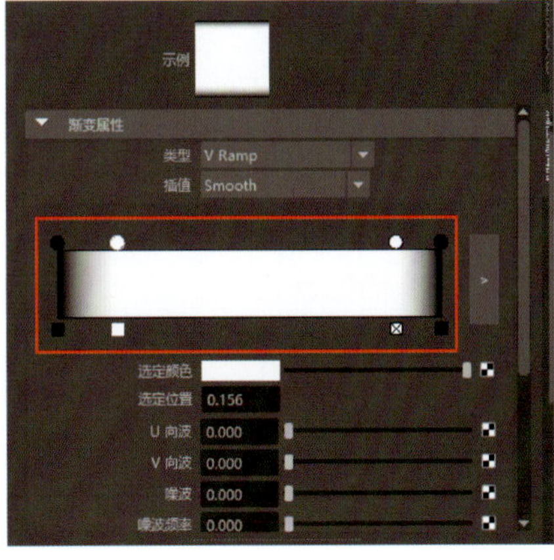

图 5-4-11　改变粒子透明度

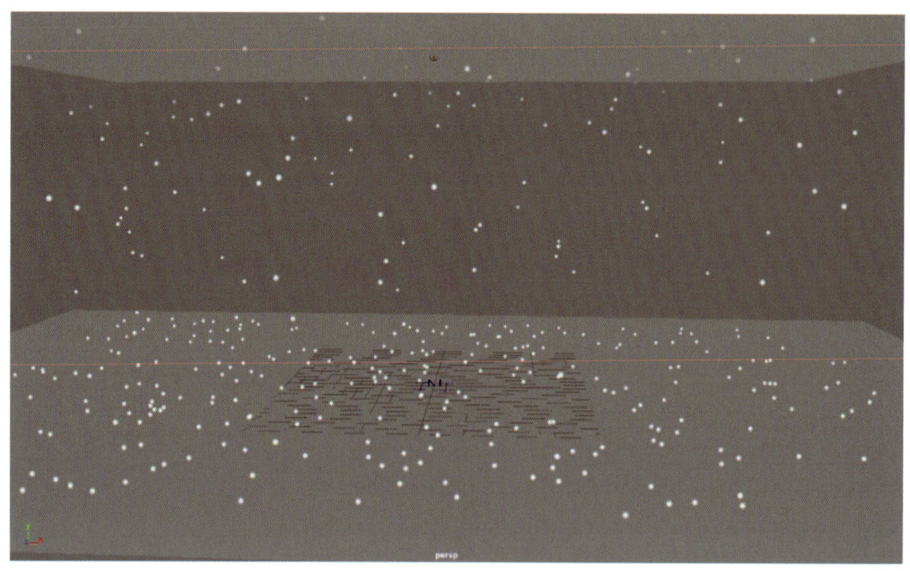

图 5-4-12　雪花透明度改变

6. 为粒子增加湍流场

在菜单栏选择“场 / 解算器 > 湍流”，在“湍流场属性”卷展栏下设置“幅值”为“50”，为粒子增加湍流场，以打造雪花飘动效果，如图 5-4-13 所示。

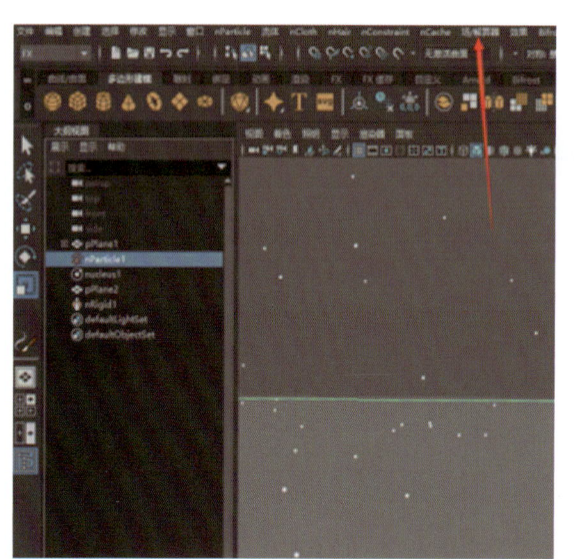

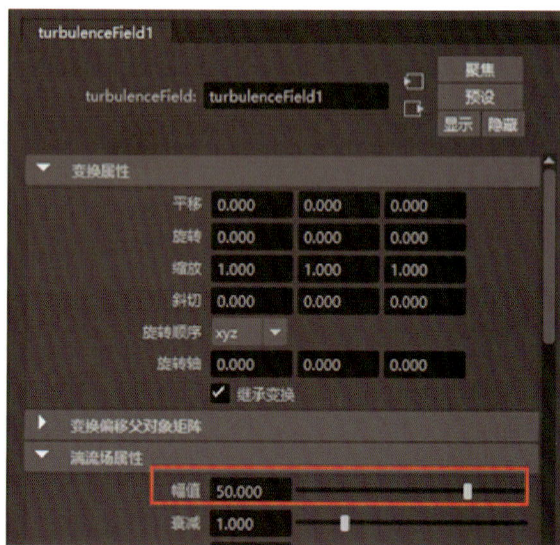

图 5-4-13　为粒子增加湍流场

7. 设置粒子初始状态

在大纲视图列表中选择“nPartical1”节点，在菜单栏选择“场 / 解算器 > 初始状态 > 为选定对象设定”即可，如图 5-4-14 所示。

8. 渲染

使用 Maya 软件的渲染器进行渲染，如图 5-4-15 所示。

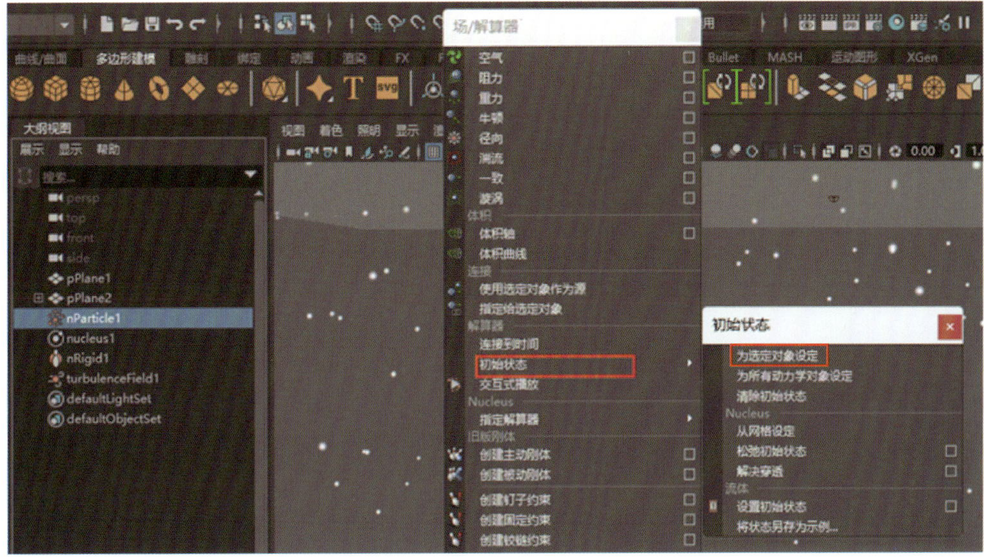

图 5-4-14　为粒子设置初始状态

图 5-4-15　渲染

练习题

运用本任务所学知识制作下雨动画。